剪切带型矿床成矿的岩石构造环境及力化学过程

侯泉林　刘　庆等　著

科 学 出 版 社
北　京

内 容 简 介

剪切带与金属矿床之间具有密切的时空和成因联系，但成矿机理一直没有得到合理的解释。本书选取典型的金属矿床，以湘东钨锡矿床和胶东等金矿床为例，从岩石构造环境角度出发，对成矿元素析出沉淀的力化学过程进行了探讨，提出“多期岩体-热液流体-构造剪切-脆性破裂（R，R′，T）-应力骤降-流体闪蒸-元素析出”的成矿模式。

本书可供高校师生、地质学方面的研究人员，以及矿产勘查方面的专业人员参考。

图书在版编目(CIP)数据

剪切带型矿床成矿的岩石构造环境及力化学过程 / 侯泉林等著．—北京：科学出版社，2020.5

ISBN 978-7-03-064933-1

Ⅰ.①剪… Ⅱ.①侯… Ⅲ.①金属矿床-成矿区-成矿构造-成矿环境-研究 ②金属矿床-成矿区-成矿构造-物理化学-研究 Ⅳ.①P618.201

中国版本图书馆 CIP 数据核字（2020）第 068192 号

责任编辑：杨明春 韩 鹏 姜德君 / 责任校对：张小霞
责任印制：肖 兴 / 封面设计：铭轩堂

科学出版社 出版
北京东黄城根北街 16 号
邮政编码：100717
http://www.sciencep.com

北京九天鸿程印刷有限责任公司 印刷
科学出版社发行 各地新华书店经销

*

2020 年 5 月第 一 版 开本：787×1092 1/16
2020 年 5 月第一次印刷 印张：11 1/2
字数：272 000

定价：168.00 元

（如有印装质量问题，我社负责调换）

前　　言

剪切带与金属矿床之间具有密切的时空和成因联系，这种成矿机制与控矿因素均与剪切带关系紧密的矿床，称为剪切带型矿床。该类矿床在世界范围内广泛发育，对其进行深入研究能够揭示成矿系统中构造与成矿的成因关系。传统观点认为剪切带为构造薄弱带，为流体的迁移提供了有利的空间和通道，驱使成矿物质活化迁移，在有利部位富集成矿。但是，即使在矿集区，也不是每一条剪切带中都有矿体产出；即使是同一条剪切带，也并不是处处都发育良好的矿化带。可见，剪切带型矿床的成矿过程与成矿机理仍有待深入研究。为此，本研究选取典型的剪切带型金属矿床，以湘东钨锡矿床和胶东等金矿床为例，从岩石构造环境角度出发，运用断层阀模式和力化学理论，对剪切带型矿床中成矿元素的析出沉淀机制和成矿机理进行了深入探讨。

在不同的地球动力学背景下，不同的构造活动会形成相应的构造-岩浆-成矿体系。华南岩石圈在新元古代形成之后的几亿年内经历了多次构造变形、变质作用和岩浆活动。在这些构造事件中，晚中生代华南构造事件最终确定了华南的盆山格局，表现为大规模的花岗岩侵位、一系列世界级矿床的形成和数量众多伸展盆地、大型走滑断层、伸展穹窿等，然而学界对华南晚中生代构造事件的地球动力学背景仍尚无统一的认识。准确理解这次构造事件的起因、形成和演化，深入认识岩体侵位和成矿之间的关系不仅对研究华南大陆再造过程大有裨益，而且对中国东部中生代成矿背景乃至东亚与古太平洋板块相互作用过程的探讨都具有重要的指导意义。

基于以上出发点，我们选取湘东茶陵地区为研究对象。该地区钨锡矿床发育，花岗岩体、剪切带和矿床之间时空关系清晰，具有代表性。本书采用岩石地球化学、磁组构测试和构造成矿分析等多种方法对这些地质体进行研究，探讨岩体侵位、构造变形及成矿之间的内在联系，并总结剪切带在成矿过程中所起的作用。

此外，与湘东钨锡矿床近于同时期形成的胶东矿集区是我国重要的金矿产地，也是典型的剪切带型金属矿床，目前对于其成矿过程、矿床成因、成矿动力学模型等存在较大的争议。因此正确理解胶东金矿的构造特征及成矿过程对湘东钨锡矿床等剪切带型矿床的成因模式研究及矿床勘查都有一定的指导意义。因此在本书中，我们还探讨了以胶东地区为代表的国内外典型剪切带型金矿的成矿过程及其与剪切带的关系。

本书主要依托国土资源部公益性行业科研专项项目“湖南锡田地区钨锡矿成矿规律及靶区预测研究”第4课题“湖南锡田地区花岗岩与钨锡矿床成矿专属性研究”（编号：201211024-04）和国家重点研发计划项目“燕山期重大地质事件的深部过程与资源效应”第1课题“中国东部中生代构造格局与演化”第一专题（编号：2016YFC0600401），从2012年初执行以来历时8年之久，本书即为这两个课题部分研究成果的总结，成绩归功于全体课题组成员。全书共八章：第一章介绍剪切带型矿床和力化学的概念，以及课题组在力化学方面已取得的初步进展，由侯泉林、韩雨贞、程南南执笔；第二章介绍华南晚中生代成矿事件的地球动力学及构造背景，由卫巍、侯泉林执笔；第三章介绍湘东钨锡矿床与伴生的多期花岗岩之间的时空成因联系，由刘庆、何苗、牛睿、厉高宏执笔；第四章介绍湘东地区的构造分析，讨论成矿过程与构造体制的关系，以及岩体侵位过程中对钨锡矿床的制约关系，由侯泉林、卫巍、刘庆、何苗、宋超执笔；第五章介绍胶东地区的金矿床的构造背景，由何苗、程南南、侯泉林执笔；第六章介绍前人对胶东地区花岗岩的成因及其与成矿关系的研究，由刘庆、何苗、程南南执笔；第七章介绍胶东剪切带型金矿床的构造特征及与成矿的关系，由程南南、侯泉林执笔；第八章讨论剪切带型矿床形成的力化学过程及其对成矿作用的制约，由侯泉林、程南南、刘庆执笔。全书由侯泉林、刘庆、何苗整理统编。

除了上述主要执笔人以外，参加本项研究工作的还有湖南省地质矿产勘查开发局四一六队的伍式崇总工程师、朱浩锋工程师、李晖工程师；中国科学院大学闫全人教授、孙金凤副教授、郭谦谦副教授、张吉衡副教授、刘平副教授、宋国学副教授、李小诗博士和博士生王麒、石梦岩等；中国地质大学（北京）张宏远博士；中国科学院地质与地球物理研究所方爱民博士；合肥工业大学石永红教授等。中国地质大学（北京）张华锋副教授为胶东的野外工作给予了指导和帮助。中国科学院大学地球与行星科学学院吴春明教授、李永兵副教授等就一些问题与笔者进行了深入讨论，并提出宝贵意见；中国科学院地质与地球物理研究所周新华教授、范宏瑞教授、秦克章教授等就有关内容提出宝贵意见，使笔者收获颇多；中国科学院大学地球与行星科学学院研究生董怡静、郭盼、赵腾格、闫方超、刘宏伟、马雪盈等同学帮助查阅资料并承担了其他工作。本研究工作还得到了中国科学院大学地球与行星科学学院、湖南省地质矿产勘查开发局四一六队、山东黄金矿业股份有限公司、中国科学院地质与地球物理研究所岩石圈演化国家重点实验室和中国地质调查局国家地质实验测试中心等单位的大力支持和帮助。笔者在此一并致以谢忱！还要特别感谢湖南省地质矿产勘查开发局四一六队原副队长徐辉煌高级工程师的大力支持！

因时间匆忙和篇幅限制，许多科研成果未能在本书中充分体现，其中不少理论认识还有待提升，不少观点或不够成熟，或还存在一些不当之处，敬请读者批评指正。

侯泉林　刘　庆　等

2019 年 10 月

目　录

第一章 绪 论

第一节 剪切带型矿床的基本概念

剪切带是一种重要的构造变形方式，广泛发育于各类构造环境中。作为区域构造薄弱带，剪切带内岩浆活动、变质作用及流体活动相对集中，常作为含矿热液运移的主要通道。剪切带不仅能为流体的迁移提供有利的空间和通道（导矿构造），还能驱使成矿物质活化迁移，在有利部位（容矿构造）富集成矿，具有非常好的成矿前景（Robert and Kelly，1987；邓军等，1998；张连昌等，1999；刘忠明，2001；路彦明等，2008；刘晶晶等，2013；刘俊来，2017）。世界上许多矿床直接产在剪切带中［如加拿大 Val-d'Or 矿区（Boullier and Robert，1992）、津巴布韦 Renco 矿区（Kolb，2008）］，或明显地受到与剪切带相关的次级构造的控制［如澳大利亚 Darlot 矿区（Kenworthy and Hagemann，2007）、中国胶东玲珑矿区（程南南等，2018）］。这种成因机制与控矿因素都与剪切带相关的矿床，即为剪切带型矿床。研究剪切带与矿床的成因关系，对于进一步厘清相关矿床的分布规律、矿体产状以及找矿预测等都有重要的指导意义。

剪切带型矿床的矿化类型主要有脉型和蚀变岩型两种，部分学者认为还有糜棱岩型（图 1-1；陈柏林等，1999）。断层双层结构模式（Sibson，1977）表明剪切带由地表向地下深处延伸时会分别表现出脆性、脆韧性和韧性变形，普遍认为剪切带的脆性部位和脆韧性转换部位由于应变速率较快，应力集中部位易出现脆性破裂导致矿化的形成。例如，在

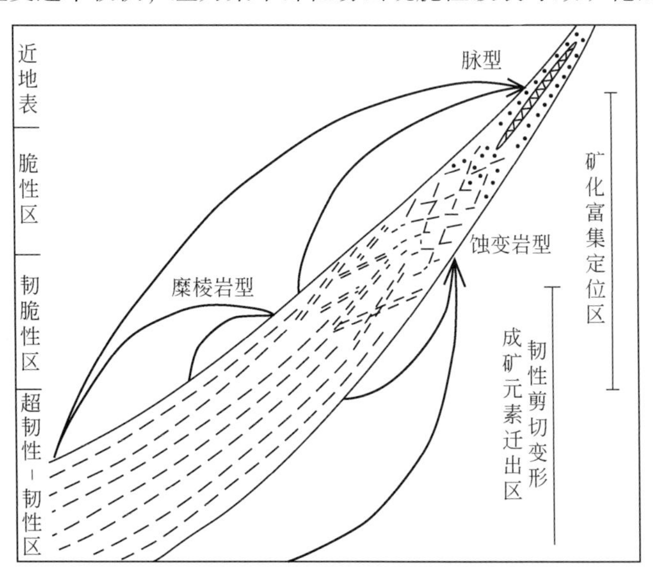

图 1-1 剪切带构造层次与矿化类型关系图（引自陈柏林等，1999）

地壳浅部，剪切变形表现为脆性断裂或裂隙带，易形成脉型矿化；在脆韧性转换区域，节理发育密集，矿体往往分布于定向排列的碎裂岩之中，从而形成蚀变岩型矿床；在韧性区域，由于温度和围压较高，主要表现为韧性变形，蚀变和矿化主要发生在糜棱岩的微裂隙中，形成糜棱岩型矿床。

整体上，在一个理想的连续演化的剪切带剖面，自上而下一般出现石英脉型、蚀变岩型和糜棱岩型等矿化类型。但王义天等（2004）指出，随着地壳隆升剥蚀和大型剪切带的持续多阶段演化，后期多期次的脆-韧性或脆性构造变形叠加，可导致多种矿化类型同时出现在同一构造部位。

第二节　力化学的概念

力化学引自机械力化学（mechanochemistry）一词，原意是指物质受机械力的作用而发生化学变化或物理变化的现象（杨南如，2000）。本书将其引用到地质上来，主要是指构造活动过程中，特别是剪切带的持续演化过程中，成矿流体由于应力作用，发生物理化学变化进而导致成矿物质发生沉淀、富集、聚集，从而形成矿体的过程。对剪切带中成矿物质发生沉淀的力化学过程的研究，需要综合岩体侵位、成矿流体运移、剪切带活动和成矿物质沉淀等多方面的研究，涉及构造地质、岩石地球化学和成矿物质溶解、迁移和沉淀的相关实验，以及磁组构等多种分析与测试手段。本书试图从力化学角度出发，综合研究剪切带型矿床的成矿机理。

近年来，力化学在聚合物的研究方面取得了一定的成果，相关成果发表在*Nature*、*Science*等重要期刊。实验及理论的证据表明，机械力可以通过对化学键的拉伸直接作用于化学键，引起化学键的断裂和重新生成（Duwez et al.，2006；Hickenboth et al.，2007；Davis et al.，2009；Smalo and Uggerud，2012）。Duwez等（2006）的研究表明，利用原子力显微镜（AFM）微悬臂顶端的针尖对聚合物分子进行拉伸时，可以使得针尖和聚合物连接处最弱的化学键断裂。Davis等（2009）设计了一种对力敏感的有机分子螺吡喃（图1-2a），并将该分子嵌入到特定的聚合物材料分子中。如果螺吡喃发生开环反应，聚合物材料的颜色将会发生变化。在对材料进行拉伸的过程中，随着塑性变形的进行，材料表现出了明显的颜色变化，表明该过程中发生了开环反应。通过密度泛函理论进行的计算结果显示，在力的作用下，螺吡喃分子中的键能最低的C—O键的距离逐渐增加（图1-2b），分子势能也逐渐增加（图1-3）。当分子的拉伸量达到17%时，分子间的势能达到了发生化学反应所需要克服的能垒2.3eV，而当分子的拉伸量达到20%时，分子间作用力及势能消失，C—O键断裂，发生开环反应，引起材料颜色变化（图1-2c）。

在力的作用下，化学键的键长和键角可能会发生一定的改变，导致发生化学反应的能垒大大降低，从而加快化学反应的进行，甚至促进某些在热条件下由于能垒过高不能或不易发生的反应（Beyer and Clausen-Schaumann，2005；Brantley et al.，2011；Akbulatov et al.，2012；Craig，2012）。这和热影响化学反应的机理不同（图1-4），加热并不能降低化学反应的能垒，只是增加了反应物分子的能量，进而促使更多的分子超过反应能垒而发生化学反应（Seidel and Kuhnemuth，2014）。

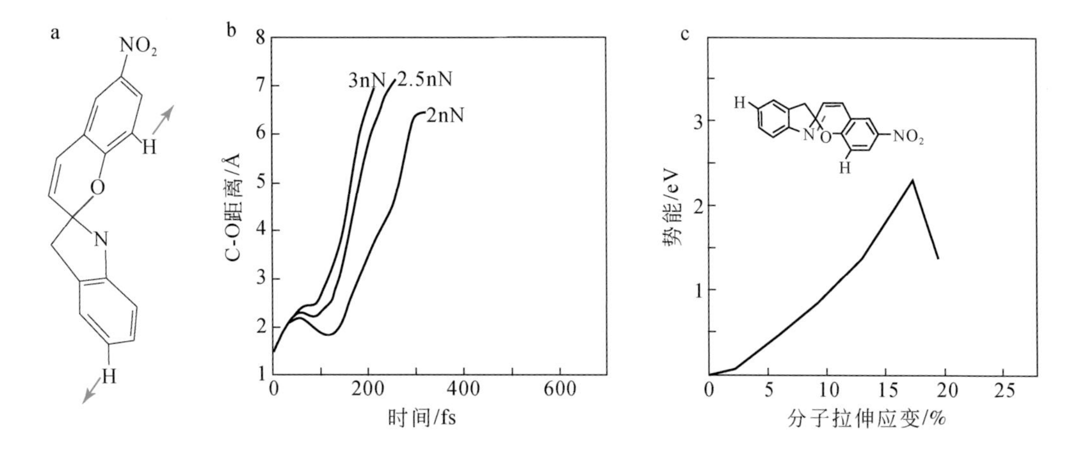

图 1-2 力活化过程的第一性原理分子动力学模拟结果

a. 对力敏感的螺砒喃分子，蓝色箭头指示拉伸方向，红色 C—O 键为分子中键能最弱的化学键；b. 应力分别为 2nN，2.5nN 和 3nN 时，C—O 键的距离随时间的变化；c. C—O 键分子势能随分子拉伸应变的变化。引自 Davis 等（2009）

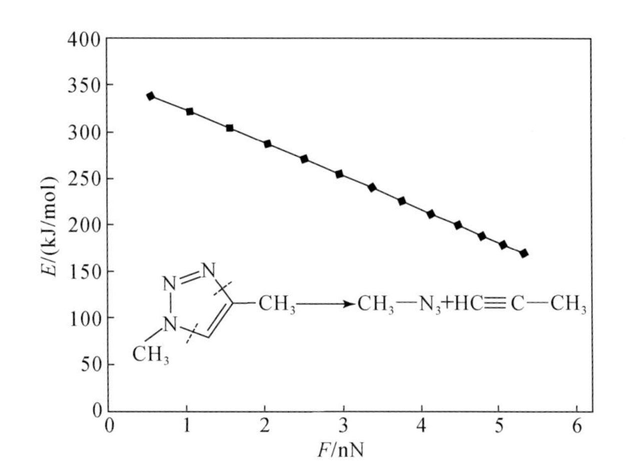

图 1-3 甲基-1，2，3-三唑发生开环反应中化学键断裂所需能量和应力的关系（Smalo and Uggerud，2012）

虚线指示化学键发生断裂位置。随着应力的增加，化学键断裂所需要的能量逐渐降低，说明应力的增加可以降低发生化学反应所需要的能量

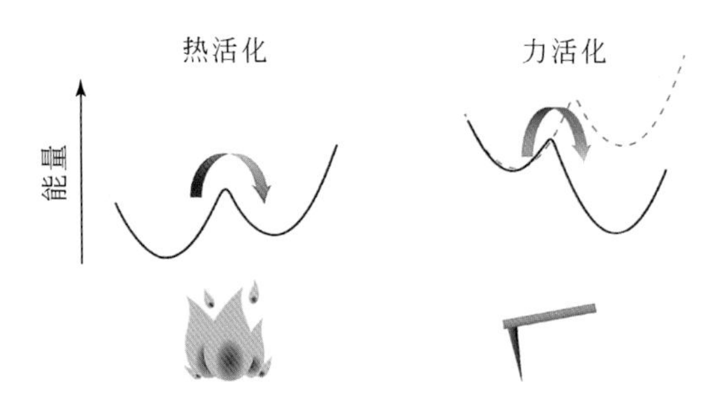

图 1-4 热活化和力活化的区别（Seidel and Kuhnemuth，2014）

近年来，力化学在煤地质研究方面已取得一定的成果。传统观点认为构造应力主要影响煤的孔隙结构等物理性质（Li and Ogawa，2001；Qu et al.，2010；Liu et al.，2015；Pan et al.，2015），而温度和时间被认为是促进煤大分子化学结构演化的主要因素（Stach et al.，1982；Levine，1993），围压则被认为延缓了煤化学结构的改变（Carr and Williamson，1990）。近年来越来越多的研究表明，和原生煤相比，构造煤具有较高的氯仿提取物，较低的脂碳率和较高的芳碳率（Cao et al.，2000，2003；Ju et al.，2005；张玉贵等，2007；Li et al.，2012；侯泉林等，2012；Xu et al.，2014）。笔者及课题组成员在针对不同变质程度的煤样所进行的低温变形实验过程中也分别收集到了不同的气体，进而从量子化学角度开展了煤力化学的作用过程和机理研究。结果表明，应力不仅能改变煤的物理结构，而且能改变其化学结构，特别是对热很稳定的六元环在应力的作用下很容易破裂（Xu et al.，2014；侯泉林和李小诗，2014；徐容婷等，2015；Han et al.，2016，2017；Hou et al.，2017；Wang et al.，2017，2019）。

Hickenboth 等（2007）通过超声实验结合量子化学计算，研究了苯并环丁烯的反式（trans-BCB）和顺式（cis-BCB）两种同分异构体在不同活化条件下发生开环反应所生成的产物。在热的作用下，由于苯并环丁烯按照对旋式发生开环反应所需要克服的能垒更高，因此 trans-BCB 和 cis-BCB 都按照顺旋方式发生开环反应，分别生成 E,E-邻苯碳醌（E,E-QDM）和 E,Z-邻苯碳醌（E,Z-QDM）。应力存在时，由于力会促使 trans-BCB 中化学键的顺旋（图 1-5a 红色箭头指示顺旋），生成力活化中间产物所需要克服的能垒更低，因此 trans-BCB 更容易沿着顺旋式开环反应的路径发生反应，生成和热反应相同的产物 E,E-QDM。而对于 cis-BCB，由于应力促进了化学键的对旋（图 1-5b 红色箭头指示对

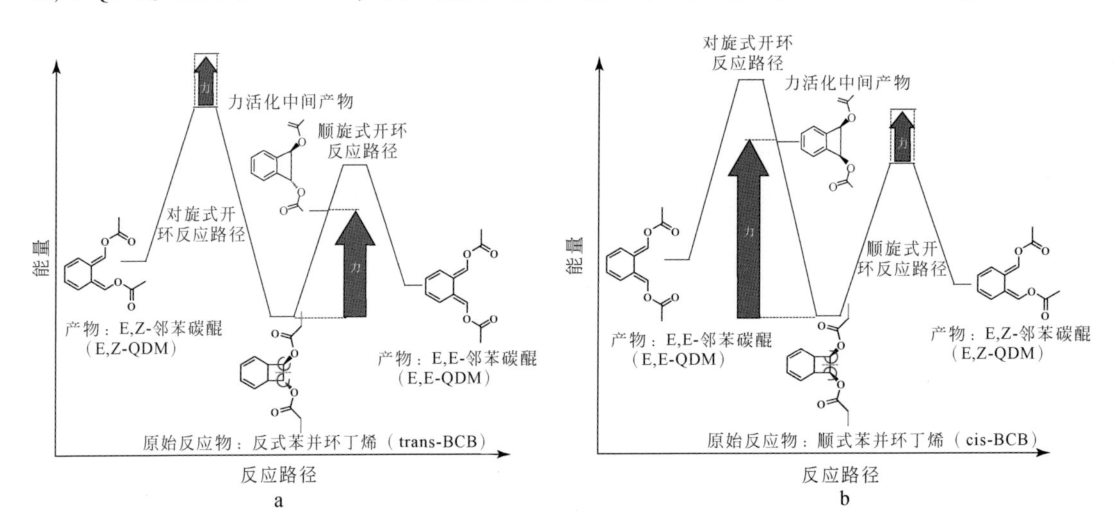

图 1-5 反式苯并环丁烯（trans-BCB）(a) 和顺式苯并环丁烯（cis-BCB）(b) 热反应和力反应产物及路径对比（Hickenboth et al.，2007）

蓝色箭头指示力的方向，在量子化学计算中力的施加是通过增加两端甲基的距离实现的。红色箭头指示在力的作用下，化学键顺旋或对旋的方向。绿色虚线指示化学键断裂位置。在热的作用下，trans-BCB 和 cis-BCB 分别生成 E,E-QDM 和 E,Z-QDM；在力的作用下，trans-BCB 和 cis-BCB 都生成 E,E-QDM

旋），阻碍了顺旋，使得原本能垒较低的顺旋式开环反应的能垒增加，并且超过通过对旋式发生开环反应所需要克服的能垒，因此反应沿着不同于热活化条件下的方向进行，生成了和热反应不同的产物 E,E-QDM。不同活化条件下得到不同构型的产物这一结果表明，应力不仅能够加快化学反应的进行，而且可以改变化学反应的路径（Hickenboth et al.，2007；Smalo and Uggerud，2012）。

越来越多力化学的实验和理论研究表明，应力可以直接作用于有机分子，促使化学键的断裂和形成（Duwez et al.，2006；Hickenboth et al.，2007；Davis et al.，2009；Brantley et al.，2011；Smalo and Uggerud，2012）。力化学的发展不仅为解释应力作用下煤的大分子结构演化提供了新的思路和证据，进一步地，结合最新的力化学观点对剪切带型矿床成因进行解读，能从机理上明确构造应力与成矿之间的关系。

第三节　国内外研究现状

剪切带型矿床的研究始于金矿，世界上大量金矿床（如加拿大 Abitibi 绿岩带中的金矿床、西澳大利亚 Norseman-Wiluna 绿岩带中的金矿床、中国东部的胶东矿集区等）都与剪切带密切相关。除金矿化外，与剪切带相关的矿床还有银、铜、铅、锌、钨、锡、钼、铀、萤石等（Spencer and Waley，1986）。本节主要以金矿为例介绍剪切带型矿床的研究现状。

自 Sibson（1977）、Ramsay（1980）发表有关韧性剪切带的经典论著以来，有关剪切带的理论和应用取得了极大进展（郑亚东和常志忠，1985；Lister and Snoke，1984）。几乎同时，全球范围内也开始了对金矿床的寻找，许多研究发现，剪切带对金矿床有着重要的控制作用（博伊尔，1979；Sibson et al.，1988；Bonnemaison and Marcoux，1990；Boullier and Robert，1992）。近几十年来，剪切带中矿脉与主剪切带的关系、矿脉与剪切带变形过程的内在联系得到了深入研究，大大提高了对剪切带控矿机理的认识，剪切带不再被简单地认为是成矿热液运移的通道和矿质沉淀的场所，而是成矿动力学过程中一个重要的有机组成部分（邓军等，1999a，1999b，1999c，2000）。剪切带的产生、发展和演化与区域岩浆活动、流体作用有密切的关系（翟裕生，1996；李晓峰和华仁民，2000；杨立强等，2000；范宏瑞等，2005；冯佐海等，2009）。尽管这些复杂关系目前还未彻底弄清，但这些因素决定了何种剪切带有矿、何种剪切带无矿以及矿体产出在剪切带的哪些位置。近几十年来，有关剪切带中金发生沉淀的控制因素在实验与理论研究方面取得了较大进展（Benning and Seward，1996；Stefánsson and Seward，2003a，2003b，2004；黄城和张德会，2013；Pokrovski et al.，2014），加深了对剪切带型金矿成矿机理的理解。此外，对金的气相迁移开展的相关研究也为揭示剪切带型金矿的成因提供了新的线索（Heinrich et al.，1999；Archibald et al.，2001；Pokrovski et al.，2006；Zezin et al.，2007，2011）。

在剪切带型金矿的研究过程中，众多学者提出了一系列的剪切带成矿模式。博伊尔（1979）首次提出韧性剪切带型金矿的概念。Bonnemaiso 和 Marcoux（1990）提出了剪切带三阶段成矿模式。Sibson 等（1988）认为在高角度逆冲韧性剪切带中，与地震相关的断层阀活动是控制成矿的重要机制，该机制为许多断层、矿床和地震活动的成因提供了合理解释（Boullier and Robert，1992；Cox，1995；Nguyen et al.，1998；迟国祥和Jayanta，2011；Lupi and Miller，2014；Peterson and Mavrogenes，2014；Shelly et al.，2015）。Hodgson（1989）总结了加拿大及澳大利亚几处著名的脉型金矿床特征，认为矿脉集中在高流体压力引起的局部低平均应力的扩容环境中。陈柏林等（1999）、王义天等（2004）给出了剪切带型金矿的矿化类型。进入21世纪后，研究者更多的是关注剪切带型金矿形成的大地构造环境。Groves和Goldfard等长期致力于造山型金矿的研究，并建立了相关矿床的成矿模式及演化阶段（Groves，1993；Groves et al.，1998；Goldfarb et al.，2001，2007；Goldfarb and Groves，2015；Groves and Santosh，2016）。陈衍景（2013）提出大陆碰撞成矿相关理论。朱日祥等（2015）通过对华北胶东矿集区和小秦岭-熊耳山矿集区金矿的研究以及结合相关地质构造背景，提出克拉通破坏型金矿。在这些成矿类型中，矿床的成因机制与控矿因素都受到剪切带活动的制约，剪切带毫无疑问扮演了重要的角色，因而从成因上来说这些矿床都可归属于剪切带型矿床。

参考文献

博伊尔R W. 1979. 金的地球化学及金矿床. 北京：地质出版社.

陈柏林，董法先，李中坚. 1999. 韧性剪切带型金矿成矿模式. 地质论评，45（2）：186-192.

陈衍景. 2013. 大陆碰撞成矿理论的创建及应用. 岩石学报，29（1）：1-17.

程南南，刘庆，侯泉林，等. 2018. 剪切带型金矿中金沉淀的力化学过程与成矿机理探讨. 岩石学报，34（7）：2165-2180.

迟国祥，Jayanta G. 2011. 加拿大Abitibi绿岩带Donalda金矿近水平含金石英脉的显微构造分析及其对成矿流体动力学的指示. 地学前缘，18（5）：43-54.

邓军，翟裕生，杨立强，等. 1998. 论剪切带构造成矿系统. 现代地质，（4）：493-500.

邓军，翟裕生，杨立强，等. 1999a. 剪切带构造-流体-成矿系统动力学模拟. 地学前缘，6（1）：115-127.

邓军，翟裕生，杨立强，等. 1999b. 构造演化与成矿系统动力学——以胶东金矿集中区为例. 地学前缘，6（2）：315-323.

邓军，杨力强，孙忠实，等. 1999c. 剪切带构造成矿动力机制与模式. 现代地质，13（2）：125-129.

邓军，杨力强，孙忠实，等. 2000. 构造-流体-成矿系统及其动力学的理论格架与方法体系. 地球科学：中国地质大学学报，25（1）：71-78.

范宏瑞，胡芳芳，杨进辉，等. 2005. 胶东中生代构造体制转折过程中流体演化和金的大规模成矿. 岩石学报，21（5）：1317-1328.

冯佐海，王春增，王葆华. 2009. 花岗岩侵位机制与成矿作用. 桂林理工大学学报，29（2）：183-194.

侯泉林，李小诗. 2014. 构造作用与瓦斯突出和超量煤层气. 物理，（6）：373-380.

侯泉林，李会军，范俊佳，等. 2012. 构造煤结构与煤层气赋存研究进展. 中国科学：地球科学，42（10）：1487-1495.

黄城，张德会. 2013. 热液金矿成矿元素运移和沉淀机理研究综述. 地质科技情报，32（4）：162-170.

李晓峰，华仁民. 2000. 韧性剪切带内流体作用的研究. 岩石矿物学杂志，19（4）：333-340.

刘晶晶，张雪亮，刘庚寅. 2013. 剪切带型金矿. 国土资源导刊，（2）：93-94.

刘俊来. 2017. 大陆中部地壳应变局部化与应变弱化. 岩石学报，33（6）：1653-1666.

刘忠明. 2001. 剪切带流体与蚀变和金矿成矿作用. 地学前缘，8（4）：271-275.

路彦明，张玉杰，张栋，等.2008. 剪切带与金矿成矿研究进展. 黄金科学技术，16（5）：1-6.
王义天，毛景文，李晓峰，等.2004. 与剪切带相关的金成矿作用. 地学前缘，11（2）：393-400.
徐容婷，李会军，侯泉林，等.2015. 不同变形机制对无烟煤化学结构的影响. 中国科学：地球科学，（1）：34-42.
杨立强，邓军，翟裕生.2000. 构造-流体-成矿系统及其动力学. 地学前缘，7（1）：178.
杨南如.2000. 机械力化学过程及效应（Ⅰ）——机械力化学效应. 建筑材料学报，3（1）：19-26.
翟裕生.1996. 关于构造-流体-成矿作用研究的几个问题. 地学前缘，3（4）：230-236.
张连昌，姬金生，曾章仁，等.1999. 韧性剪切带及其控矿作用——以新疆康古尔金矿为例. 贵金属地质，8（1）：1-6.
张玉贵，张子敏，曹运兴.2007. 构造煤结构与瓦斯突出. 煤炭学报，（3）：281-284.
郑亚东，常志忠.1985. 岩石有限应变测量及韧性剪切带. 北京：地质出版社.
朱日祥，范宏瑞，李建威，等.2015. 克拉通破坏型金矿床. 中国科学：地球科学，45（8）：1153-1168.
Akbulatov S，Tian Y，Boulatov R. 2012. Force-reactivity property of a single monomer is sufficient to predict the micromechanical behavior of its polymer. Journal of the American Chemical Society，134（18）：7620-7623.
Archibald S，Migdisov A A，Williams-Jones A. 2001. The stability of Au-chloride complexes in water vapor at elevated temperatures and pressures. Geochimica et Cosmochimica Acta，65（23）：4413-4423.
Benning L G，Seward T M. 1996. Hydrosulphide complexing of Au（I）in hydrothermal solutions from 150–400℃ and 500–1500 bar. Geochimica et Cosmochimica Acta，60（11）：1849-1871.
Beyer M K，Clausen-Schaumann H. 2005. Mechanochemistry：the mechanical activation of covalent bonds. Cheminform，105（8）：2921-2948.
Bonnemaison M，Marcoux E. 1990. Auriferous mineralization in some shear-zones：a three-stage model of metallogenesis. Mineralium Deposita，25（2）：96-104.
Boullier A M，Robert F. 1992. Palaeoseismic events recorded in Archaean gold-quartz vein networks，Val d'Or，Abitibi，Quebec，Canada. Journal of Structural Geology，14（2）：161-179.
Brantley J N，Wiggins K M，Bielawski C W. 2011. Unclicking the click：Mechanically facilitated 1，3-Dipolar cycloreversions. Science，333（6049）：1606-1609.
Cao Y，Mitchell G D，Davis A，et al. 2000. Deformation metamorphism of bituminous and anthracite coals from China. International Journal of Coal Geology，43（1-4）：227-242.
Cao Y，Davis A，Liu R，et al. 2003. The influence of tectonic deformation on some geochemical properties of coals—a possible indicator of outburst potential. International Journal of Coal Geology，53（2）：69-79.
Carr A D，Williamson J E. 1990. The relationship between aromaticity，vitrinite reflectance and maceral composition of coals：implications for the use of vitrinite reflectance as a maturation parameter. Organic Geochemistry，16（1-3）：313-323.
Cox S F. 1995. Faulting processes at high fluid pressures：an example of fault valve behavior from the Wattle Gully Fault，Victoria，Australia. Journal of Geophysical Research：Solid Earth，100（B7）：12841-12859.
Craig S L. 2012. Mechanochemistry：a tour of force. Nature，487（7406）：176-177.
Davis D A，Hamilton A，Yang J，et al. 2009. Force-induced activation of covalent bonds in mechanoresponsive polymeric materials. Nature，459（7243）：68-72.
Duwez A S，Cuenot S，Jerome C，et al. 2006. Mechanochemistry：targeted delivery of single molecules. Nat. Nanotechnol，1（2）：122-125.
Goldfarb R J，Groves D I. 2015. Orogenic gold：common or evolving fluid and metal sources through time. Lithos，233：2-26.

Goldfarb R J, Groves D I, Gardoll S. 2001. Orogenic gold and geologic time: a global synthesis. Ore Geology Reviews, 18 (1-2): 1-75.

Goldfarb R J, Hart C, David G, et al. 2007. East Asian gold: deciphering the anomaly of phanerozoic gold in precambrian cratons. Economic Geology, 102 (3): 341-345.

Groves D I. 1993. The crustal continuum model for Late Archaean lode-gold deposits of the Yilgarn Block, Western Australia. Mineralium deposita, 28 (6): 366-374.

Groves D I, Santosh M. 2016. The giant Jiaodong gold province: the key to a unified model for orogenic gold deposits? . Geoscience Frontiers, 7 (3): 409-417.

Groves D I, Goldfarb R J, Gebre-Mariam M, et al. 1998. Orogenic gold deposits: a proposed classification in the context of their crustal distribution and relationship to other gold deposit types. Ore Geology Reviews, 13 (1-5): 7-27.

Han Y Z, Xu R T, Hou Q L, et al. 2016. Deformation mechanisms and macromolecular structure response of anthracite under different stress. Energy and Fuels, 30 (2): 975-983.

Han Y Z, Wang J, Dong Y J, et al. 2017. The role of structure defects in the deformation of anthracite and their influence on the macromolecular structure. Fuel, 206: 1-9.

Heinrich C, Günther D, Audétat A, et al. 1999. Metal fractionation between magmatic brine and vapor, determined bymicroanalysis of fluid inclusions. Geology, 27 (8): 755-758.

Hickenboth C R, Moore J S, White S R, et al. 2007. Biasing reaction pathways with mechanical force. Nature, 446 (7134): 423-427.

Hodgson C J. 1989. The structure of shear-related, vein-type gold deposits: a review. Ore Geology Reviews, 4 (3): 231-273.

Hou Q L, Han Y Z, Wang J, et al. 2017. The impacts of stress on the chemical structure of coals: a mini-review based on the recent development of mechanochemistry. Science Bulletin, 62: 965-970.

Ju Y, Jiang B, Hou Q L, et al. 2005. ^{13}C NMR spectra of tectonic coals and the effects of stress on structural components. Science in China Series D: Earth Sciences, 48 (9): 1418-1437.

Kenworthy S, Hagemann S G. 2007. Fault and vein relationships in a reverse fault system at the Centenary orebody (Darlot gold deposit), Western Australia: implications for gold mineralisation. Journal of Structural Geology, 29 (4): 712-735.

Kolb J. 2008. The role of fluids in partitioning brittle deformation and ductile creep in auriferous shear zones between 500 and 700℃. Tectonophysics, 446 (1): 1-15.

Levine J R. 1993. Coalification: the evolution of coal as a source rock and reservoir rock for oil and gas. In Hydrocarbons from Coal. AAPG Studies in Geology, 38: 39-77.

Li H, Ogawa Y. 2001. Pore structure of sheared coals and related coalbed methane. Environmental Geology, 40 (11-12): 1455-1461.

Li X, Ju Y, Hou Q, et al. 2012. Spectra response from macromolecular structure evolution of tectonically deformed coal of different deformation mechanisms. Science China: Earth Sciences, 55 (8): 1269-1279.

Lister G S, Snoke A W. 1984. S-C mylonites. Journal of Structural Geology, 6 (6): 617-638.

Liu X, Zheng Y, Liu Z, et al. 2015. Study on the evolution of the char structure during hydrogasification process using Raman spectroscopy. Fuel, 157: 97-106.

Lupi M, Miller S A. 2014. Short-lived tectonic switch mechanism for long-term pulses of volcanic activity after mega-thrust earthquakes. Solid Earth, 5 (1): 13.

Nguyen P T, Harris L B, Powell C M, et al. 1998. Fault-valve behaviour in optimally oriented shear zones: an example at the Revenge gold mine, Kambalda, Western Australia. Journal of Structural Geology, 20 (12): 1625-1640.

Pan J, Zhu H, Hou Q, et al. 2015. Macromolecular and pore structures of Chinese tectonically deformed coal studied by atomic force microscopy. Fuel, 139: 94-101.

Peterson E C, Mavrogenes J A. 2014. Linking high-grade gold mineralization to earthquake-induced fault-valve processes in the Porgera gold deposit, Papua New Guinea. Geology, 42 (5): 383-386.

Pokrovski G S, Borisova A Y, Harrichoury J C. 2006. The effect of sulfur on vapor-liquid partitioning of metals in hydrothermal systems: an experimental batch-reactor study. Geochimica et Cosmochimica Acta, 70 (18): A498.

Pokrovski G S, Akinfiev N N, Borisova A Y, et al. 2014. Gold speciation and transport in geological fluids: insights from experiments and physical-chemical modelling. Geological Society, London, Special Publications, 402 (1): 9-70.

Qu Z, Wang G, Jiang B, et al. 2010. Experimental study on the porous structure and compressibility of tectonized coals. Energy Fuels, 24 (5): 2964-2973.

Ramsay J G. 1980. Shear zone geometry: a review. Journal of Structural Geology, 2 (1): 83-99.

Robert F, Kelly W C. 1987. Ore-forming fluids in Archean gold-bearing quartz veins at the Sigma Mine, Abitibi greenstone belt, Quebec, Canada. Economic Geology, 82 (6): 1464-1482.

Seidel C A, Kuhnemuth R. 2014. Mechanochemistry: molecules under pressure. Nat. Nanotechnol, 9 (3): 164-165.

Shelly D R, Taira T, Prejean S G, et al. 2015. Fluid-faulting interactions: fracture-mesh and fault-valve behavior in the February 2014 Mammoth Mountain, California, earthquake swarm. Geophysical Research Letters, 42 (14): 5803-5812.

Sibson R H. 1977. Fault rocks and fault mechanisms. Journal of the Geological Society, 133 (3): 191-213.

Sibson R H, Robert F, Poulsen K H. 1988. High-angle reverse faults, fluid-pressure cycling, and mesothermal gold-quartz deposits. Geology, 16 (6): 551-555.

Smalo H S, Uggerud E. 2012. Ring opening vs. direct bond scission of the chain in polymeric triazoles under the influence of an external force. Chemical Communications, 48 (84): 10443-10445.

Spencer J E, Welty J W. 1986. Possible controls of base- and precious-metal mineralization associated with Tertiary detachment faults in the lower Colorado River trough, Arizona and California. Geology, 14 (3): 195-198.

Stach E, Mackowsky M H, Teichmüller M, et al. 1982. Stach's textbook of coal petrology. Berlin: Gebruder Borntraeger.

Stefánsson A, Seward T M. 2003a. Stability of chloridogold (I) complexes in aqueous solutions from 300 to 600℃ andfrom 500 to 1800 bar. Geochimica et Cosmochimica Acta, 67 (23): 4559-4576.

Stefánsson A, Seward T M. 2003b. The hydrolysis of gold (I) in aqueous solutions to 600℃ and 1500 bar. Geochimica et Cosmochimica Acta, 67 (9): 1677-1688.

Stefánsson A, Seward T M. 2004. Gold (I) complexing in aqueous sulphide solutions to 500℃ at 500 bar. Geochimica et Cosmochimica Acta, 68 (20): 4121-4143.

Wang J, Han Y Z, Chen B Z, et al. 2017. Mechanisms of methane generation from anthracite at low temperatures: insights from quantum chemistry calculations. International Journal of Hydrogen Energy, 42: 18922-18929.

Wang J, Guo G J, Han Y Z, et al. 2019. Mechanolysis mechanisms of the fused aromatic rings of anthracite coal under shear stress. Fuel, 253: 1247-1255.

Xu R, Li H, Guo C, et al. 2014. The mechanisms of gas generation during coal deformation: preliminary observations. Fuel, 117: 326-330.

Zezin D Y, Migdisov A A, Williams- Jones A E. 2007. The solubility of gold in hydrogen sulfide gas: an experimental study. Geochimica et Cosmochimica Acta, 71 (12): 3070-3081.

Zezin D Y, Migdisov A A, Williams-Jones A E. 2011. The solubility of gold in H_2O-H_2S vapour at elevated temperature and pressure. Geochimica et Cosmochimica Acta, 75 (18): 5140-5153.

第二章　华南晚中生代矿床的构造背景

晚中生代构造事件强烈地改造了华南的构造格局，导致了大量岩体的侵位，众多盆地的张开，以及大规模 NE-SW 走向断裂的发育（Gilder et al., 1991；Goodell et al., 1991；Mercier et al., 2007；Li and Li, 2007；Wu et al., 2017）。另外，在这次构造事件中形成了一大批世界级的各类金属矿床，引起了矿床学界的广泛关注（毛景文等，2007；Zaw et al., 2007；Li et al., 2010；Mao et al., 2011）。

尽管华南陆块晚中生代的变形是复杂的，但是在最近几十年，地质学界逐渐达成了共识，华南陆块东南部广泛分布的岩浆岩、地堑-半地堑盆地以及正断层系统指示在白垩纪时华南主要受 NW-SE 向的伸展作用控制（Gilder et al., 1991；Goodell et al., 1991；Lin et al., 2000；Zhou and Li, 2000；Faure et al., 2003；Li and Li, 2007；Mercier et al., 2007；Shu et al., 2009；Deng et al., 2012；Wei et al., 2014；Yang et al., 2017）。然而，华南陆块在侏罗纪时是否处于该伸展体制控制之下仍是个存在争议的问题。一方面，一些研究指出此时存在挤压体制造成的地壳收缩的证据。例如，华南中部地区沉积岩中的大尺度褶皱构造及脆性变形的研究指出，侏罗纪时该地处于 NW-SE 或 E-W 向的挤压作用之下（Yan et al., 2003；Li et al., 2012；Shi et al., 2013, 2015）。在南岭地区所进行的侏罗纪花岗岩的侵位研究也指出花岗岩可能侵位于挤压体制背景（Peng et al., 2011）。对天华山盆地晚侏罗世—早白垩世的火山岩-侵入岩进行的地球化学研究指出，伸展体制开始于早白垩世而非晚侏罗世（Su et al., 2014）。然而，另外一些研究也提出了不同的看法，部分学者认为南岭地区中侏罗世的地堑盆地以及填充其中的双峰式火山岩暗示了此时伸展事件已经开始了（Zhou et al., 2006；Shu et al., 2007, 2009）。该观点近年来被华南中部地区衡山复式花岗岩的构造分析工作所支持（Wei et al., 2016）。除了挤压和伸展这两种观点外，也有一些研究者强调侏罗纪时发育走滑断层系统（Li et al., 2001；Zhu et al., 2010）。

第一节　华南晚中生代构造成矿事件的基本地质现象

一、正断层与地堑-半地堑盆地

众多断陷盆地的形成和大量花岗岩的侵位是华南晚中生代最引人注目的地质事件（Li, 2000；孙涛等，2002；Zhou et al., 2006；Shu et al., 2009）。据统计，盆地面积可达 $143100km^2$，晚中生代花岗岩的出露面积为 $127300km^2$，而且相邻的晚中生代花岗岩与同期发育的盆地经常以正断层关系耦合在一起（Zhou et al., 2006；Shu et al., 2009）。

断陷盆地最早开始形成于南岭地区。在中侏罗世时，南岭地区就形成了一系列断陷盆地，盆地中充填着陆源碎屑岩以及双峰式火山岩，代表了一种陆内伸展体制（Zhou et al.,

2006；Shu et al.，2009）。

而早白垩世时，断陷盆地主要分布在安徽南部和湖北、湖南、广西一带（Shu et al.，2009）。例如，皖南的广德断陷盆地，面积达6000km²，充填下白垩统、上白垩统以及古近系-新近系（安徽省地质矿产局，1987）。而当地同期也存在大量的岩体侵位，如青阳岩体、榔桥岩体、旌德岩体等（Wu et al.，2012）。湖南的渣江盆地则是由发育于136Ma的修水-永州正断层的活动所张开，盆地中最老的沉积物是下白垩统东井组，不整合覆盖在侏罗系及更老的下伏地层之上（湖南省地质矿产局，1987；Li et al.，2013）。邻近区的醴陵-攸县盆地、茶陵盆地也大致在同时期张开（湖南省地质矿产局，1987）。

晚白垩世时，新生成的断陷盆地主要分布在浙江、江西、广东一带，其位置比早白垩世的盆地更加靠近东南沿海。很多早白垩世时形成的断陷盆地此时仍在发育，处于接受沉积阶段（Shu et al.，2009）。例如，浙江的断陷盆地，多呈NE-SW走向，以白垩纪河湖相沉积岩夹火山岩为主，主要受江山-绍兴断裂、丽水-余姚和温州-镇海断裂控制，多为半地堑盆地。盆地中除了晚白垩世河湖相沉积物外，还发育玄武岩-安山岩-流纹岩组合，以金华-衢州盆地为代表（浙江省地质矿产局，1989）。在江西一带，盆地一般为晚白垩世形成，以半地堑盆地为主，沉积序列下部是山麓洪积，上部为河湖相沉积。靠近断裂的盆地一侧，常有玄武岩或者安山质玄武岩喷发（江西省地质矿产局，1984）。江西晚白垩世的断陷盆地以吉泰盆地为代表（邓平等，2003；舒良树等，2004）。广东的晚白垩世断陷盆地以南雄盆地为代表，以长条状沿NEE-SWW方向展布在广东北部和江西南部，面积为1800km²，其控盆断裂主要分布在盆地北部，切割诸广山，而盆地南部则出露盆地与下伏地层的不整合面，呈现“北断南超”的特征（舒良树等，2004）。

二、双峰式火山岩和基性岩墙群

华南晚中生代最早的双峰式火山岩分布于南岭东部的东西向断陷盆地中（陈培荣等，1999；谢昕等，2005；Zhou et al.，2006；Shu et al.，2009）。若干学者对该时期该地区的双峰式火山岩进行了详细的地球化学研究，认为其代表着陆内伸展环境（许美辉，1992；陈培荣等，1999；范春方和陈培荣，2000）。白垩纪时，双峰式火山岩广泛分布于福建、江西、浙江一带（Gilder et al.，1991；Goodell et al.，1991；Yu et al.，2006；邱检生等，1999）。尤其是江西、浙江的双峰式火山岩，集中于一系列发育在新元古代缝合线之上的晚白垩世断陷盆地中，这套断陷盆地与双峰式火山岩的组合被称为赣杭裂谷带（Gilder et al.，1991；Goodell et al.，1991）。值得注意的是，包括此时期的双峰式火山岩在内的白垩纪火山岩大多发育在赣江断裂以东（Shu et al.，2009）。

另外，晚中生代时，华南还发生了大规模的岩墙侵位，时间跨度从晚侏罗世到晚白垩世（Xie et al.，2006）。在东南沿海地区，形成了北至浙江，向南经福建，最后延伸到广东和海南的岩墙群（董传万等，2006，2010；唐立梅等，2010）。

三、花岗岩侵位及其地球化学特征

在经历了200～190Ma的岩浆平静期后，华南开始了大规模的岩浆侵位过程。在侏罗纪-白垩纪之交，华南又出现了一次岩浆活动的平静期，另外在早白垩世晚期，花岗岩侵位强度也有所减弱（Li et al., 2010）。从花岗岩侵位年龄及其空间分布上来看，侏罗纪的花岗岩位于内陆地区，而白垩纪的花岗岩位于东南沿海地区。所以，花岗岩的侵位有从内陆向沿海迁移的趋势。从地球化学成分上来看，这些花岗岩类多为A型和I型花岗岩（Li，2000）。其中一些地方如长江中下游地区也广泛分布着埃达克质的花岗岩（Sun et al.，2007；Ling et al.，2009）。这些花岗岩在微量元素构造图解中，多数落在板内和弧后区，代表一种伸展环境（Li，2000）。很多花岗岩以一条正断层的方式与其邻近的盆地相耦合，花岗岩侵位与盆地张开大约同时，有些盆地在形成的过程中也接受了邻近花岗岩提供的碎屑物质，在地貌上花岗岩为山岭，盆地为盆（Shu et al.，2009）。因此，有些学者认为华南此时的构造环境应相当于美国西部的盆岭省（Li，2000；Shu et al.，2009）。

第二节　华南晚中生代构造成矿事件的地球动力学模型

人们对华南晚中生代构造体制进行了广泛丰富的研究。毋庸置疑，华南晚中生代构造体制研究已成为地质学最为活跃的研究领域之一。概而言之，针对伸展构造原因提出的华南晚中生代地球动力学模型可分为六种学说，分别为俯冲角度增加与弧后伸展向海迁移说、平俯冲与俯冲带后撤说、洋中脊俯冲说、高原垮塌说，以及因库拉（Kula）板块向北俯冲所引起的走滑拉分说，另外，还有学者强调，包括华南在内的整个中国东部都在晚中生代处于一个三个方向挤压的“超级汇聚体制”控制下（超级汇聚体制说）。

一、俯冲角度增加与弧后伸展向海迁移说

华南大量中生代侵位的花岗岩，从时空分布上而言，有着统计上的规律。侏罗纪的花岗岩位于华南陆块的西北内陆，而白垩纪的花岗岩位于东南沿海，时间跨度贯穿了晚中生代；岩体的侵位存在从西北向东南迁移变年轻的演化趋势（图2-1；Zhou and Li，2000）。为了解释这种花岗岩的时间-空间分布特点，Zhou和Li（2000）提出了晚中生代古太平洋板块向华南陆块之下平俯冲，随着俯冲角度的不断加大，造成火山弧不断向海后撤的模式（Zhou and Li，2000）。然而，更精细的岩体年龄的空间分布数据却指出，晚中生代岩体侵位的时间-空间分布远非简单的向东南沿海迁移（Li et al.，2007；Li and Li，2007）。另外，侏罗纪时的火山岩、侵入岩也并未显示出与岛弧的亲属性（Chen et al.，2008；Li et al.，2003；Zhu et al.，2010）。

二、平俯冲与俯冲带后撤说

Li和Li（2007）在总结了华南从晚二叠世到白垩纪的变形、变质以及岩体侵位年龄之后发现，在250Ma到190Ma之间，华南的构造现象有由东南沿海向西北内陆逐渐变年轻的趋势，造成宽达1300km的华南褶皱带（Li and Li，2007）。190Ma时，在该褶皱带的

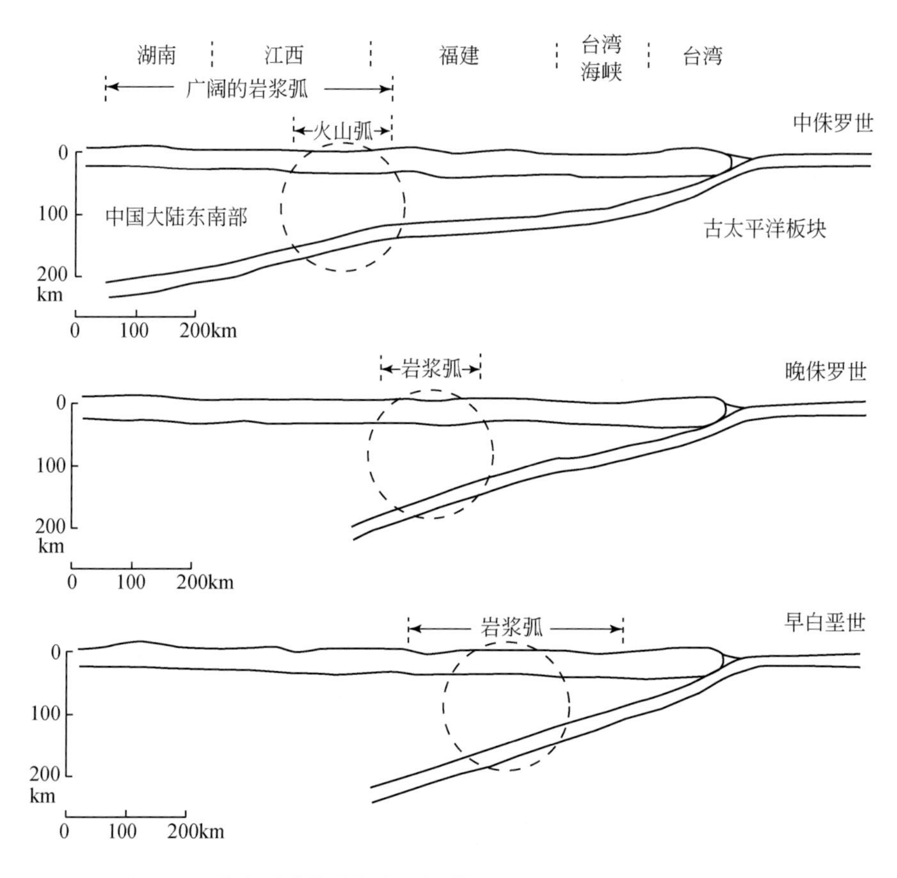

图 2-1　古太平洋俯冲角度增加模型（引自 Zhou and Li，2000）

中部开始发生岩体侵位，此时侵位的岩体多为高分异 I 型花岗岩、A 型花岗岩以及其他一些代表陆内伸展的岩体（Li et al.，2003）。190～150Ma 期间，岩体侵位的迁移分两个系统，一个系统是从 1300km 褶皱带的内陆顶端和中部同时向两者的中间位置迁移，另一个系统是从褶皱带的中部向东南沿海方向迁移（Li and Li，2007）。150Ma 之后，华南的花岗岩侵位统一向东南沿海迁移（Zhou and Li，2000；Li and Li，2007）。

基于精细的岩体年龄-空间结构，Li 和 Li（2007）提出了华南晚中生代的古太平洋板块平俯冲及俯冲带后撤说（图 2-2）。该学说认为，在 250～190Ma 古太平洋板块携带一个洋底高原向西北平俯冲于华南岩石圈板块之下，造成华南陆块的变形、变质以及岩体侵位现象逐渐向西北内陆迁移，并形成了华南褶皱带。190Ma 时，俯冲板片发生断离（break off），并引起 A 型花岗岩的侵位。150Ma 之后，俯冲板片发生回卷后撤（roll back），导致了花岗岩侵位逐渐向东南沿海迁移（Li and Li，2007）。

该学说成功地解释了华南晚中生代花岗岩的时空分布规律，以及地球化学演化特征，但仍需考虑如何用该模式解释一些细节的地质现象，如福建沿海地区早白垩世时的变形事件。该事件被广泛地解释为走滑体制控制下的产物（Charvet et al.，1990；Tong and Tobisch，1996；Wang and Lu，1997a，1997b，2000）。

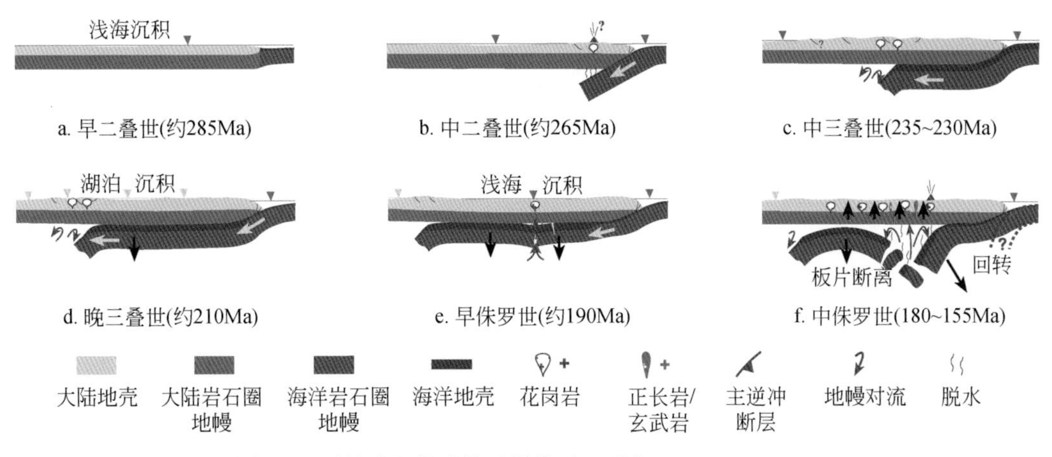

图 2-2　平俯冲与俯冲带后撤模型（引自 Li and Li，2007）

三、洋中脊俯冲说

平俯冲及俯冲带后撤说需面对的一个困难是，在长江中下游地区存在一个发育在150Ma至120Ma期间，长约400km、宽约100km的NW-SE走向的岩浆岩带。该带的走向垂直于俯冲带，而该花岗岩带的岩浆活动却并未显现任何的向海岸迁移的极性（Ling et al.，2009；Wu et al.，2012）。该花岗岩带的岩石类型多样，包含I型、A型花岗岩类和埃达克岩。这些类型的花岗岩岩体呈对称状分布于该岩浆岩带轴线两侧（Sun et al.，2007；Ling et al.，2009）。考虑到侏罗纪-白垩纪之交时，古太平洋中可能存在着两个大洋板块，位于北侧的Izanagi板块向NNW俯冲于欧亚大陆之下，位于南侧的太平洋板块向SW俯冲到欧亚大陆之下，它们之间的洋中脊俯冲的位置很可能位于长江中下游地区，进而造成长江中下游地区这种岩浆岩的分布模式（图2-3），这便是洋中脊俯冲说（Sun et al.，2007；Ling et al.，2009）。然而，尽管太平洋板块的运动学可以通过海底平顶山的年龄和排列恢复，但在侏罗纪-白垩纪之交时，太平洋板块是否能够影响到华南陆块还需要在华南陆块陆地上找到更多的构造证据。例如，有别于单一的古太平洋板块［库拉（Kula）或者伊泽纳吉（Izanagi）］向东亚俯冲的模式，双大洋板块分别向北西（伊泽纳吉板块）和向南（太平洋板块）俯冲于东亚大陆之下的模式可能会给东亚大陆边缘带来非常不同的运动学模式。洋中脊俯冲所涉及的长江中下游地区，以及离俯冲带最近、受俯冲影响最强的福建沿海地区或许是验证该学说的关键地区。

四、高原垮塌说

对于长江中下游岩浆岩带中的A型花岗岩或者埃达克质岩体的出现，学界还有不同的理解。由于加厚的地壳也可以产生这样化学成分的岩浆，中国东部存在一个高原的假设被提了出来（图2-4；张旗等，2008）；该高原后来发生了垮塌，形成一系列伸展构造，地壳厚度可从埃达克质岩体所揭示的50km（Wang et al.，2006），到由地震反射数据所显示

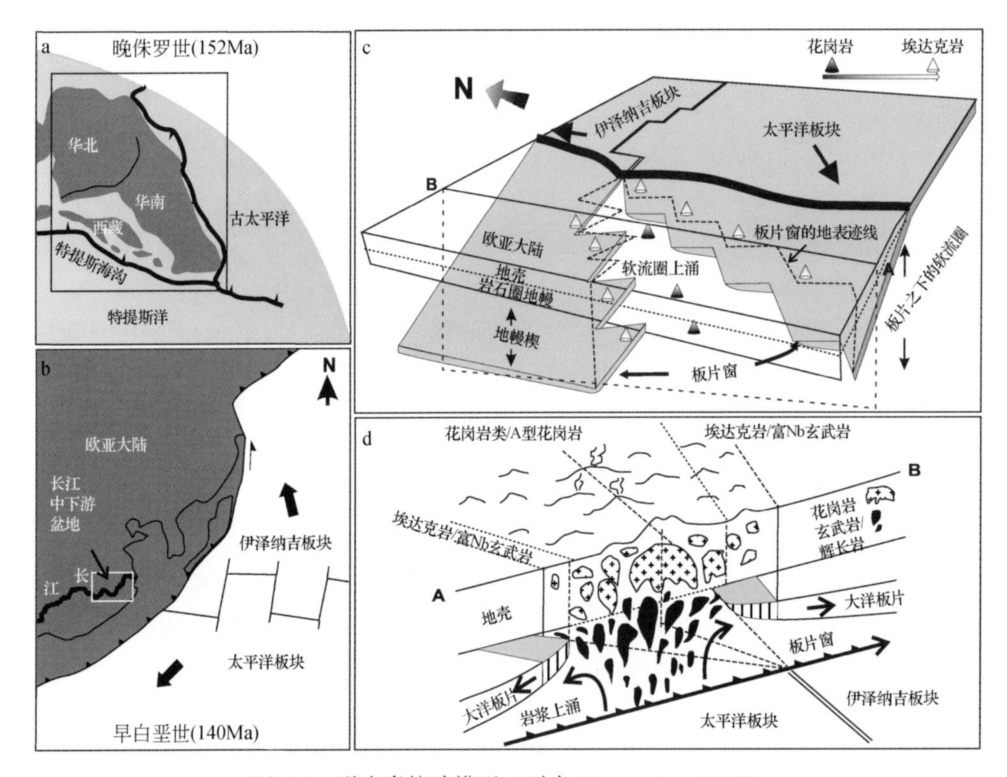

图 2-3　洋中脊俯冲模型（引自 Ling et al.，2009）

a. 中国东部在中生代处于俯冲环境；b. 洋中脊在 140Ma 时俯冲于长江中下游地区；c. 洋中脊俯冲的板片窗模式；d. 板片窗的岩浆活动剖面图

的 30km（Schmid et al.，2001）。虽然该学说也有一些其他辅助证据，但其主要的依据是埃达克质岩体的出现，而这种岩体的成因却具有多解性，因为来自地幔的岩浆在正常地壳内发生分异也可以形成埃达克质岩浆（Li et al.，2009），另外，地壳究竟因何而被加厚也是需要解决的一个问题。

五、古太平洋板块向北俯冲及走滑拉分说

对于华南晚中生代地球动力学背景，部分学者更加强调走滑构造体制的重要性（Xu et al.，1987；Charvet et al.，1990；Tong and Tobisch，1996；Wang and Lu，1997b，2000；Li et al.，2001）。在这类模型中，古太平洋板块以向北俯冲的库拉板块为代表，其运动方向必然导致在东亚大陆边缘部位产生巨大的剪切变形，所以东亚大陆边缘发育一系列以郯城-庐江断裂、长乐-南澳断裂为代表的左行走滑断裂体系（图 2-5；Xu et al.，1987）。这使得华南地块东缘当时处于走滑-拉分构造体制控制之中，因而导致了大规模岩体侵位和拉分盆地的形成（图 2-6；Gilder et al.，1996）。近些年来的构造分析揭示，作为该走滑体制的主要证据和代表，郯城-庐江断裂在晚中生代时虽然曾发生过短暂的走滑运动，但该

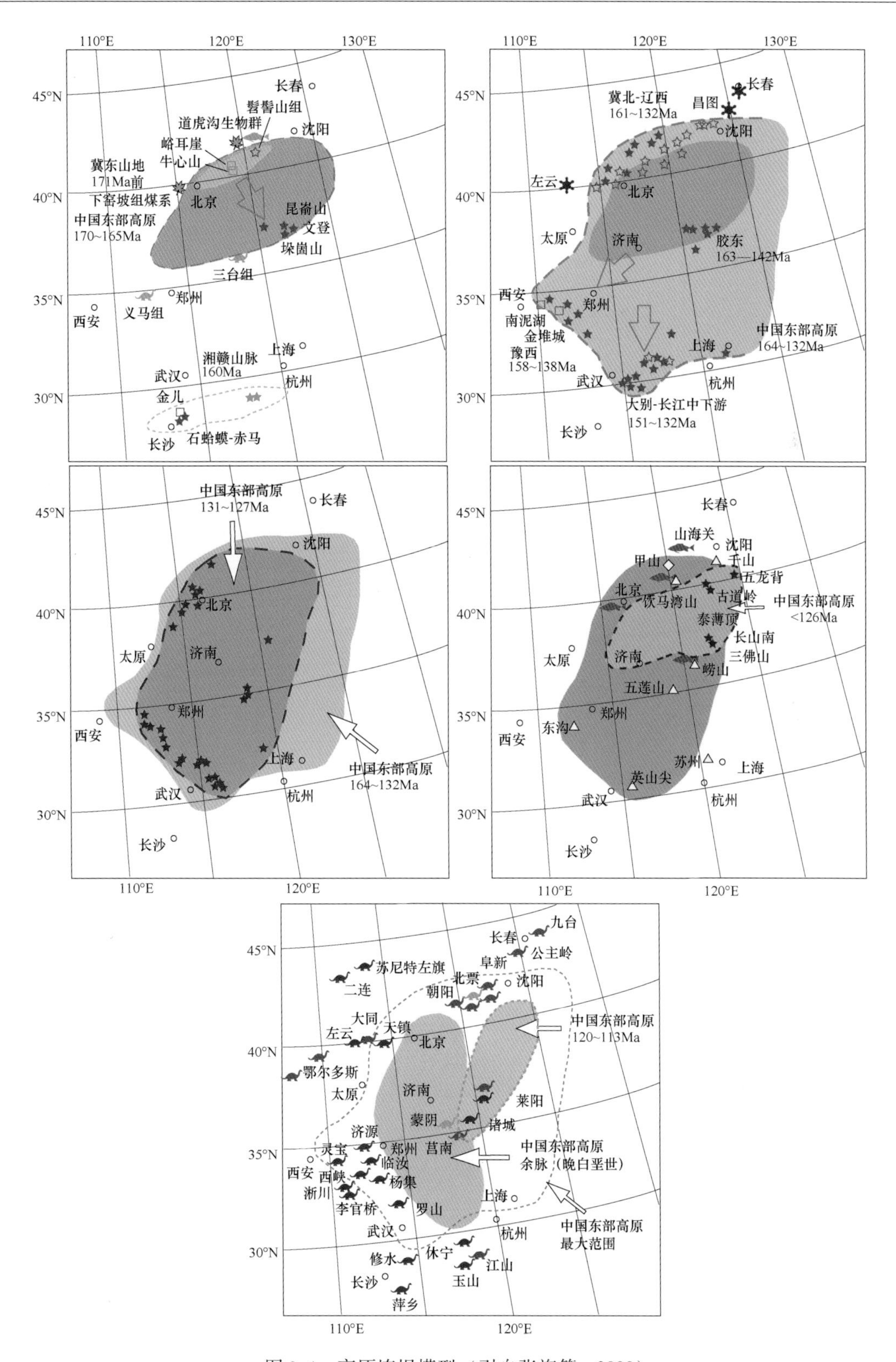

图 2-4　高原垮塌模型（引自张旗等，2008）

断层却主要以正断层的形式存在（Faure et al., 2003；Mercier et al., 2007）。另外，该学说也难以解释华南陆块陆上与海底发育的大量走向为 NE-SW 的半地堑盆地的存在（Cukur et al., 2011；Shu et al., 2009）。

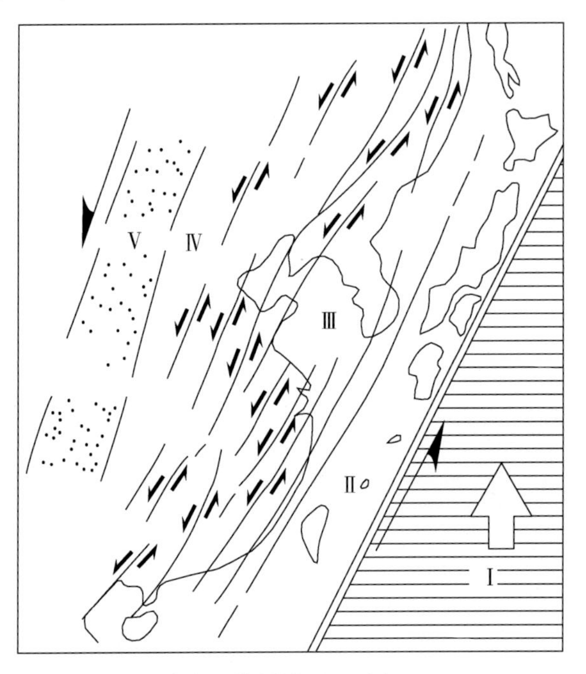

图 2-5　晚中生代走滑体制模型（引自 Xu et al., 1987）

Ⅰ. 洋壳（库拉板块）向北移动；Ⅱ. 剪切边缘带；Ⅲ. 走滑断层系统（郯城-庐江）；Ⅳ. 大陆凸起地区（山西-贵州）；Ⅴ. 大陆凹陷地区（山西北部-四川）

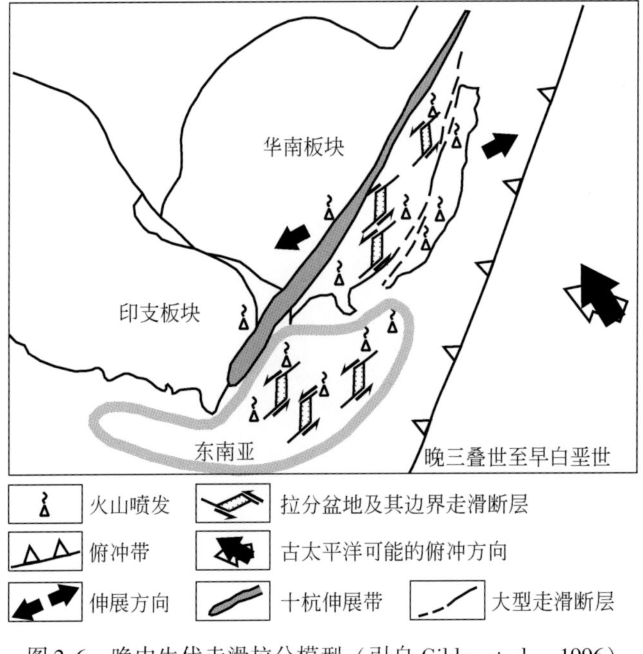

图 2-6　晚中生代走滑拉分模型（引自 Gilder et al., 1996）

尽管如此，目前的研究发现仍不足以否定华南晚中生代走滑体制说。郯城-庐江断裂仅是该学说推测的NE-SW向走滑断层系统的一条断层，即便它主要以正断层形式存在，如果其他断层滑移量巨大的话，依然可以吸纳库拉板块向北俯冲所对华南陆块造成的重要剪切变形。例如，长乐-南澳断裂和发育在湖南-江西中部的走滑断层系统（Charvet et al., 1990；Wang and Lu, 1997b；Li et al., 2001）。

六、超级汇聚体制（super-convergent regime）说

部分学者在总结前人资料后，认为中生代时华南和华北处于一个超级汇聚体制的控制之下。在该体制下，其北部古亚洲洋构造域、其东南部的古太平洋构造域以及其西南的特提斯洋构造域将之包围、汇聚，是华南中生代以来构造事件的大背景（图2-7；Li et al., 2012）。在该体制下，华南发育了一系列的褶皱冲断构造，并使得先存的地壳甚至岩石圈构造发生了活化和改造，这种岩石圈尺度的改造也影响到了后期的构造岩浆事件。例如，华南东部与西部之间岩浆活动的差别很可能受到了华南东西部岩石圈构造及流变性不同的影响。

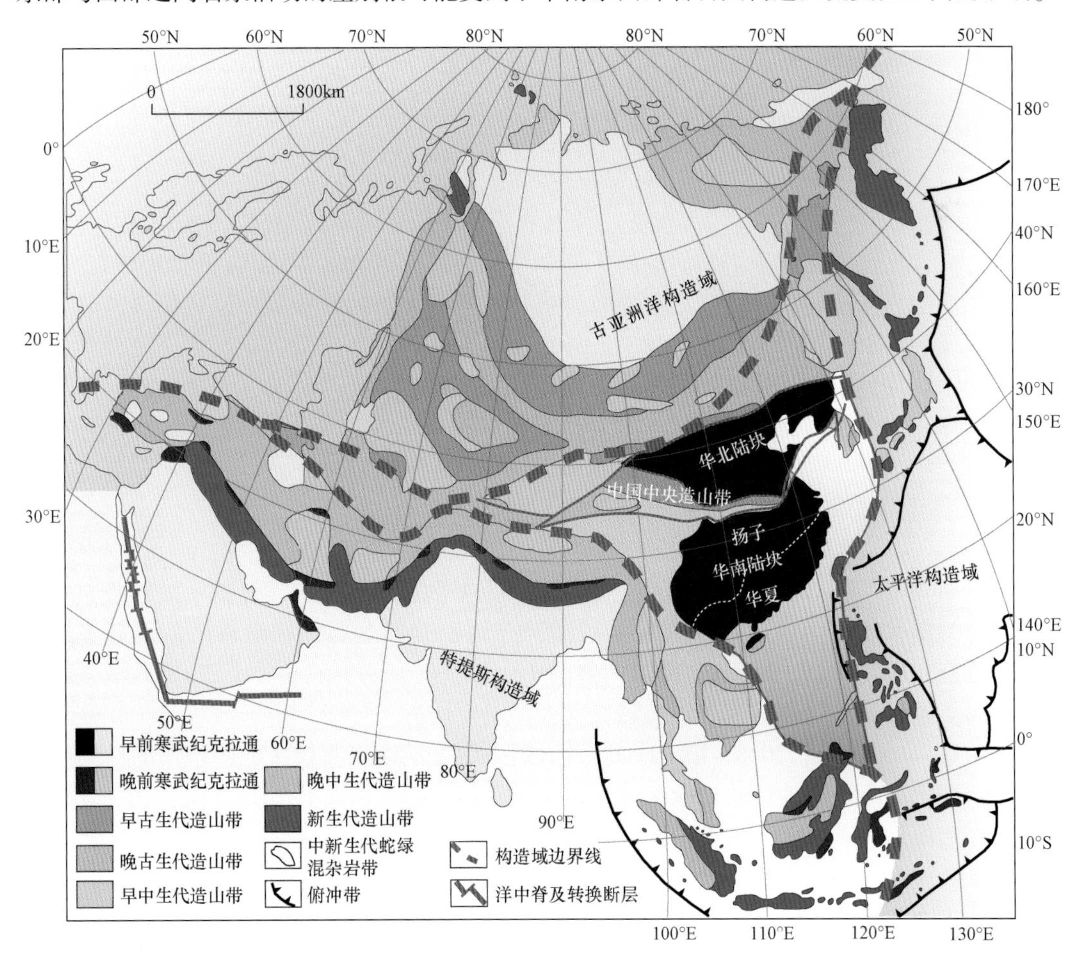

图2-7　中生代中国及其邻近区大地构造背景图（引自Li et al., 2012）

第三节 湘东地区在华南晚中生代事件研究中的意义

一、良好的构造部位

从上述前人总结的多种晚中生代构造事件的模式可知，华南陆块周缘的各大洋或大陆板块对华南的构造演化影响巨大。这些板块的影响不仅仅局限在华南陆块的边缘，而且深入至华南陆块的腹地。以古太平洋板块为例，其俯冲可能造成了华南内部1300km的造山带的形成（Li and Li，2007）。不同模式中，古太平洋俯冲在晚中生代时对华南内部的构造体制影响是不同的，如在俯冲角度增加与弧后伸展向海迁移说和平俯冲与俯冲带后撤说中，华南在晚中生代大部分应处于伸展体制控制之下（Zhou and Li，2000；Li and Li，2007）；而在古太平洋板块向北俯冲及走滑拉分说中，华南应处于走滑体制控制之下（Xu et al.，1987）。因此对华南内部进行综合研究，可以对各种模型进行有效的验证。湘东地区位于华南陆块的中部，不同模式对此处构造体制的影响是不同的，因此该地是一个良好的检验各种模式的研究对象。

二、侏罗纪-白垩纪特有的岩浆活动

除此之外，湘东地区还有很多优势，使其成为一个重要的研究靶区。例如，在侏罗纪-白垩纪之交，整个华南处于岩浆活动的平静期（Li et al.，2010；Wang et al.，2013），此时期的岩浆活动和构造因缺少研究对象而较少报道。然而湘东地区却存在以锡田复式岩体和邓阜仙复式岩体中的黑云母花岗岩和二云母花岗岩为代表的晚侏罗世花岗岩，并伴生老山坳剪切带。这为岩石地球化学和构造分析提供了切切实实的研究对象，为揭示该时期构造体制和地球动力学过程提供了保障。

三、重要断层通过

众所周知，茶陵-郴州-临武断裂是华南一条重要的断层。地震剖面揭示该断裂是一条地壳尺度的深大断裂（Zhang and Wang，2007）。该断裂的北西侧和南东侧的褶皱走向有明显的差别（Chu et al.，2012）。断层两侧的中生代基性岩浆岩的Sr-Nd和Pb同位素组成明显不同，因而该断层被认为是华南陆块的一个主要构造，可能是扬子陆块与华夏陆块的边界所在（Wang et al.，2008；Chu et al.，2012）。因此了解该断层在晚中生代的活动历史将有助于理解华南晚中生代的构造演化过程。湘东地区的老山坳剪切带正是茶陵-郴州-临武断层的北段，在老山坳剪切带中发育大量的韧性变形，是不可多得的构造分析对象。

四、典型矿床发育

华南在燕山期发育大量的岩浆岩，而且分布着众多的钨锡多金属矿床，如柿竹园钨锡

钼铋多金属矿、荷花坪锡多金属矿、香花岭钨锡矿和九嶷山锡矿等，形成了我国乃至全球最重要的钨锡矿成矿省之一（毛景文等，2007；Mao et al.，2013；Qiu et al.，2016）。湘东地区具有两个富集成矿的复式岩体，成岩成矿时代相近，研究花岗岩的成因及其成矿制约，对理解华南大规模岩浆作用-成矿事件具有重要指导意义。

参考文献

安徽省地质矿产局 . 1987. 安徽省区域地质志 . 北京：地质出版社 .

陈培荣，孔兴功，王银喜，等 . 1999. 赣南燕山早期双峰式火山-侵入杂岩的 Rb-Sr 同位素定年及意义 . 高校地质学报，5（4）：378-383.

邓平，舒良树，杨明贵 . 2003. 赣江断裂带地质特征及其动力学演化 . 地质论评，49（2）：113-122.

董传万，张登荣，徐夕生，等 . 2006. 福建晋江中基性岩墙群的锆石 SHRIMP U-Pb 定年和岩石地球化学 . 岩石学报，22（6）：1696-1702.

董传万，闫强，张登荣，等 . 2010. 浙闽沿海晚中生代伸展构造的岩石学标志：东极岛镁铁质岩墙群 . 岩石学报，26（4）：1195-1203.

范春方，陈培荣 . 2000. 赣南陂头 A 型花岗岩的地质地球化学特征及其形成的构造环境 . 地球化学，29（4）：358-366.

湖南省地质矿产局 . 1987. 湖南省区域地质志 . 北京：地质出版社 .

江西省地质矿产局 . 1984. 江西省区域地质志 . 北京：地质出版社 .

毛景文，谢桂青，郭春丽，等 . 2007. 南岭地区大规模钨锡多金属成矿作用：成矿时限及地球动力学背景 . 岩石学报，23（10）：2329-2338.

邱检生，王德滋，周金城 . 1999. 福建永泰云山晚中生代双峰式火山岩的地球化学及岩石成因 . 岩石矿物学杂志，18（2）：97-107.

舒良树，邓平，王彬 . 2004. 南雄-诸广地区晚中生代盆山演化的岩石化学、运动学与年代学制约 . 中国科学（D 辑），34（1）：1-13.

孙涛，陈培荣，周新民 . 2002. 中国东南部晚中生代伸展应力体制的岩石学标志 . 南京大学学报（自然科学版），38（6）：737-746.

唐立梅，陈汉林，董传万，等 . 2010. 中国东南部晚中生代构造伸展作用——来自海南岛基性岩墙群的证据 . 岩石学报，26（4）：1204-1216.

谢昕，徐夕生，邹海波，等 . 2005. 中国东南部晚中生代大规模岩浆作用序幕：J_2 早期玄武岩 . 中国科学 D 辑，35（7）：587-605.

许美辉 . 1992. 福建省永定地区早侏罗世双峰式火山岩及其构造环境 . 福建地质，11（2）：110-120.

张旗，王元龙，金惟俊，等 . 2008. 晚中生代的中国东部高原：证据、问题和启示 . 地质通报，27（9）：1404-1430.

浙江省地质矿产局 . 1989. 浙江省区域地质志 . 北京：地质出版社 .

Charvet J，Faure M，Xu J W，et al. 1990. The Changle-Nanao tectonic zone，Southeast China. Comptes Rendus De L'Academie Des Sciences Serie II，310：1271-1278.

Chen C H，Lee C Y，Shinjo R I. 2008. Was there Jurassic paleo-Pacific subduction in South China?：constraints from Ar-40/Ar-39 dating，elemental and Sr-Nd-Pb isotopic geochemistry of the Mesozoic basalts. Lithos，106（1-2）：83-92.

Chu Y，Faure M，Lin W，et al. 2012. Early Mesozoic tectonics of the South China block：insights from the Xuefengshan intracontinental orogeny. Journal of Asian Earth Sciences，61：199-220.

Cukur D, Horozal S, Kim D C, et al. 2011. Seismic stratigraphy and structural analysis of the northern East China Sea Shelf Basin interpreted from multi-channel seismic reflection data and cross-section restoration. Marine and Petroleum Geology, 28 (5): 1003-1022.

Deng J H, Yang X Y, Sun W D, et al. 2012. Petrology, geochemistry, and tectonic significance of Mesozoic shoshonitic volcanic rocks, Luzong volcanic basin, eastern China. International Geology Review, 54 (6): 714-736.

Faure M, Lin W, Scharer U, et al. 2003. Continental subduction and exhumation of UHP rocks. Structural and geochronological insights from the Dabieshan (East China). Lithos, 70 (3): 213-241.

Gilder S A, Keller G R, Luo M, et al. 1991. Eastern Asia and the western Pacific timing and spatial distribution of rifting in China. Tectonophysics, 197: 225-243.

Gilder S A, Gill J, Coe R S, et al. 1996. Isotopic and paleomagnetic constraints on the Mesozoic tectonic evolution of South China. Journal of Geophysical Research-Solid Earth, 1011 (7): 16137-16154.

Goodell P C, Gilder S, Fang X. 1991. A preliminary description of the Gan-Hang failed rift, southeastern China. Tectonophysics, 197 (2): 245-255.

Li J H, Zhang Y Q, Dong S W, et al. 2013. The Hengshan low-angle normal fault zone: structural and geochronological constraints on the Late Mesozoic crustal extension in South China. Tectonophysics, 606: 97-115.

Li J W, Zhou M F, Li X F, et al. 2001. The Hunan-Jiangxi strike-slip fault system in southern China: southern termination of the Tan-Lu Fault. Journal of Geodynamics, 32 (3): 333-354.

Li J W, Zhao X F, Zhou M F, et al. 2009. Late Mesozoic magmatism from the Daye region, eastern China: U-Pb ages, petrogenesis, and geodynamic implications. Contributions to Mineralogy and Petrology, 157 (3): 383-409.

Li J W, Zhang Y, Dong S, et al. 2012. Late Mesozoic-Early Cenozoic deformation history of the Yuanma Basin, central South China. Tectonophysics, 570-571: 163-183.

Li X H. 2000. Cretaceous magmatism and lithospheric extension in Southeast China. Journal of Asian Earth Sciences, 18 (3): 293-305.

Li Z X, Li X H. 2007. Formation of the 1300-km-wide intracontinental orogen and postorogenic magmatic province in Mesozoic South China: a flat-slab subduction model. Geology, 35 (2): 179-182.

Li X H, Chen Z, Liu D Y, et al. 2003. Jurassic gabbro-granite-syenite suites from southern Jiangxi Province, SE China: age, origin, and tectonic significance. International Geology Review, 45 (10): 898-921.

Li X H, Li Z X, Li W X, et al. 2007. U-Pb zircon, geochemical and Sr-Nd-Hf isotopic constraints on age and origin of Jurassic I- and A-type granites from central Guangdong, SE China: a major igneous event in response to foundering of a subducted flat-slab? . Lithos, 96 (1): 186-204.

Li X H, Li W X, Wang X C, et al. 2010. SIMS U-Pb zircon geochronology of porphyry Cu-Au-(Mo) deposits in the Yangtze River Metallogenic Belt, eastern China: magmatic response to early Cretaceous lithospheric extension. Lithos, 119 (3-4): 427-438.

Lin W, Faure M, Monie P, et al. 2000. Tectonics of SE China: new insights from the Lushan massif (Jiangxi Province). Tectonics, 19 (5): 852-871.

Ling M X, Wang F Y, Ding X, et al. 2009. Cretaceous ridge subduction along the Lower Yangtze River Belt, Eastern China. Economic Geology, 104 (2): 303-321.

Mao J, Xie G, Duan C, et al. 2011. A tectono-genetic model for porphyry-skarn-stratabound Cu-Au-Mo-Fe and magnetite-apatite deposits along the Middle-Lower Yangtze River Valley, eastern China. Ore Geology Reviews, 43 (1): 294-314.

Mao J, Cheng Y, Chen M, et al. 2013. Major types and time-space distribution of Mesozoic ore deposits in South China and their geodynamic settings. Mineralium Deposita, 48 (3): 267-294.

Mercier J L, Hou M J, Vergely P, et al. 2007. Structural and stratigraphical constraints on the kinematics history of the southern Tan-Lu Fault Zone during the Mesozoic Anhui Province, China. Tectonophysics, 439 (1): 33-66.

Peng Z H, Wang C Z, Liang J C, et al. 2011. The emplacement mechanisms and growth styles of the Guposhan-Huashan batholith in western Nanling Range, South China. Science China-Earth Sciences, 54 (1): 45-60.

Qiu Z W, Li S S, Yan Q H, et al. 2016. Late Jurassic Sn metallogeny in eastern Guangdong, SE China coast: Evidence from geochronology, geochemistry and Sr-Nd-Hf-S isotopes of the Dadaoshan Sn deposit. Ore Geology Reviews, 83: 63-83.

Schmid R, Ryberg T, Ratschbacher L, et al. 2001. Crustal structure of the eastern Dabie Shan interpreted from deep reflection and shallow tomographic data. Tectonophysics, 333 (3-4): 347-359.

Shi W, Dong S W, Li J H, et al. 2013. Formation of the Moping Dome in the Xuefengshan Orocline, Central China and its Tectonic Significance. Acta Geologica Sinica, 87 (3): 720-729.

Shi W, Dong S W, Zhang Y Q, et al. 2015. The typical large-scale superposed folds in the central South China: Implications for Mesozoic intracontinental deformation of the South China Block. Tectonophysics, 664: 50-66.

Shu L S, Zhou X M, Deng P, et al. 2007. Mesozoic-Cenozoic basin features and evolution of Southeast China. Acta Geologica Sinica, 81: 573-586.

Shu L S, Zhou X M, Deng P, et al. 2009. Mesozoic tectonic evolution of the Southeast China Block: new insights from basin analysis. Journal of Asian Earth Sciences, 34 (3): 376-391.

Su H M, Mao J W, Santosh M, et al. 2014. Petrogenesis and tectonic significance of Late Jurassic-Early Cretaceous volcanic-intrusive complex in the Tianhuashan Basin, South China. Ore Geology Reviews, 56: 566-583.

Sun W D, Ding X, Hu Y H, et al. 2007. The golden transformation of the Cretaceous plate subduction in the West Pacific. Earth and Planetary Science Letters, 262 (3-4): 533-542.

Tong W X, Tobisch O T. 1996. Deformation of granitoid plutons in the Dongshan area, Southeast China: constraints on the physical conditions and timing of movement along the Changle-Nanao shear zone. Tectonophysics, 267 (1): 303-316.

Wang Q, Wyman D A, Xu J F, et al. 2006. Petrogenesis of Cretaceous adakitic and shoshonitic igneous rocks in the Luzong area, Anhui Province (eastern China): implications for geodynamics and Cu-Au mineralization. Lithos, 89 (3-4): 424-446.

Wang Y, Fan W, Cawood P A, et al. 2008. Sr-Nd-Pb isotopic constraints on multiple mantle domains for Mesozoic mafic rocks beneath the South China Block hinterland. Lithos, 106 (3-4): 297-308.

Wang Y, Fan W, Zhang G, et al. 2013. Phanerozoic tectonics of the South China Block: key observations and controversies. Gondwana Research, 23 (4): 1273-1305.

Wang Z H, Lu H F. 1997a. $^{40}Ar/^{39}Ar$ geochronology and exhumation of mylonitized metamorphic complex in Changle-Nanao ductile shear zone. Science in China Series D: Earth Sciences, 40 (6): 641-647.

Wang Z H, Lu H F. 1997b. Evidence and dynamics for the change of strike-slip direction of the Changle-Nanao ductile shear zone, southeastern China. Journal of Asian Earth Sciences, 15 (6): 507-515.

Wang Z H, Lu H F. 2000. Ductile deformation and $^{40}Ar/^{39}Ar$ dating of the Changle-Nanao ductile shear zone, southeastern China. Journal of Structural Geology, 22 (5): 561-570.

Wei W, Martelet G, Le Breton, et al. 2014. A multidisciplinary study of the emplacement mechanism of the

Qingyang-Jiuhua massif in Southeast China and its tectonic bearings. Part II: amphibole geobarometry and gravity modeling. Journal of Asian Earth Sciences, 86: 94-105.

Wei W, Chen Y, Faure M, et al. 2016. An early extensional event of the South China Block during the Late Mesozoic recorded by the emplacement of the Late Jurassic syntectonic Hengshan Composite Granitic Massif (Hunan, SE China). Tectonophysics, 672-673: 50-67.

Wu C L, Dong S W, Wu D, et al. 2017. Late Mesozoic high-K calc-alkaline magmatism in Southeast China: the Tongling example. International Geology Review, 60 (1): 1326-1360.

Wu F Y, Ji W Q, Sun D H, et al. 2012. Zircon U-Pb geochronology and Hf isotopic compositions of the Mesozoic granites in southern Anhui Province, China. Lithos, 150: 6-25.

Xie G Q, Hu R Z, Mao J W, et al. 2006. K-Ar dating, geochemical, and Sr-Nd-Pb isotopic systematics of late Mesozoic mafic dikes, southern Jiangxi Province, Southeast China: petrogenesis and tectonic implications. International Geology Review, 48 (11): 1023-1051.

Xu J, Zhu G, Tong W, et al. 1987. Formation and evolution of the Tancheng- Lujiang wrench fault system: a major shear system to the northwest of the Pacific Ocean. Tectonophysics, 134 (4): 273-310.

Yan D P, Zhou M F, Song H L, et al. 2003. Origin and tectonic significance of a Mesozoic multi-layer over-thrust system within the Yangtze Block (South China). Tectonophysics, 361 (3): 239-254.

Yang Y, Shi Y R, Anderson J L. 2017. Zircon SHRIMP U-Pb ages and geochemistry of late Mesozoic granitoids in western Zhejiang and southern Anhui: constraints on the model of lithospheric thinning of Southeast China. International Geology Review, 60 (11-14): 1594-1620.

Yu X, Wu G, Zhang D, et al. 2006. Cretaceous extension of the Ganhang tectonic belt, southeastern China: constraints from geochemistry of volcanic rocks. Cretaceous Research, 27 (5): 663-672.

Zaw K, Peters S G, Cromie P, et al. 2007. Nature, diversity of deposit types and metallogenic relations of South China. Ore Geology Reviews, 31 (1-4): 3-47.

Zhang Z, Wang Y. 2007. Crustal structure and contact relationship revealed from deep seismic sounding data in South China. Physics of the Earth and Planetary Interiors, 165 (1): 114-126.

Zhou X M, Li W X. 2000. Origin of Late Mesozoic igneous rocks in southeastern China: implications for lithosphere subduction and underplating of mafic magmas. Tectonophysics, 326 (3-4): 269-287.

Zhou X M, Sun T, Shen W Z, et al. 2006. Petrogenesis of Mesozoic granitoids and volcanic rocks in South China: a response to tectonic evolution. Episodes, 29 (1): 26-33.

Zhu W G, Zhong H, Li X H, et al. 2010. The Early Jurassic mafic-ultramafic intrusion and A-type granite from northeastern Guangdong, SE China: age, origin, and tectonic significance. Lithos, 119 (3-4): 313-329.

第三章　湘东地区花岗岩的成因及其成矿制约

华南中生代的地球动力学背景是理解华南构造-岩浆事件以及相关成矿作用的关键。目前不同学者已提出了多种假说：一些学者总结认为华南和华北处于一个超级汇聚体制，在该体制下，其北部古亚洲洋构造域、其东南部的古太平洋构造域以及其西南的特提斯洋构造域将之包围、汇聚，是华南中生代以来构造事件的大背景（Li et al.，2012）；一些学者强调古太平洋向 NW 俯冲至华南陆块之下引起的弧后伸展作用，该作用不仅造成华南陆块中岩体的侵位位置向东南沿海迁移，而且还造成此时侵位的基性岩浆地球化学特征以亏损型为主（Zhou and Li，2000；Yan et al.，2008）；另一些学者认为古太平洋在中生代时是以平俯冲为特征，晚中生代时俯冲带发生了回卷后撤，这造成了早中生代时变形以及岩体侵位等向 NW 内陆迁移，而在晚中生代时向 SE 沿海迁移，同时岩浆岩的地球化学特征还揭示了晚中生代时伴随着俯冲带回卷后撤，还发生了软流圈上涌等地质事件（Li and Li，2007；Li et al.，2017；Wang et al.，2017；Xie et al.，2017）；还有一些学者认为在约 140Ma 时东亚地区同时存在一个向 NW 俯冲的古太平洋板块和一个向 SW 俯冲的太平洋板块，它们的洋中脊向西俯冲，形成了一系列沿长江中下游地区对称分布的 I 型花岗岩和 A 型花岗岩带以及相关的矿床（Sun et al.，2007；Ling et al.，2009；Hu et al.，2017）；另外，地球化学研究认为古太平洋俯冲造成了华南岩石圈的熔融、拆沉和减薄（Li et al.，2009b；Hu et al.，2014）；近些年，也有学者提出华南的弧后伸展很有可能是由 125Ma 以来向 N 俯冲的新特提斯洋造成的（Sun，2016）。

华南广泛分布有多阶段演化的复式花岗岩体，与钨锡多金属矿床有着密切的时空成因联系（华仁民和毛景文，1999；华仁民等，2007，2010；毛景文等，2011；李晓峰等，2013；陈骏等，2014；Huang and Jiang，2014；Zhao et al.，2017）。长期以来，华南与成矿相关的花岗岩由于经历了高度的分异演化，其成因及与成矿之间的关系一直都难以明确（陈璟元和杨进辉，2015；吴福元等，2007a，2017）。花岗岩的源区对于成矿十分重要，分离结晶程度对花岗岩的成分及含矿性也有着很大的影响（Gao et al.，2016；吴福元等，2017）。花岗岩的演化程度对钨锡稀有金属成矿具有明显的影响，因为结晶作用一方面可以造成成矿元素的不断富集，另一方面有利于挥发分的逸出，从而有利于成矿元素的富集与沉淀（Webster et al.，2004）。前人的研究多关注于花岗岩的源区，但是明确岩浆演化过程对岩石地球化学特征的改造，才能更好地理解复式岩体的成因联系（陈璟元和杨进辉，2015）。随着近年来对晚三叠世成矿作用的深入研究，部分学者提出南岭地区的晚三叠世花岗岩具有较好的成矿潜力（蔡明海等，2006，2016；Wu et al.，2012）。华南中生代花岗岩往往具有多期侵入的特征，在空间上常以复式岩体的面貌出现，是否存在前燕山期的成矿预富集作用日益受到重视（陈骏等，2014；董少花等，2014）。由此可见，研究复式岩体的成因及其与成矿关系，对于理解南岭地区的构造演化及成矿机理有着重要的指导意义。

第一节 区域地质背景

华南陆块由位于西北的扬子陆块和位于东南的华夏陆块组成，研究指出两者在新元古代时发生碰撞（图 3-1；Li et al.，1994，2009a；Charvet et al.，1996；Shu et al.，2006）。华南陆块形成以后，经历了一系列的构造演化事件，包括南华裂谷以及早古生代的陆内造山事件（Faure et al.，1998，2009；Wang and Li，2003；Li and Li，2007；张岳桥等，2009；Li et al.，2012；Wang et al.，2013；Wei et al.，2015）。

在早中生代，由于华北克拉通和印支陆块分别从北和从南向华南陆块汇聚，华南陆块的北部、南部以及西部边缘地区都发生了强烈的构造变形（Faure et al.，2003；Zhang et al.，2011；Zi et al.，2012；Wu et al.，2013；Dong et al.，2015）。这些变形造成华南陆内发育透入性的陆内褶皱和逆冲构造，并使得华南相对于华北发生了顺时针旋转（Schmid et al.，1999；Su et al.，2005；Wang et al.，2005；Chu and Lin.，2014；Li et al.，2016）。

在侏罗纪，华南和华北的古地磁视磁极漂移曲线（apparent polar wander path）趋于靠近，说明该时期华南陆块和华北克拉通在三叠纪碰撞之后，其汇聚作用持续进行，并造成了大范围的陆内变形（Enkin et al.，1992；Seguin and Zhai，1992；Yokoyama et al.，2001）。在野外地质观察上也能找到相应的证据：沿着华南陆块的北部边缘，晚中生代的逆冲构造以及相关的前陆盆地沿着分割华南和华北的秦岭造山带广泛发育，这说明地壳收缩运动在这一时期仍然存在（Dong et al.，2015；Qian et al.，2015）。华南南缘发育大量的剪切带，$^{40}Ar/^{39}Ar$ 定年显示这些剪切带的变形年龄为侏罗纪，说明印支陆块和华南陆块在三叠纪碰撞缝合之后，其汇聚作用仍然持续到了侏罗纪（Lin et al.，2009）。由于华南边缘发生的汇聚和变形作用，华南内陆也经历了较为复杂的变形。许多古地磁以及沉积学的研究指出，在晚中生代，华南相对于华北发生了顺时针转动（Yokoyama et al.，2001；Meng et al.，2005）。另外华南南部的古地磁极也有别于其北部的古地磁极，说明华南在当时并非作为一个刚性板块而存在，其内部确实发生了较为显著的变形（Yokoyama et al.，1999）。

除了变形之外，岩浆活动在晚中生代也非常强烈。在 200Ma（三叠纪-侏罗纪之交）时存在一个岩浆活动的平静期，之后，岩浆活动重启，大量的岩体在侏罗纪和白垩纪时侵位于华南陆块（图 2-1；Zhou and Li，2000；Li and Li，2007；Wang et al.，2013）。在这些晚中生代岩体中，很多岩体的边缘都发育一条边界剪切带和一个陆相红色盆地，而该剪切带同时又作为陆相红色盆地的边界断层（图 2-1b；Shu et al.，2006；Ji et al.，2014；Wei et al.，2016）。另外，晚中生代的岩浆活动还导致了同时期的成矿事件（Li et al.，2010），形成了一系列超大型、大型的钨锡多金属矿床，如邓阜仙、锡田、荷花坪和芙蓉矿床（图 3-1；蔡杨等，2012；章荣清等，2010；王志强等，2014）。这些矿床在空间上与花岗岩紧密伴生，并沿着郴州-湘东断裂带分布，与构造活动关系紧密，区内长期多旋回的构造发展历史形成了地层、构造和岩浆岩等诸多方面复杂的地质面貌。湘东地区位于南岭地区的中段，发育南北两个复式岩体（锡田岩体和邓阜仙岩体），并且两个岩体均富集钨、锡等多种金属元素，形成多金属矿床（锡田钨锡多金属矿区和湘东钨矿区），是研究南岭地区花岗岩与成矿的典型代表地区。

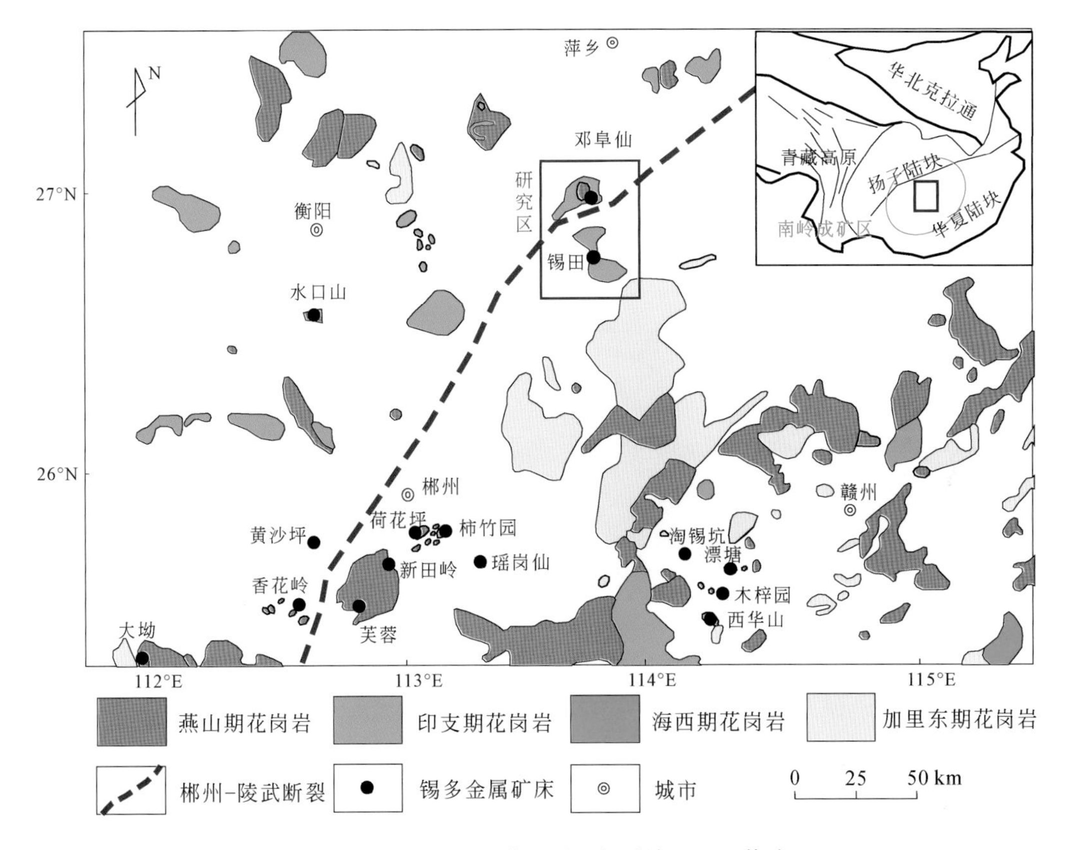

图 3-1 研究区所处的位置图（据孙涛，2006 修改）

一、锡田花岗岩体

锡田花岗岩位于湖南省茶陵县东部，研究区内大面积出露的地层为上古生界泥盆系、石炭系，矿区东北角出露有上古生界二叠系（图 3-2）。研究区南部为下古生界奥陶系，北部被中生界白垩系覆盖。奥陶系总体以一套变质砂岩、板岩为主；泥盆系不整合于奥陶系之上，底部以砾岩为主，中部为中厚层-薄层灰岩、石英砂岩，夹白云质灰岩和少量砂质页岩，上部为条带状灰岩；石炭系为一套砂页岩、粉砂岩，以砂页岩夹煤层为标志层；白垩系地层不整合于石炭系-二叠系之上，以红色石英砂岩、泥岩、泥质粉砂岩为主（湖南省地质矿产局，1987）。其中，泥盆系的中统棋梓桥组和上统锡矿山组的碳酸盐岩建造在印支期锡田花岗岩侵位时，在接触带附近普遍发生矽卡岩化，而在燕山期岩浆侵位时，伴随大量热液及 W、Sn 等成矿元素的富集沉淀，在接触带部位、矽卡岩层间破碎带等成矿有利部位形成矽卡岩型钨锡矿体。此外，棋梓桥组与钨锡矿关系较为密切，而锡矿山组绝大多数情况与锡矿化直接相关，钨矿化仅在局部地段可见（付建明等，2009；伍式崇等，2012）。

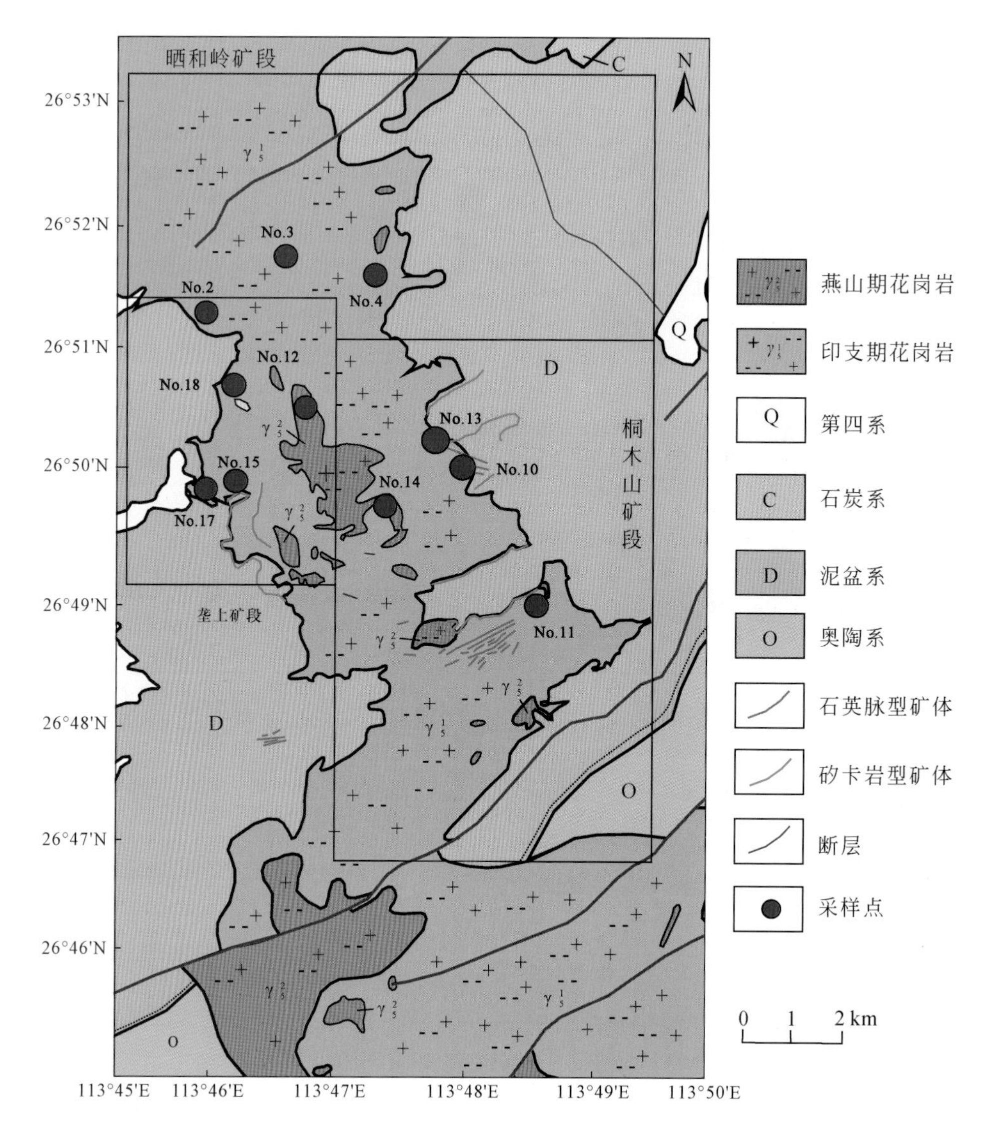

图 3-2　湘东地区锡田岩体的地质简图（据湖南省地质矿产勘查开发局四一六队 1∶5 万地质图修改）

区内断层以 NEE 向和 NNW 向为主，其中 NEE 向断层为研究区最主要的断层，在地表断续出露。NNW 向断层为张性断裂，两个方向断层交接的部位是很重要的含矿构造（伍式崇等，2012）。区内褶皱在岩体西侧主要表现为 NE 向扬起、SW 向倾伏的严塘复式向斜，总体轴向为 45°～50°，从北向南一系列次级背斜和次级向斜相间排列；在岩体东侧则表现为 SW 向扬起、NE 向倾伏的小田复式向斜，总体轴向为 45°～60°，通常在向斜的核部容易富集成矿（伍式崇等，2012）。

根据前人研究成果，区内岩浆岩出露总面积约为 240km^2，空间展布形态呈 NNW 向的哑铃状，主要由两期活动形成。印支期岩浆岩主要为黑云母花岗岩，构成锡田岩体的主体，锆石的 U-Pb 年龄约为 227Ma（牛睿等，2015）。燕山期岩浆岩以黑云母花岗岩和黑云母二长花岗岩为主，呈岩株状分布于岩体的中部，锆石的 U-Pb 年龄约为 154Ma（Zhou et al.，2015；马铁球等，2005；付建明等，2009；牛睿等，2015）。虽然传统观点认为这些岩体在侵入时间和岩相学方面具有明显的分带性，但越来越多的研究表明侵位时间和岩相学并没有直接关系（牛睿等，2015）。

研究区的矿床以钨锡多金属富集为主，由岩体东侧的垄上矿段、岩体西侧的桐木山矿段和晒禾岭矿段组成（图3-2）。矿化类型主要为矽卡岩，其次为云英岩-石英脉型和破碎带蚀变型（付建明等，2009）。根据野外填图资料可以发现，与矽卡岩型矿体直接接触的大部分是晚三叠世花岗岩，也可以见到晚侏罗世花岗岩岩株（付建明等，2012）。但是牛睿等（2015）详细的成岩年代学结果表明，锡田岩体中原先被认为是晚三叠世花岗岩的部位实质上都为晚侏罗世花岗岩，暗示了锡田岩体深部可能仍以燕山期花岗岩为主。围岩蚀变以大理岩化和云英岩化为主，有少量的绿泥石化。主要的金属矿物为白钨矿、锡石、黝锡矿、黄铜矿、闪锌矿、毒砂等，其中白钨矿为主要的经济矿物，主要产于矽卡岩中，还有少量的锡石产于石英脉中。非金属矿物以石英为主，并有长石、萤石、方解石等（付建明等，2009）。

二、邓阜仙花岗岩体

邓阜仙花岗岩位于湖南省茶陵县东北部，区域上位于湘东-郴州NE向断裂的北侧。区内地层由老到新主要为寒武系、泥盆系和石炭系，其次为二叠系、三叠系、侏罗系、白垩系、第四系（图3-3）。寒武系的岩性主要为浅变质碎屑岩，总体由一套变质砂岩、板岩组成，夹有少量的硅质岩、碳酸盐岩。泥盆系-三叠系主要是浅海相碳酸盐岩夹陆源碎屑岩，化石丰富。侏罗系在研究区分布零星，主要为陆相湖盆含煤沉积，岩性为砾岩、砂岩、粉砂岩、砂质泥岩夹煤层，局部夹碳酸盐岩。白垩系为陆相断陷盆地沉积，由紫红色巨厚层陆源碎屑岩建造的砾-砂-泥质组成。第四系主要分布在区内白垩系盆地中（湖南省地质矿产局，1987）。

区内构造活动强烈，主要有麦子坑-太和仙复式背斜，呈NE向展布，核部地层为中寒武统，两翼为上寒武统。出露宽度为5～10km，出露长度约11.5km，与泥盆系、石炭系不整合接触，次级褶皱、断层发育。区内发育的断层主要有NW向、NNW向和NNE向三组，其中NE向发育较大规模的老山坳断层和金竹垄断层（图3-3）。其中老山坳断层被认为与晚侏罗世岩浆作用共同控制了湘东钨矿的形成，呈NE-SW向纵贯整个湘东钨矿，向东穿过岩体边界进入泥盆纪变质砂岩中，向西可能连接到控制白垩纪红层盆地的湘东-郴州断裂（宋超等，2016）。

根据前人研究成果，区内岩浆岩出露总面积约为170km^2，主要活动时间为印支期和燕山期（孙涛，2006）。印支期主要为粗粒斑状黑云母花岗岩，呈马蹄形分布于岩体的外部及顶部，出露面积约130km^2，构成邓阜仙复式岩体的主体（～225Ma，黄卉等，2011；～228Ma，何苗等，2018a）。燕山早期主要为中细粒二云母花岗岩，呈岩株状分布于岩体的中部和东南部边缘，出露面积约40km^2，前人测得其锆石的LA-ICP-MS年龄为154.4±2.2Ma（黄卉等，2013）。燕山晚期为细粒白云母花岗岩，主要分布在湘东钨矿的南组脉下部，呈不规则小岩株和岩脉穿插到前两期花岗岩中，湖南冶金地质研究所曾测得该期白

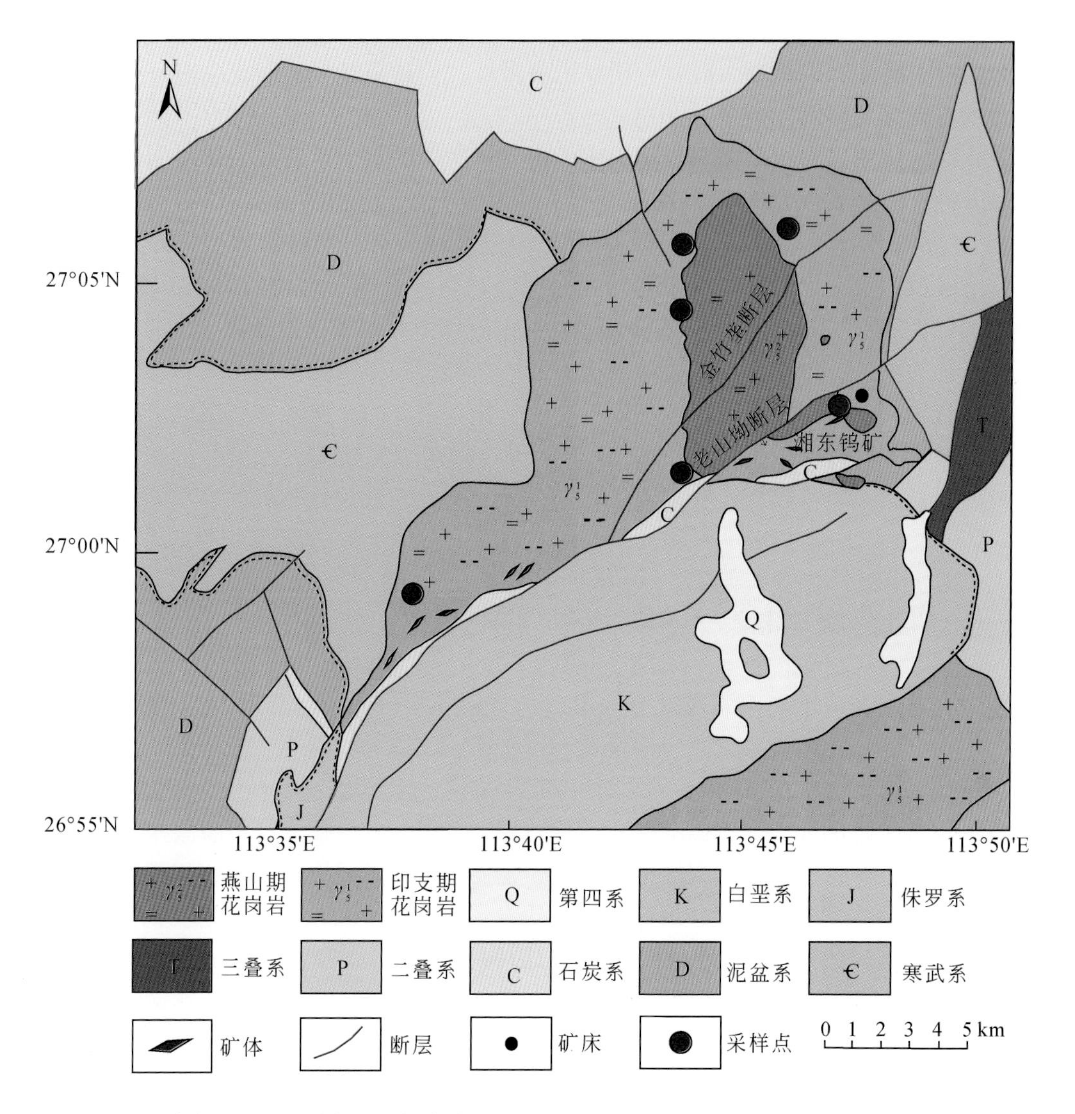

图 3-3　邓阜仙矿区的地质简图（据湖南省地质矿产勘查开发局四一六队 1∶5 万地质图修改）

云母 K-Ar 年龄为 136Ma（宋新华等，1988）。近年来研究发现邓阜仙岩体印支期也存在二云母花岗岩（蔡杨等，2012），表明按岩相学对其成岩时代进行划分并不准确。

湘东钨矿位于邓阜仙复式岩体的东南部，为中高温热液脉型钨矿床。区内目前已发现含矿石英脉 160 余条，均赋存于花岗岩中（马德成和柳智，2010）。含矿石英脉的走向主要为 EW 向至 NEE 向（图 3-3），围岩蚀变以云英岩化和硅化为主，其中含矿石英脉外侧的围岩中多发育云英岩化蚀变，指示了云英岩化与钨成矿之间有密切的联系。前人研究表明湘东钨矿矿体均沿构造裂隙充填形成，各期次的花岗岩均可作为围岩发育，矿体多分布在岩体的隆起部位（马德成和柳智，2010；宋超等，2016）。

矿区主要的金属矿物为黑钨矿、白钨矿、锡石、黝锡矿、黄铜矿、闪锌矿、辉钼矿、毒砂等。其中黑钨矿和白钨矿为主要的经济矿物，主要产于石英脉中，也浸染于蚀变围岩

（云英岩）中，但分布不均匀（蔡杨等，2012）。还有少量钨锰矿、辉铜矿、斑铜矿、方铅矿、磁黄铁矿等金属矿物产出，次生金属矿物有钨华、铜铁、孔雀石等。非金属矿物主要为石英、长石、萤石、方解石，并以石英为主。石英是组成矿石的基质，占矿脉体积的90%以上。与成矿有关的围岩蚀变以云英岩化、硅化和绢云母化为主，局部有叶蜡石化和高岭土化，一般发育于较细小的矿脉周围，而在粗大的脉体中往往发育较弱（蔡杨等，2012）。

第二节　湘东地区花岗岩体的形成时代——锆石 U-Pb 定年

花岗岩的定年方法有很多种，如 Rb-Sr 法、Sm-Nd 法、Ar-Ar 法以及锆石 U-Pb 法等。其中锆石 U-Pb 法通常被用来确定岩石的形成时代和变质时代，以及识别碎屑岩的源区特征。这是由多方面原因决定的，首先，锆石具有较高的 U-Pb 同位素封闭温度（900℃，Lee et al.，1997；>850℃，Cherniak and Watson，2001）；其次，其放射性成因铅含量较高而普通铅含量较低，因而能较好地保持矿物形成时的 U-Pb 同位素体系不被扰动；同时，锆石 U-Pb 测年能够获得三组不同同位素的年龄，这些年龄之间可以相互验证，加之锆石本身的易分选、耐风化、稳定性强的特点，这都使得锆石 U-Pb 定年成为花岗岩定年的首选方法（Li et al.，2010）。

自然界中 U 有两种放射性同位素，即^{238}U和^{235}U，而放射性的^{232}Th则组成大部分的自然 Th。岩石和矿物形成之后，由于^{238}U、^{235}U、^{232}Th不断地衰变成^{206}Pb、^{207}Pb和^{208}Pb，所以在地球历史中这 3 种同位素的丰度在不断地增加。这 3 种母体同位素经过十几个连续衰变最终形成稳定的^{206}Pb、^{207}Pb以及^{208}Pb，这是测定年龄的 3 个独立方法的基础。^{238}U通过发射 8 个 α 离子、6 个 β 离子最终衰变成^{206}Pb，即$^{238}U \longrightarrow 8\alpha + ^{206}Pb$；$^{235}U$通过发射 7 个 α 离子、4 个 β 离子最终衰变成^{207}Pb，即$^{235}U \longrightarrow 7\alpha + ^{207}Pb$。Th 系列中$^{232}Th$发射 6 个 α 离子、4 个 β 离子最终衰变成稳定^{208}Pb，即$^{232}Th \longrightarrow 6\alpha + ^{208}Pb$。测定母、子体同位素含量后，就可以用放射性衰变定律 $t_{206} = (1/\lambda_{238}) \times \ln(^{206}Pb/^{238}U + 1)$、$t_{207} = (1/\lambda_{235}) \times \ln(^{207}Pb/^{235}U + 1)$、$t_{208} = (1/\lambda_{232}) \times \ln(^{208}Pb/^{232}Th + 1)$ 计算出年龄（陈文等，2011）。

本研究涉及的锆石 SIMS U-Pb 定年在中国科学院地质与地球物理研究所离子探针实验室的 Cameca IMS-1280 型二次离子质谱仪（SIMS）上进行，详细分析方法见 Li 等（2009a，2009b）。其基本原理是：当待测样品放在真空环境中被带有几千电子伏能量的一次离子束轰击时，一次离子（本例中使用 O^{2-}）通过复杂的碰撞过程将其部分能量传导给样品表面，使样品表面的结构破坏，并逸出带有样品信息的碎片（本例中吹氧以增大 Pb 离子的产生效率）和粒子以及在碰撞过程中部分被样品弹回的一次离子，其中小部分粒子（0.01%～1%）被电离（被电离的粒子称为二次离子），通过样品表面的高压加速后进入后续的质谱仪按照荷质比实现质谱分离，最后通过接收器测量并与标准样品对比后就可以得到样品表面的元素和同位素丰度、比值等信息和图像，在本例中采用单接收系统以跳峰方式循环测量信号（Liu et al.，2011）。

测试时，将锆石标样与待测样品按照 1∶3 的比例交替测定。U-Th-Pb 同位素比值用标准锆石 Plešovice（337Ma；Sláma et al.，2008）校正获得，U 含量采用标准锆石 91500

（81×10^{-6}；Wiedenbeck et al.，1995）校正获得，用以长期监测标准样品获得的标准偏差（1SD=1.5%；Li et al.，2010）和单点测试内部精度共同传递得到样品单点误差，并以标准样品 Qinghu（159.5Ma，Li et al.，2009b）作为未知样监测数据的精确度。普通 Pb 校正采用实测的^{204}Pb 值。由于普通 Pb 含量非常低，假定普通 Pb 主要来源为制样过程中带入的表面 Pb 污染，以现代地壳的平均 Pb 同位素组成（Stacey and Kramers，1975）作为普通 Pb 组成进行校正。同位素比值及年龄误差为 1σ，数据结果处理采用 Isoplot（Ludwig，2003）软件。

本研究涉及的 LA-ICP-MS 锆石 U-Pb 定年在中国科学院地质与地球物理研究所多接收等离子体质谱（MC-ICP-MS）实验室完成。测试仪器为 Agilent 7500a 型四级杆电感耦合等离子体质谱仪（Q-ICP-MS）加载德国 Lambla Physik 公司制造的 GeoLas 型 193nm ArF 准分子激光剥蚀系统。样品槽为 GeoLas 激光剥蚀器标配，呈圆柱体，体积约为 10cm^3。将待测样品靶和标样一起放入样品槽中，并摆放在样品槽进气口和出气口的连接方向上。详细的仪器参数详见相关文献（Yuan et al.，2008）。

测试时根据待测样品的锆石颗粒大小和 U、Pb 含量，激光剥蚀的束斑直径为 44～60μm，脉冲频率为 8～10Hz，并以氦气作为剥蚀物质的载气。采用国际标准锆石 91500 作为外标进行同位素质量分馏校正，样品的同位素比值及元素含量计算使用 Glitter（Version 4.0）软件，并采用 Andersen（2002）提出的未知普通 Pb 校正方法对 Pb 同位素组成进行校正，测试结果协和图的绘制和加权平均年龄的计算采用 Isoplot（Ludwig，2003）软件。

一、锡田花岗岩体

锡田花岗岩体出露形态为 NNW 向的哑铃状（付建明等，2012；伍式崇等，2012）。岩性主要为黑云母花岗岩和黑云母二长花岗岩（图 3-2），并可见暗色闪长质包体（付建明等，2009；伍式崇等，2009）。

1. 岩相学特征

本研究根据锡田地区花岗岩的暗色矿物含量、长石含量及斑晶发育程度共选取含钾长石巨晶黑云母花岗岩、似斑状黑云母花岗岩、黑云母二长花岗岩、中细粒黑云母花岗岩以及细粒花岗岩 5 类样品用于锆石 U-Pb 测年，以尽可能地包含锡田地区所有的花岗岩种类，同时也选取了锡田部分地区出露的暗色包体和含矿标本，详细岩相学描述如下（牛睿等，2015）。

含钾长石巨晶黑云母花岗岩：主要矿物组成为碱性长石（30%～35%）+斜长石（25%～30%）+石英（25%～30%）+黑云母（5%），含少量锆石、磷灰石、榍石、磁铁矿等副矿物（图 3-4a，b）。样品 2608 为含钾长石巨晶似斑状黑云母花岗岩，其碱性长石多为正长石，斑晶可达 1cm×2.5cm，多见卡式双晶。斜长石可见环带并从内部开始蚀变；样品 2704、2801 与样品 2608 同为含钾长石巨晶似斑状黑云母花岗岩，长石多高岭土化，碱性长石为正长石和条纹长石，巨晶斑晶可达 2cm 以上，黑云母部分蚀变为绿泥石。样品 2812 为含钾长石巨晶粗粒黑云母花岗岩，手标本中钾长石斑晶可达 3cm 以上，除斑晶外其余矿物颗粒较大（0.5mm）且近等。

似斑状黑云母花岗岩：主要矿物组成为碱性长石（35%）+斜长石（25%）+石英（30%）+黑云母（10%）（图3-4c，d）。样品2619中碱性长石多为正长石，斜长石可见聚片双晶和贯穿双晶，部分中长石具环带结构。样品2711和样品2813矿物组成与样品2619相似，但未见斜长石环带结构。

黑云母二长花岗岩：主要矿物组成为碱性长石（30%）+斜长石（30%）+石英（30%）+黑云母（10%）（图3-4e，f）。样品2504为灰-灰黑色似斑状黑云母二长花岗岩，碱性长石多高岭土化蚀变，主要为交代成因的条纹长石；斜长石自形程度较好，发育聚片双晶和贯穿双晶，见绢云母化蚀变；石英无色透明他形充填，副矿物有锆石、榍石等。样品2702为中粗粒黑云母二长花岗岩，矿物组成及含量与样品2504相似，但碱性长石主要为正长石，而斜长石可见环带结构，矿物颗粒大小均匀（1~2.5mm）。

中细粒黑云母花岗岩：主要矿物组成为碱性长石（35%）+斜长石（25%）+石英（30%~35%）+黑云母（5%）（图3-4g，h），矿物颗粒大小为0.5~1.2mm。样品2506为灰白色中细粒黑云母花岗岩，矿物组成中碱性长石为条纹长石和正长石，发育卡式双晶，含量在35%以上；斜长石发育卡纳复合双晶，并可见中长石环带，含量约25%；石英含量约30%，黑云母部分蚀变为绿泥石，含量较高约10%。样品2713为中细粒黑云母花岗岩，其碱性长石多为正长石，少数为条纹长石，斜长石见绢云母化。样品2803为中粒黑云母花岗岩，矿物颗粒多为中粒，石英含量约为35%，黑云母含量略低（约为5%）。样品2814为中细粒黑云母花岗岩，该样品蚀变严重，正长石多高岭土及绢云母化，而斜长石主要为绢云母化，由黑云母蚀变形成的白云母和磁铁矿等矿物聚合在一起呈黑云母假象出现。

细粒花岗岩：主要矿物组成为碱性长石（35%）+斜长石（30%）+石英（30%）+黑云母（2%~3%），见锆石、独居石等副矿物（图3-4i，j），矿物颗粒大小为~0.2mm。样品2609的碱性长石可见正长石和条纹长石，斜长石发育聚片双晶和贯穿双晶，石英他形充填。样品2511由于接近围岩而发生蚀变，矿物组成及含量与样品2609相似，但蚀变较严重，长石多高岭土及绢云母化。样品2614中碱性长石多为正长石，斜长石基本无蚀变，石英含量较高（达到40%），黑云母少见。

暗色包体：主要矿物组成为碱性长石（35%）+斜长石（25%）+石英（30%）+黑云母（10%）（图3-4k，l），碱性长石为条纹长石和正长石，条纹长石多呈斑晶。斜长石见环带结构，部分包裹有黑云母。

含白钨矿的蚀变花岗岩：样品2815高岭土化严重，碱性长石含量较高达45%以上，斜长石近20%，石英约25%。见白云母，含量在10%左右（图3-4m，n）。而样品2817中碱性长石主要为正长石（40%），斜长石含量较少（25%）且都发生蚀变，石英含量约30%，可见黑云母和白云母，而黑云母含量较高（约7%）。

2. 锆石U-Pb定年

本研究用于锆石激光剥蚀U-Pb测年样品的锆石CL图像及LA-ICP-MS U-Pb结果见图3-5和图3-6。

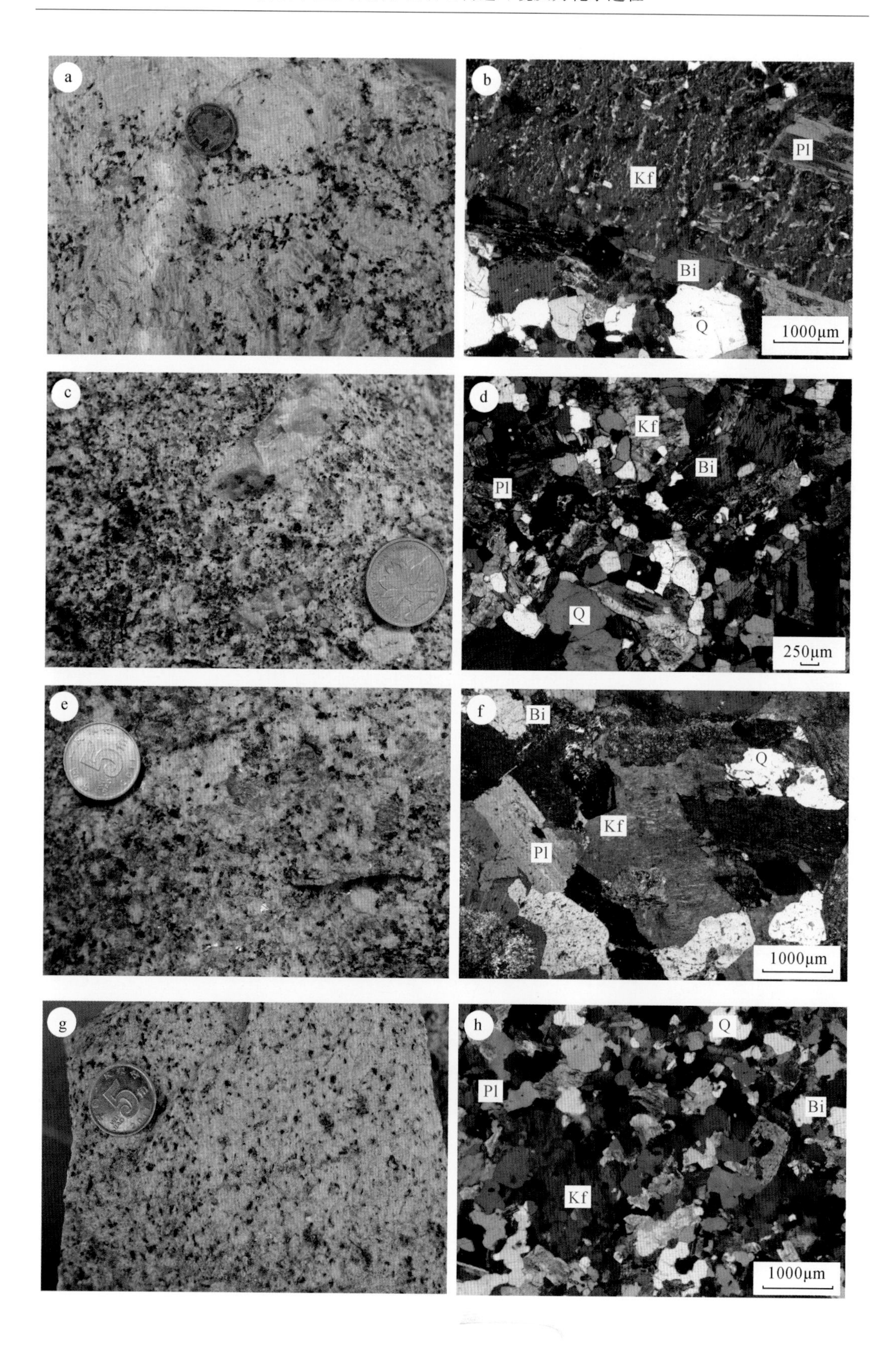
a
b
Pl
Kf
Bi
Q
1000μm
c
d
Kf
Bi
Pl
Q
250μm
e
f
Bi
Q
Kf
Pl
1000μm
g
h
Q
Pl
Bi
Kf
1000μm

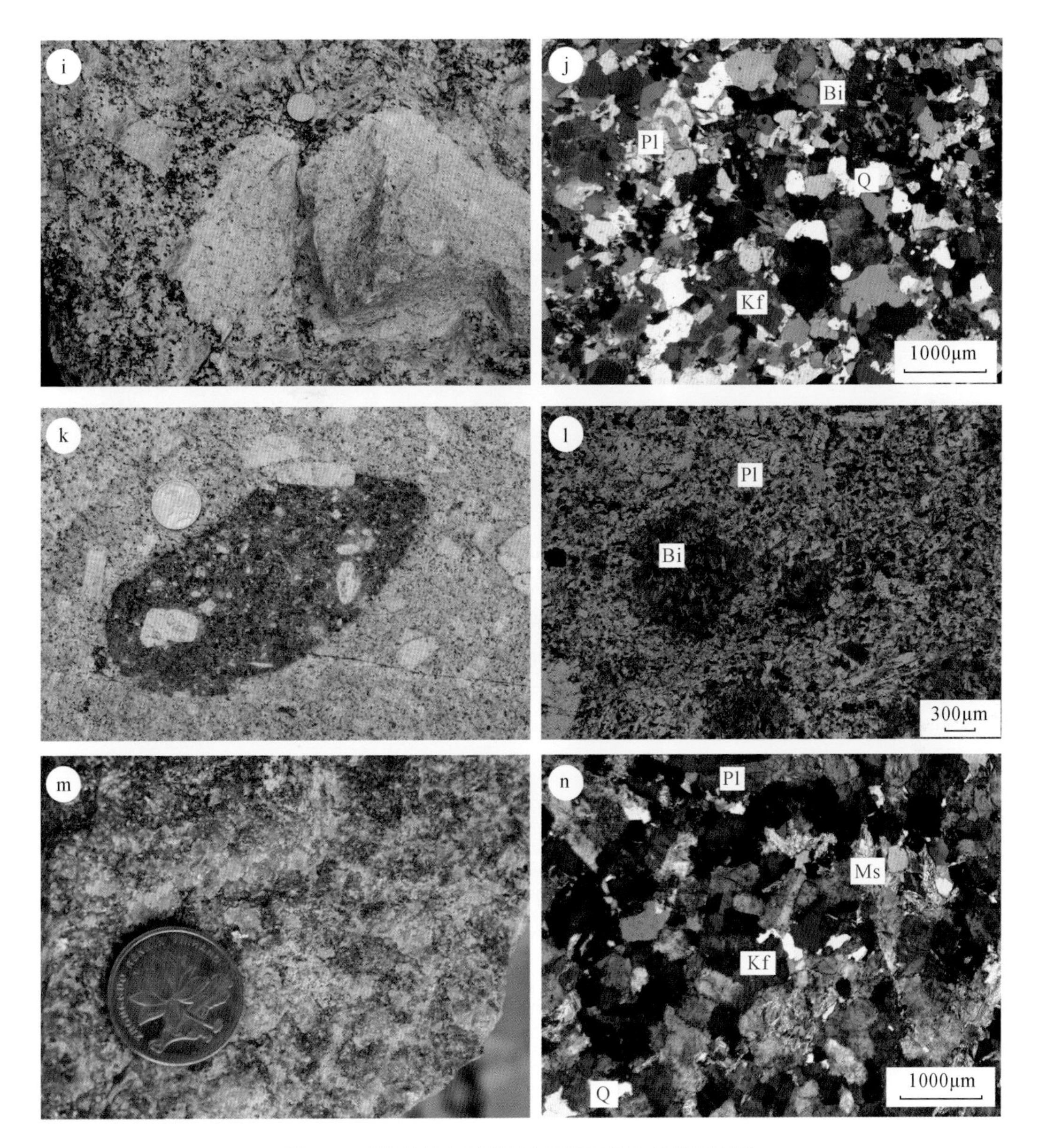

图 3-4　锡田地区不同种类花岗岩标本及镜下照片

a、b 为含钾长石巨晶黑云母花岗岩；c、d 为似斑状黑云母花岗岩；e、f 为黑云母二长花岗岩；g、h 为中细粒黑云母花岗岩；i 为含钾长石巨晶斑晶似斑状黑云母花岗岩与细粒花岗岩接触关系；j 为细粒花岗岩；k、l 为暗色包体；m、n 为含白钨矿的蚀变花岗岩

Q. 石英；Kf. 钾长石；Pl. 斜长石；Bt. 黑云母；Ms. 白云母

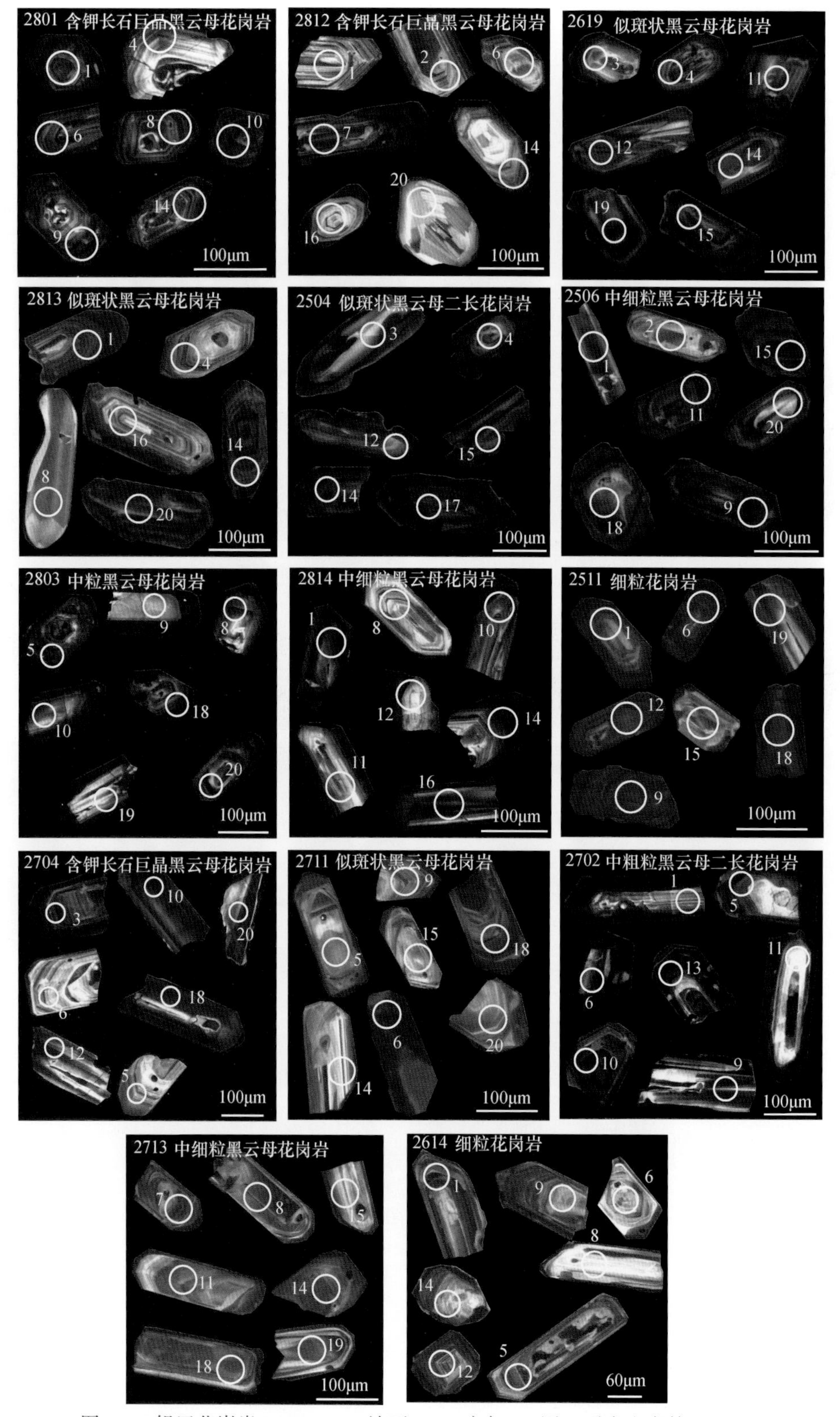

图 3-5　锡田花岗岩 LA-ICP-MS 锆石 U-Pb 定年 CL 图（引自牛睿等，2015）

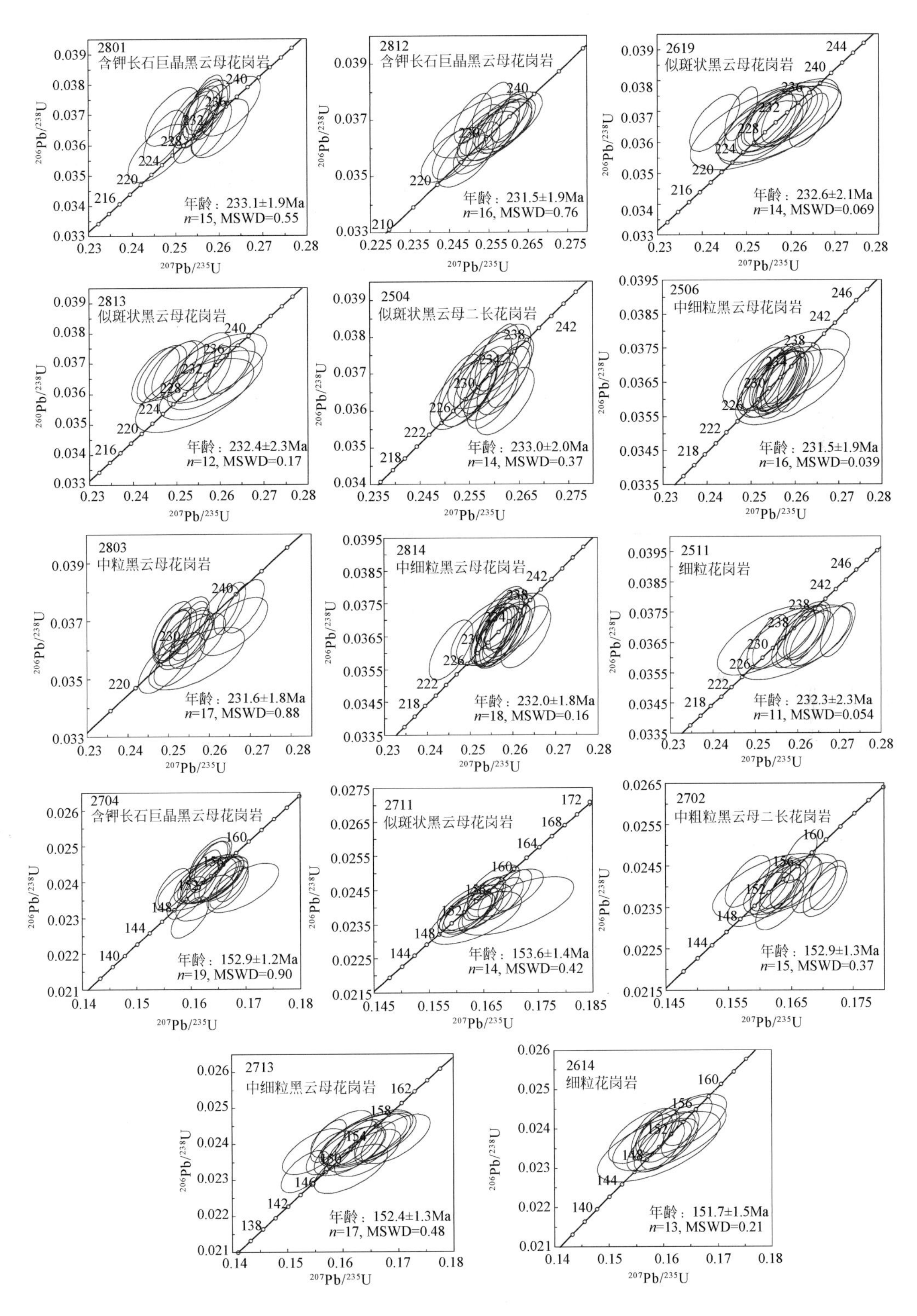

图 3-6　锡田花岗岩锆石 LA-ICP-MS U-Pb 定年的$^{206}Pb/^{238}U$-$^{207}Pb/^{235}U$ 谐和图（引自牛睿等，2015）

计算加权平均年龄及谐和图的绘制均选取较谐和测点的年龄

晚三叠世花岗岩主要岩性如下：①含钾长石巨晶黑云母花岗岩。样品 2801 的锆石多为长宽比小于 2∶1 的短柱状，发育振荡环带，15 个较好年龄点的加权平均值为 233.1±1.9Ma（MSWD=0.55）。样品 2812 的锆石颗粒多为长柱状（长宽比近 3∶1）及短柱状（长宽比近 1.5∶1），振荡环带发育较好，16 个较好年龄测点的加权平均值为 231.5±1.9Ma（MSWD=0.76）。②似斑状黑云母花岗岩。样品 2619 的锆石多为 1∶1～2∶1 的短柱状，振荡环带发育较差，多为不规则条带状结构。14 个测点的加权平均年龄为 232.6±2.1Ma（MSWD=0.07）。样品 2813 的锆石也多为长宽比大于 3∶1 的长柱状，以条带状结构和振荡环带为主，12 个较好测点的加权平均值为 232.4±2.3Ma（MSWD=0.17）。③黑云母二长花岗岩。样品 2504 的锆石颗粒多为长宽比接近 3∶1 的长柱状，以条带状结构为主，选取 14 个谐和度较好的测点获得加权平均年龄为 233.0±2.0Ma（MSWD=0.37）。④中细粒黑云母花岗岩。样品 2506 的锆石分为两种，大部分为 3∶1 的长柱状，少部分为 1.5∶1 的短柱状，振荡环带发育较差，为典型的岩浆锆石，选取 16 个较好年龄获得加权平均值为 231.5±1.9Ma（MSWD=0.04）。样品 2803 中锆石多为长宽比 2∶1 的短柱状，振荡环带发育较差，部分为不均一的条带状结构，选取 17 个点的加权平均年龄为 231.6±1.8 Ma（MSWD=0.88）。样品 2814 发生过蚀变，其 CL 图中锆石多为长柱状（长宽比 2∶1～3∶1），高 Th（554～13097ppm①）、U（354～5488ppm）值，高 Th/U 值（0.2～4.3，均值 1.4）的特点表明 U-Th-Pb 体系未受明显干扰，年龄可以代表其形成年代。18 个测点的加权平均值为 232.0±1.8Ma（MSWD=0.16）。⑤细粒花岗岩。2511 的锆石多为长柱状，发育条带状结构，部分具振荡环带。11 个测点的加权平均值为 232.3±2.3Ma（MSWD=0.05）（牛睿等，2015）。

晚侏罗世花岗岩主要岩性如下：①含钾长石巨晶黑云母花岗岩样品。2704 的锆石多为长柱状，振荡环带发育较为宽缓，部分为规则的条带状结构，19 个较好测年点的加权平均年龄为 152.9±1.2Ma（MSWD=0.9）。②似斑状黑云母花岗岩。样品 2711 的锆石多为长宽比大于 3∶1 的长柱状，发育振荡环带。选取 14 个较好测点的年龄加权平均得出成岩年龄为 153.6±1.4Ma（MSWD=0.42）。③黑云母二长花岗岩。通过阴极发光图像观察发现，样品 2702 的锆石 CL 图中锆石多具有不均一的条带状和较窄的振荡环带。在 21 个测点中选取 15 个较好年龄的加权平均值为 152.9±1.3Ma（MSWD=0.4）。④中细粒黑云母花岗岩。样品 2713 锆石多为长柱状，内部结构清晰，振荡环带发育较好。17 个较好表面年龄的加权平均值为 152.4±1.3Ma（MSWD=0.48）。⑤细粒花岗岩。样品 2614 锆石大小分为长柱状和近等轴粒状两组，大多数发育清晰的振荡环带，也可见长条状结构，13 个测点的加权平均年龄为 151.7±1.5Ma（MSWD=0.21）（牛睿等，2015）。

从以上数据可以看出，同一种类型的花岗岩明显为不同期次的岩浆侵入结果，早期为 232～231Ma 的三叠纪，晚期为 153～152Ma 的侏罗纪；不难看出，研究区内不同类型的花岗岩均来自于两期岩浆事件。

① $1ppm=1\times10^{-6}$。

除此之外，考虑到利用SIMS对锆石U-Pb测年破坏小、精度高的特点，以及后续工作中锆石氧同位素的测定，因此本研究将进行SIMS锆石U-Pb定年的样品分为三组，包括野外具有明显侵入接触关系的不同岩性花岗岩（图3-4i和j，样品2608、2609）和含白钨矿的蚀变花岗岩（样品2815、2817）一共四个样品中的锆石颗粒，锆石CL图像和测年结果见图3-74和图3-8。

通过CL图像观察（图3-7）发现：①含白钨矿的蚀变花岗岩样品。2815和2817的锆石形态相近，多为长柱状，内部结构以条带状及微弱的振荡环带为主。10个较好测点的加权平均年龄为230.2±2.1Ma（MSWD=1.04）；2817选取较谐和13个点的加权平均年龄为227.7±2.3Ma（MSWD=1.2），代表该样品的结晶时代。②含钾长石巨晶似斑状黑云母花岗岩。样品2608的锆石由长宽比3∶1的长柱状和接近1∶1的短柱状两种形态组成，多发育较窄的振荡环带，14个点的加权平均年龄为227.3±1.8Ma（MSWD=1.06）；③细粒花岗岩。2609的CL图显示其锆石多为长柱状，多具有条带状内部环带，部分发育振荡环带。18个加权平均年龄为151.3±1.0Ma（MSWD=0.2）。该组样品年龄上与野外观察一致，即后期的细粒花岗岩侵入早期的含钾长石巨晶似斑状黑云母花岗岩。

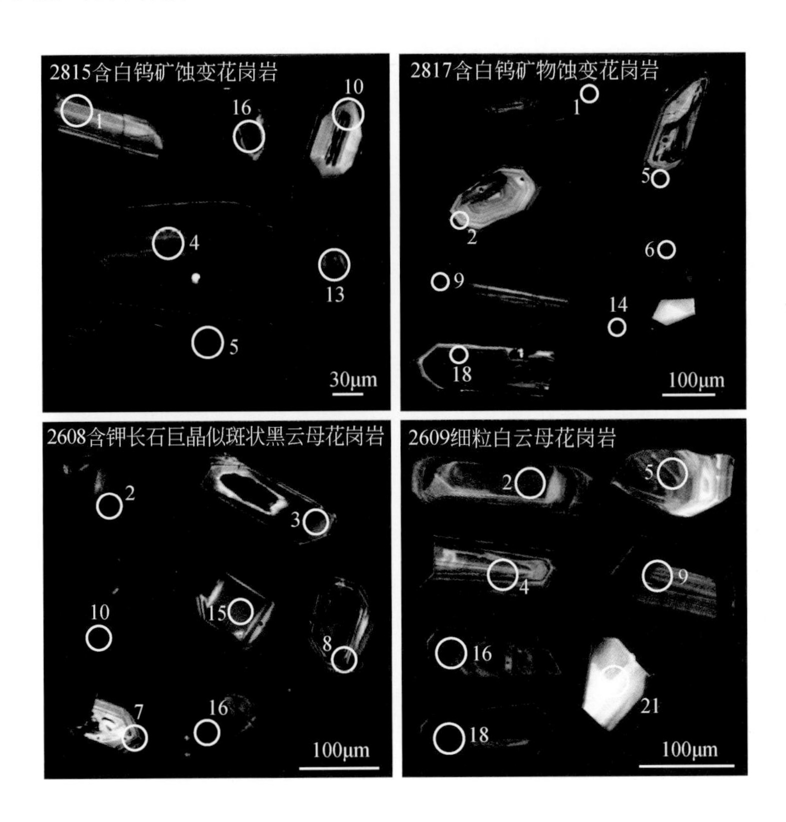

图3-7 锡田花岗岩SIMS锆石定年锆石CL图（引自牛睿等，2015）

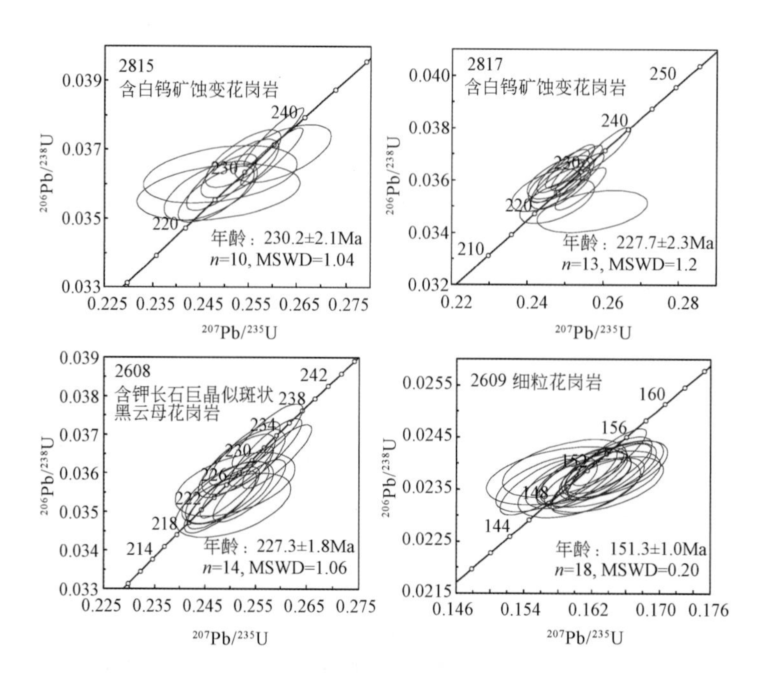

图 3-8　锡田花岗岩 SIMS 锆石 U-Pb 年龄（引自牛睿等，2015）

二、邓阜仙花岗岩体

本区花岗岩体主要由加里东期、印支期、燕山期等一系列岩浆活动形成（孙涛，2006），其中印支期和燕山期为主要岩浆活动（何苗等，2018a）。邓阜仙复式花岗岩体空间展布形态呈马蹄形，地表主要岩性为黑云母花岗岩和二云母花岗岩，也有少量白云母花岗岩出露。邓阜仙复式岩体与邻近的锡田复式花岗岩体在主要岩性上有所不同，但也主要由印支期和燕山期两次岩浆侵入活动形成，由此可见，其在时空上与锡田复式岩体具有很强的类比性。

1. 岩相学特征

本研究根据野外地质观察，选取岩体不同位置不同类型且具有代表性的花岗岩样品进行锆石 SIMS U-Pb 定年，详细的岩相学特征如下。

粗粒黑云母花岗岩：主要矿物组成为石英（25%）+碱性长石（40%～50%）+斜长石（10%～15%）+黑云母（5%～10%）。其中石英粒径最大达 3.75mm，呈他形填充，可见波状消光。碱性长石最大可达 10mm，有条纹长石出现（样品 2901）。斜长石最大可达 4～5mm，以聚片双晶出现，未见环带出现，且大部分遭受绢云母化蚀变。黑云母大多都已蚀变成绿泥石，部分样品上可见粒径大至 4～5mm（图 3-9a，b）。

中粗粒二云母花岗岩：主要矿物组成为石英（35%～40%）+碱性长石（30%）+斜长石（15%～20%）+黑云母（5%）+白云母（约 5%）。其中石英最大粒径达 4mm，呈他形填充，表面光滑干净，偶见波状消光。碱性长石最大粒径为 6mm，自形、常见卡式双晶，且有些蚀变，表面受到一些蚀变，未见环带、条纹长石（样品 2804）。斜长石最大可达

6mm，以聚片双晶出现，自形程度较好，但多数都蚀变，其表面受到一些绢云母化，未见环带。黑云母最大粒度为3mm，呈自形-半自形，但大多蚀变成绿泥石。白云母最大粒径为3mm，呈自形-半自形，未受蚀变。副矿物有锆石、钛铁矿等。还有部分样品伴有黑钨矿、闪锌矿等，绿泥石化明显（图3-9c，d），矿物颗粒可达3～6mm。

细粒白云母花岗岩：主要矿物组成为石英（30%）+碱性长石（5%～10%）+斜长石（15%～20%）+白云母（10%～15%），石英最大粒径为2.5mm，呈他形填充，具有斑状结构。碱性长石最大为1mm，较自形。斜长石粒径最大为1mm，从半自形到自形均有。部分样品黑云母极少，几乎可忽略，整个薄片上仅有两颗（1.25～2mm），且经过较严重的蚀变。白云母最大粒径为1mm，从半自形到自形均有，未经蚀变，可见绢云母（图3-9e，f）。

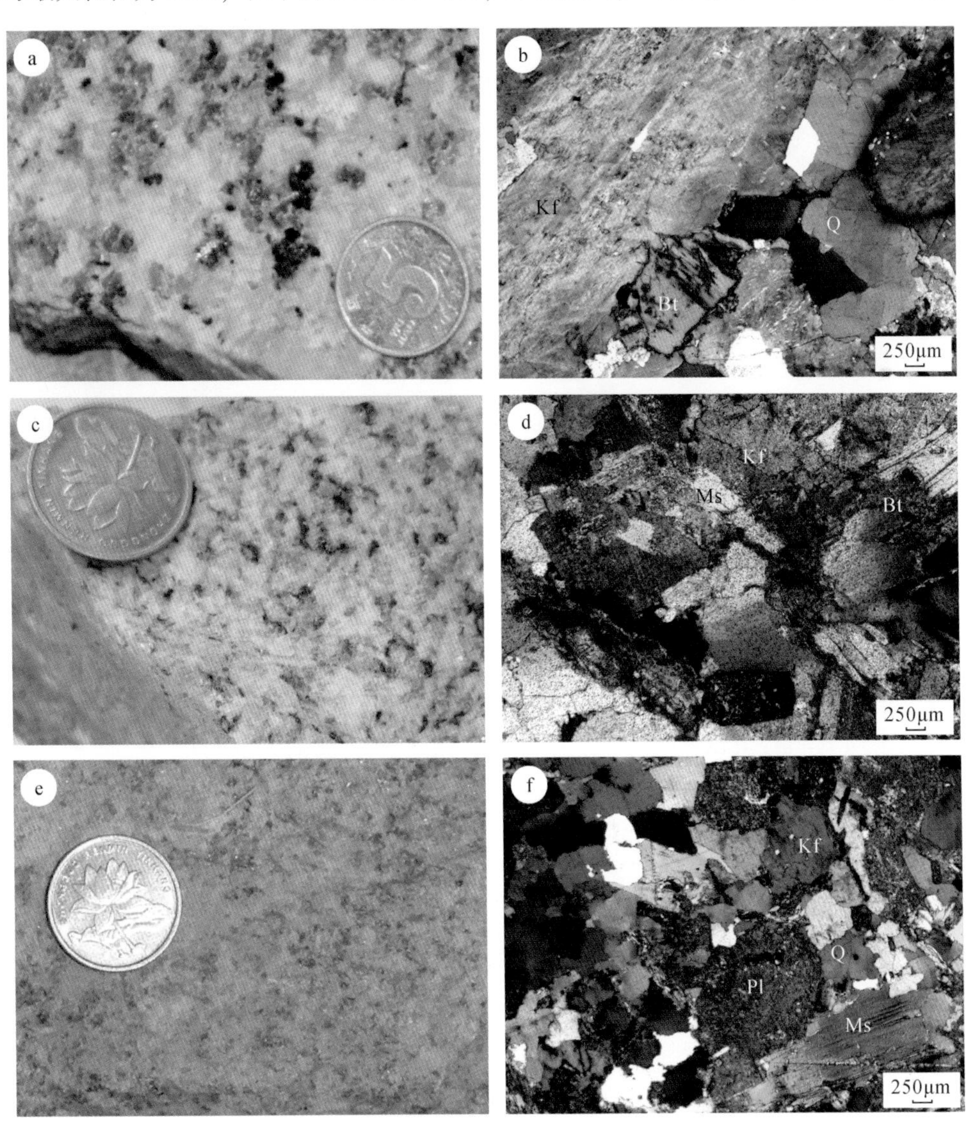

图3-9　邓阜仙地区不同种类花岗岩标本图片及镜下照片（引自何苗等，2018a）

a、b为黑云母花岗岩；c、d为二云母花岗岩；e、f为白云母花岗岩

Q. 石英；Kf. 钾长石；Pl. 斜长石；Bt. 黑云母；Ms. 白云母

2. 锆石 U-Pb 定年

本研究用于 SIMS 锆石 U-Pb 定年样品锆石 CL 图像及 SIMS 锆石 U-Pb 年龄测定结果如图 3-10（何苗等，2018a）。

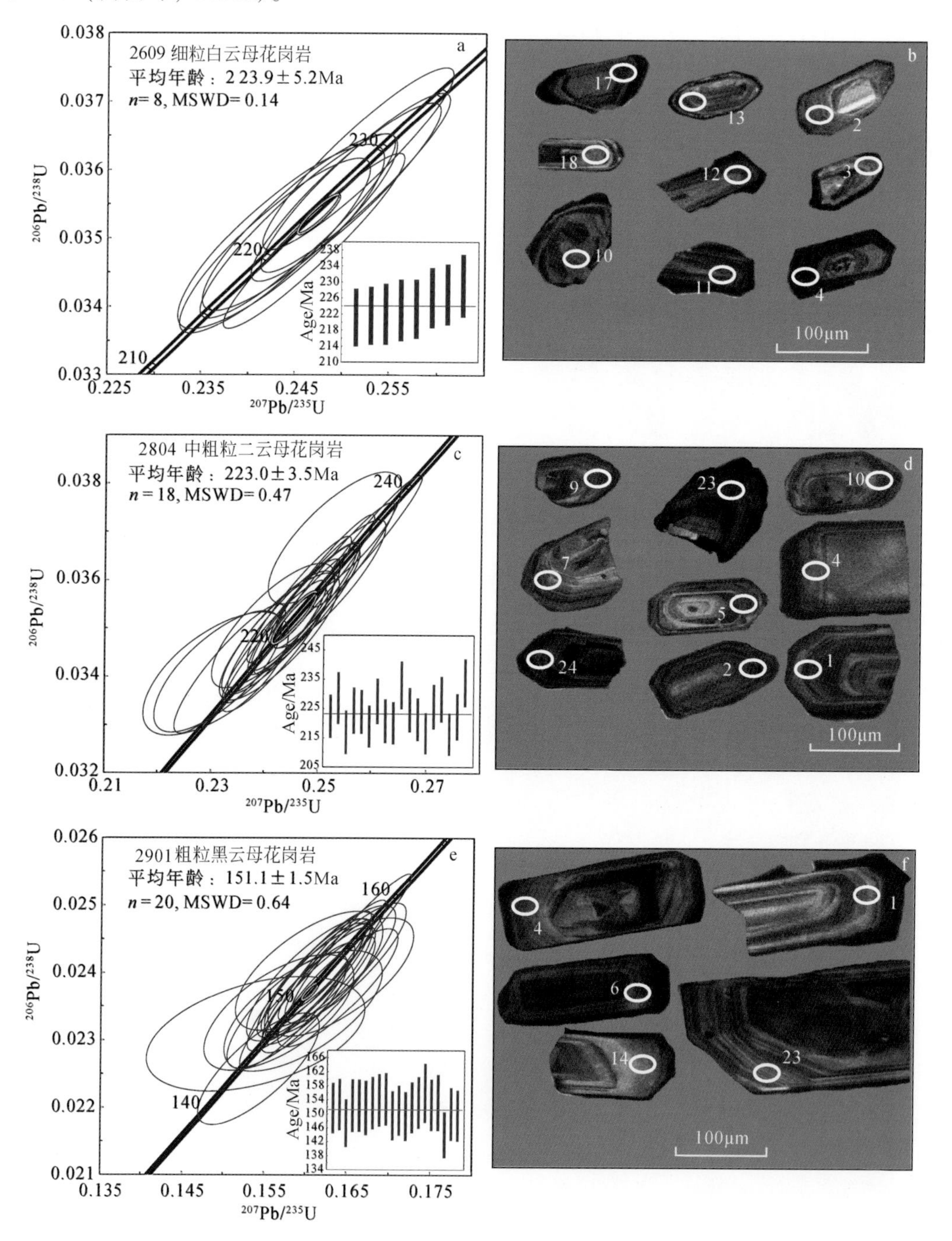

图 3-10　邓阜仙花岗岩 SIMS 锆石 U-Pb 定年的$^{206}Pb/^{238}U$-$^{207}Pb/^{235}U$ 谐和图（a，c，e）和 CL 图（b，d，f）（引自何苗等，2018a）

计算加权平均年龄及谐和图的绘制均选取较谐和测点的年龄，年龄值均为$^{206}Pb/^{238}U$ 年龄细粒白云母花岗岩（样品 2609）的 CL 图显示其锆石多为长宽比 1∶1 ~ 1.5∶1 的短柱状，锆石颗粒偏小，粒径变化在 80 ~ 150μm 之间，大多发育振荡环带，部分为不均一的条带状结构（图 3-10b）。部分形态浑圆、没有明显韵律环带的锆石给出的年龄值为 399.8 ~ 1408.6Ma，明显偏离正态分布，可能为继承锆石或捕获锆石，反映岩浆源区中含有古老的地壳组分。除去高 U 异常值的 4 号测点，余下 8 个测点均投影于谐和线上，具有非常一致的年龄，$^{206}Pb/^{238}U$ 加权平均年龄为 223.9±5.2Ma（MSWD = 0.14，图 3-10a）。中粗粒二云母花岗岩（样品 2804）的锆石为长宽比 2∶1 ~ 1∶1 的柱状，锆石粒径变化在 100 ~ 200μm 之间，发育的振荡环带大多较窄（图 3-10d），部分锆石可能受到后期热事件的扰动而具有高的普通 Pb（$f_{206}>2.5$）。还有部分锆石可能由于 Pb 丢失，位于谐和线以外。余下 18 个测点均落在谐和线上，Th/U 值较为集中，$^{206}Pb/^{238}U$ 加权平均年龄为 223.0±3.5Ma（MSWD = 0.47，图 3-10c）。粗粒黑云母花岗岩（样品 2901）的锆石晶体发育较好，粒径较大且多为自形，内部结构清晰，均发育振荡环带（图 3-10f），为典型的岩浆锆石，选取 20 个具有一致协和度的测点，计算得到 $^{206}Pb/^{238}U$ 年龄加权平均值为 151.1±1.5Ma（MSWD = 0.64，图 3-10e）。

三、湘东地区花岗岩的年代学格架

前人已对锡田地区花岗岩体的年代学进行了大量的研究工作，然而关于其形成时代以及岩浆期次仍然存在争议（马铁球等，2004，2005；刘国庆等，2008；付建明等，2009；吴自成等，2010）。花岗岩体的形成时代及岩浆期次仍无定论，这无疑阻碍了对该地区成岩成矿作用的进一步研究。因此，本研究对锡田地区不同岩相、不同岩性的样品进行了详细的锆石 U-Pb 年龄测定。数据结果表明，在锡田地区同一岩性（似斑状黑云母花岗岩、黑云母二长花岗岩、细粒花岗岩等）的不同样品形成时代均分为三叠纪和侏罗纪两期。由此可见，对于同一岩性的花岗岩并不具有相似或相同的年龄组成，即并非具有前人认为的锡田复式岩体由早期到晚期“岩石粒度、钾长石斑晶明显变小变少”以及“石英增加、黑云母减少”的规律（刘国庆等，2008）。岩石的这种变化规律即使在同一期次的岩浆侵入中也可以出现，如房山岩体晚期的花岗闪长岩可以分为五个相带，各带之间为渐变过渡关系（蔡剑辉等，2005），而且该期侵入岩与早一期的石英闪长岩在矿物组合上完全相同（黄福生和姜常义，1985；阎国翰等，1995）。由此可见，按照粒度、暗色矿物含量或者是否含斑晶这些特征划分的花岗岩是无法与成岩期次一一对应的。前人曾指出锡田复式岩体在早一期花岗岩中常见暗色包体（马铁球等，2005；刘国庆等，2008；付建明等，2009），但根据本研究采样获得的包体（151.4±3.5Ma）及其寄主岩（151.3±1.8Ma）的年龄可知（待刊），锡田地区出露的暗色包体应该与晚侏罗世岩浆活动有关，而非晚三叠世的产物。

结合野外采样点的位置，锡田岩体的详细年代学结果表明三叠纪花岗岩广泛分布于锡田岩体，如北部、中部以及发育矿脉的岩体两侧；而晚期的侏罗纪花岗岩不仅在锡田岩体中部及东部的矿体附近见到，原先被认为是晚三叠世花岗岩的部位实质上都为晚侏罗世花岗岩，暗示了锡田岩体深部可能仍以燕山期花岗岩为主。另外，基性包体部分地区发育，形成时代为晚侏罗世。邓阜仙岩体的年代学结果表明印支期花岗岩广泛分布于邓阜仙岩体外环（又称为向背岩体），而晚期的燕山期花岗岩分布在邓阜仙岩体中部及东南部的湘东钨矿附近（又称为八团岩体）。由此可见，邓阜仙岩体的主体为印支期花岗岩（向背岩体），而燕山期花岗岩（八团岩体）主要分布在岩体中央，在岩体的其他部位也有小型岩株、岩瘤、岩枝状产出并穿插前期花岗岩。在华南地区，广泛发育由多期次花岗质岩浆活动构成的复式岩体（郭春丽等，2012），通常第一期为印支期的花岗岩侵入，第二期为燕山期的花岗岩侵入，如湖南白马山（209Ma 和 176Ma；陈卫锋等，2007）、江西大吉山五里亭（237Ma 和 147Ma；邱检生等，2004；张文兰等，2004）、龙源坝（210 ~ 240Ma 和 149Ma；张敏等，2006）等。由此可见，湘东地区复式岩体的成岩时代在区域上具有典型的代表意义。

综上所述，本研究高精度的锆石 U-Pb 定年结果表明锡田地区两个复式岩体均是由晚三叠世和晚侏罗世两次岩浆侵入活动形成。通过湘东地区两个不同岩体的两期岩浆侵入活动进行地球化学研究和对比，对进一步探讨整个华南构造-岩浆活动具有重要的意义。

第三节　湘东地区钨锡矿床的成矿时代——锡石 U-Pb 定年

成矿年龄的精确测定对于理解矿床的形成过程、确定矿床成因以及进一步指导找矿都具有十分重要的意义。长久以来，矿床的定年都存在很多的问题，比如缺乏适合传统同位素定年的对象，后期的岩浆-热事件导致的同位素体系的扰动等。目前对于矿床的成矿年龄的确定主要以间接方法来限定，如测定与成矿有关的花岗岩的结晶年龄，或借助脉石矿物的同位素年龄数据（Poitrasson et al，2002；彭建堂等，2007；李华芹等，2009）等来制约。随着技术的发展，辉钼矿的 Re-Os 年龄已经被广泛应用（Stein et al.，1998；毛景文等，2004；Zhang et al.，2005），但是对于不富含辉钼矿的矿床类型定年仍然存在困难。因此，在测定矿床成矿同位素年龄时要选取合适的对象和测年方法，才能得到比较理想的结果。钨锡矿床中典型的矿石矿物为锡石，因此本研究选取锡石进行 U-Pb 测年来制约湘东地区钨锡矿床的成矿时代。

对采自锡田地区不同矿化类型的矿体，首先在廊坊市宇能矿物岩石分选技术服务有限公司利用标准技术对锡石进行分选，然后在双目显微镜下挑纯并粘在环氧树脂上，待树脂固化后刨磨至大部分锡石颗粒露出。根据反射光和透射光图像，避开锡石颗粒中的包裹体和裂纹，选择合适区域以减少普通铅的影响（Yuan et al.，2011）。

本研究涉及的锡石 U-Pb 同位素定年在中国地质调查局天津地质矿产研究所完成，利用 Neptune 多接收电感耦合等离子质谱仪，激光剥蚀系统为 ESI UP193-FX ArF 准分子激光器，激光波长为 193nm，脉冲宽度为 5ns。样品分析过程中激光束斑直径为 60μm，脉冲频率为 10Hz，能量密度为 13 ~ 14J/cm^2。为了提高分析的灵敏度，在分析过程中使用高纯度氦气作为载气，利用动态变焦扩大色散使质量数相差很大的 U-Pb 同位素可以同时接收，从而进行 U-Pb 同位素测定。为了校正仪器分析过程及激光剥蚀过程中的 U-Pb 分馏，采用已准确获得 ID-TIMS U-Pb 年龄的锡石（Lbiao）作为测量外标，在测定样品的同时测定标准锡石样品。U-Pb 分馏校正而导致的误差不大于 5%，不准确度的传递是参考有关理论和实验室所用计算程序，有关说明见 Yuan 等（2011）和王志强等（2014）。校正后的结果计算采用 Isoplot 软件（Ludwig，2003）完成年龄计算和协和图的绘制。

一、锡田矿区

样品2510、2616、2827分别采自锡田矿区不同矿段的石英脉型矿体中，其中挑选出的锡石颗粒为浅褐色、半透明、自形-半自形，在透射光下常见窄的、明暗相间的平行环带，少见矿物包裹体（图3-11）。前人研究结果显示，在冷却速率为10℃/Ma的体系中，有效扩散半径为1μm的锡石颗粒中Pb封闭温度为560℃，1mm级的锡石颗粒中Pb的封闭温度为860℃（张东亮等，2011），本次分析测试的锡石颗粒多数大于100μm，U-Pb封闭温度应远大于560℃，而锡田矿区成矿温度为210～380℃（杨晓君等，2007），远小于锡石U-Pb体系的封闭温度，因此锡石U-Pb测年结果可以代表其结晶年龄，由于T-W图解不需要$^{206}Pb/^{204}Pb$或普通Pb的校正，对于普通Pb较高的样品T-W图解是最为有效的（Chew et al.，2014；Li et al.，2016）。$^{206}Pb/^{207}Pb$-$^{238}U/^{207}Pb$等时线年龄为161～152Ma，对锡石U-Pb数据进行了T-W图解，得到了下交点的年龄为156～155Ma（图3-12），与等时线年龄在误差范围内一致，说明该年龄能代表锡石结晶年龄。

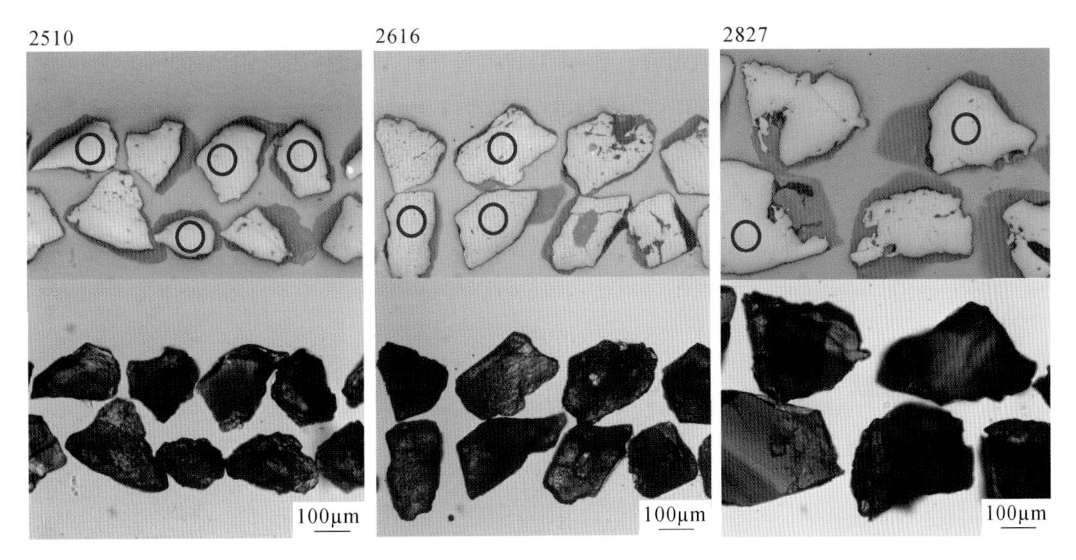

图3-11　锡田矿区石英脉型矿体中锡石透射光和反射光图像（引自He et al.，2018）

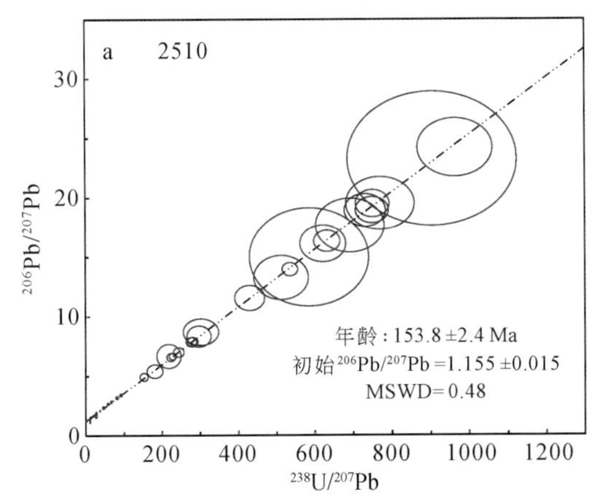

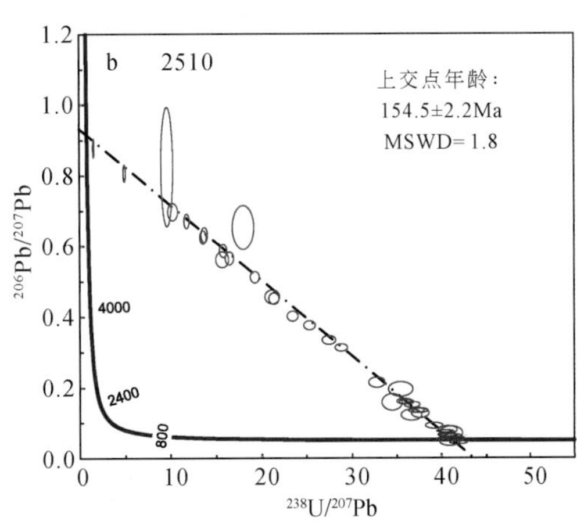

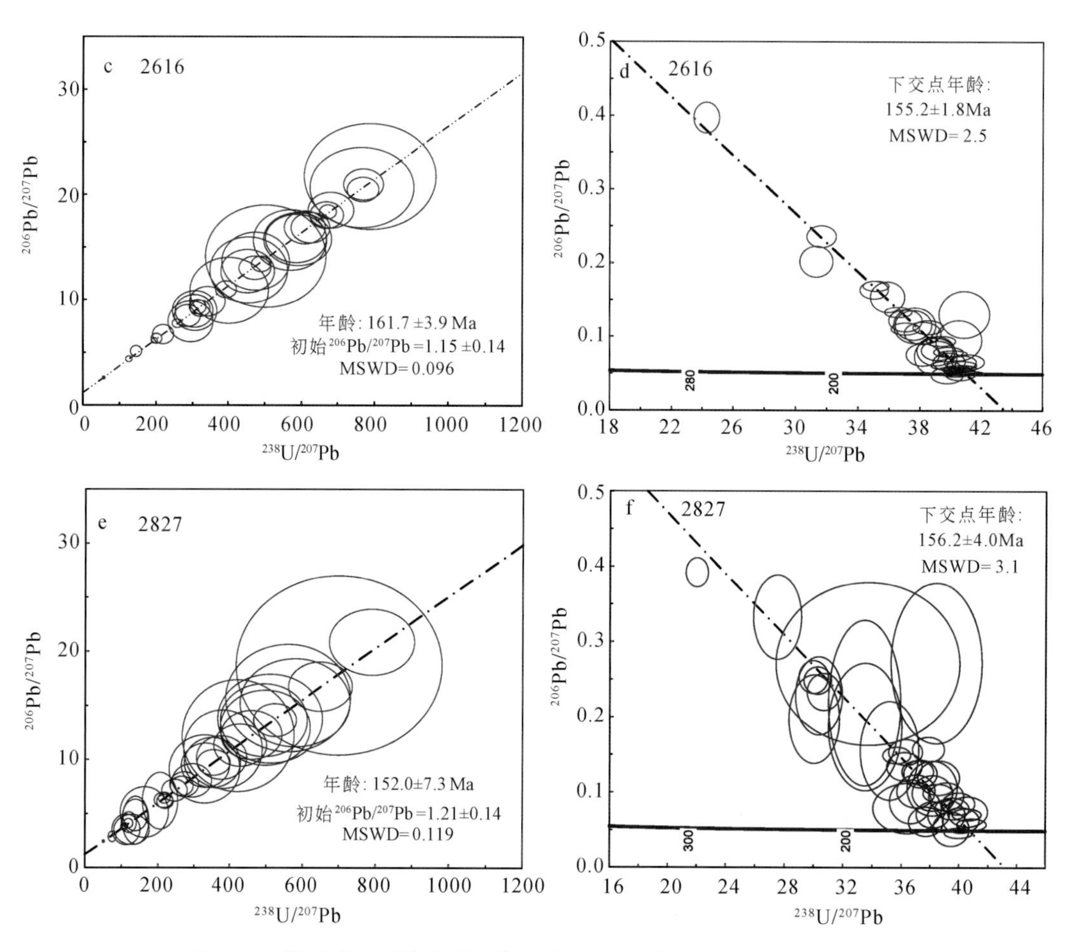

图 3-12　锡田矿区石英脉型矿体中锡石 U-Pb 等时线（a，c，e）和 T-W 图解（b，d，f）（引自 He et al.，2018）

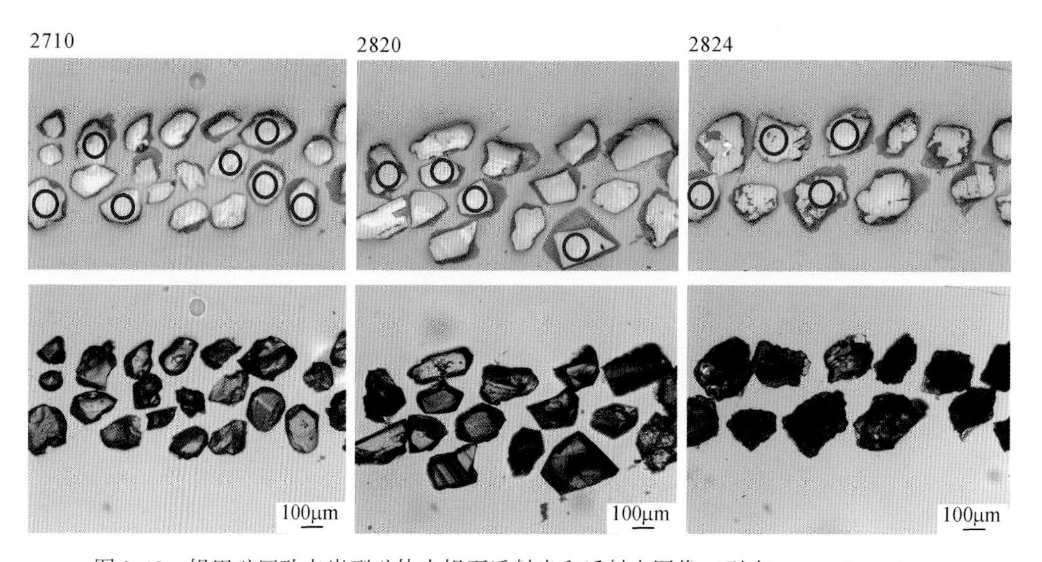

图 3-13　锡田矿区矽卡岩型矿体中锡石透射光和反射光图像（引自 He et al.，2018）

样品 2710、2820、2824 分别采自锡田矿区不同矿段的矽卡岩型矿体中，从中挑选的锡石颗粒，相对石英脉型矿体中的锡石较小（图 3-13）。根据锡石 U-Pb 同位素数据，得到^{206}Pb/^{207}Pb-^{238}U/^{207}Pb 等时线年龄为 158～151Ma；进一步对锡石 U-Pb 数据进行了 T-W 图解，得到了下交点的年龄为 157～155Ma（图 3-14），与等时线年龄在误差范围内一致，说明该年龄能代表锡石的结晶年龄。锡石作为钨锡矿床主要的金属矿物，表明锡田矿区成矿时代主要为晚侏罗世，与该时期的岩浆活动关系密切。

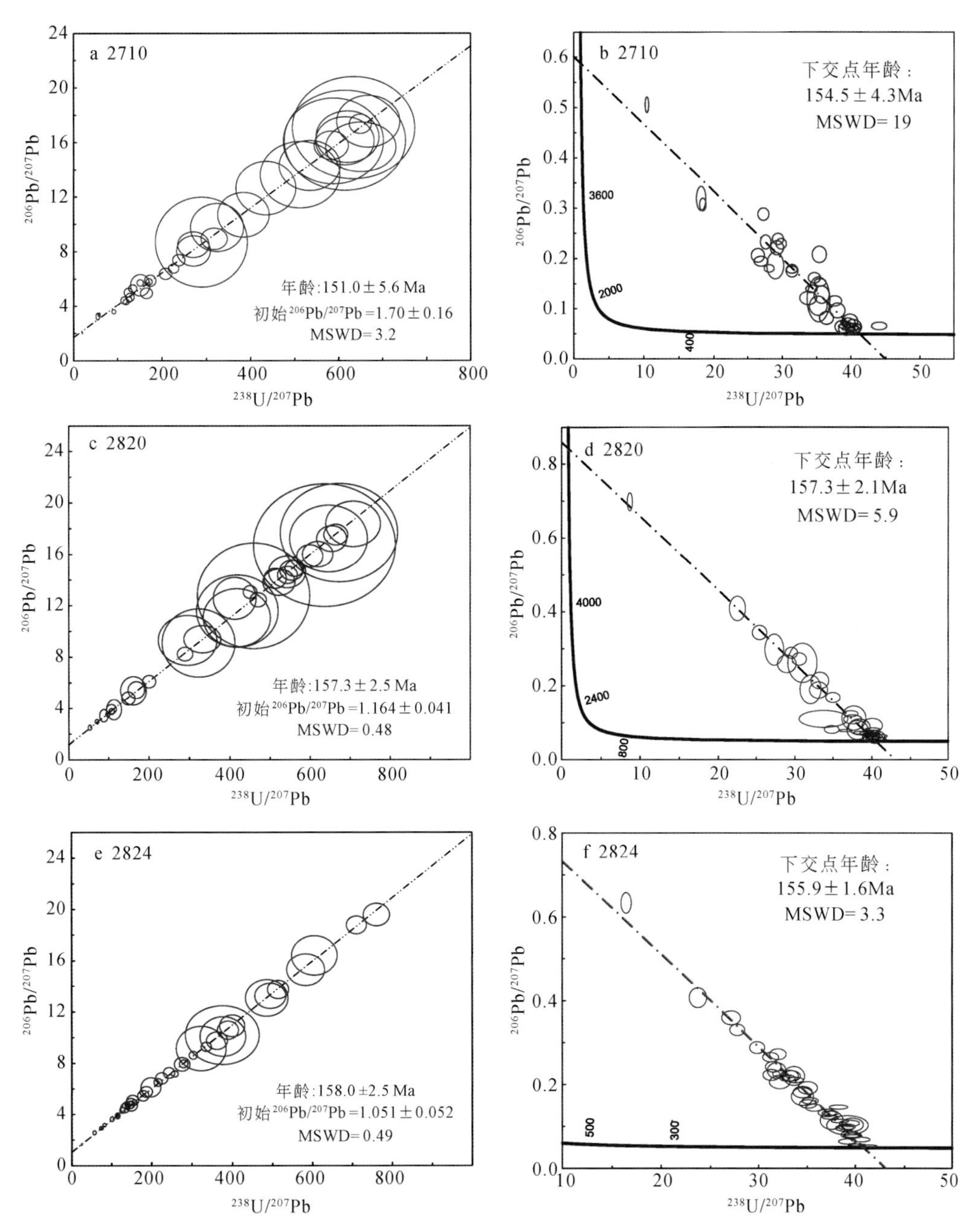

图 3-14　锡田矿区矽卡岩型矿体中锡石 U-Pb 等时线（a，c，e）和 T-W 图解（b，d，f）（引自 He et al.，2018）

二、邓阜仙矿区

样品 2415 采自湘东钨矿的蚀变花岗岩中，挑选出的锡石颗粒为浅褐色、半透明、自形–半自形，可见平行环带，较少发育矿物包裹体（图 3-15）。本次分析测试的锡石颗粒多数大于 100μm，U-Pb 封闭温度应远大于 560℃，而湘东钨矿成矿温度为 170 ~ 290℃（汪群英等，2015），远小于锡石 U-Pb 体系封闭温度，因此锡石 U-Pb 测年结果可以代表其结晶年龄。对样品 2415 共进行了 35 个测点分析，结果显示$^{238}U/^{206}Pb$ 值为 11.59 ~ 41.54，$^{238}U/^{207}Pb$ 为 17.36 ~ 870.04，$^{207}Pb/^{206}Pb$ 为 0.05 ~ 0.65。$^{206}Pb/^{207}Pb$-$^{238}U/^{207}Pb$ 等时线年龄为 154.0±3.4Ma（MSWD = 0.41），对锡石 U-Pb 数据进行了 T-W 图解，得到了下交点的年龄为 154.4±2.1Ma（MSWD = 5.1）（图 3-16），与等时线年龄在误差范围内一致，说明该年龄能代表锡石结晶年龄。表明湘东钨矿成矿作用主要在晚侏罗世，与晚侏罗世花岗岩的岩浆活动关系密切。

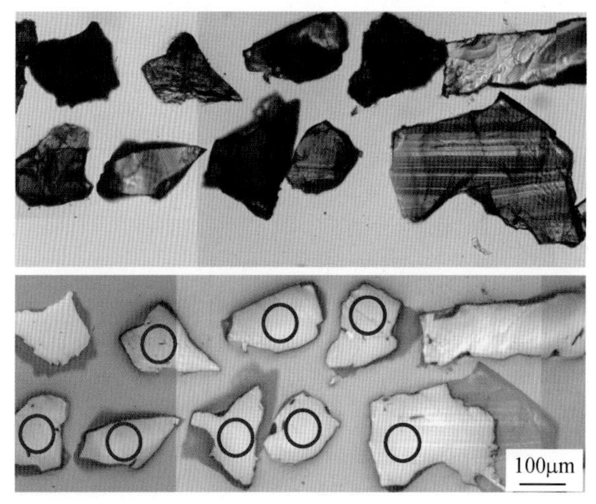

图 3-15　湘东钨矿蚀变花岗岩中锡石透射光和反射光图像（引自何苗等，2018a）

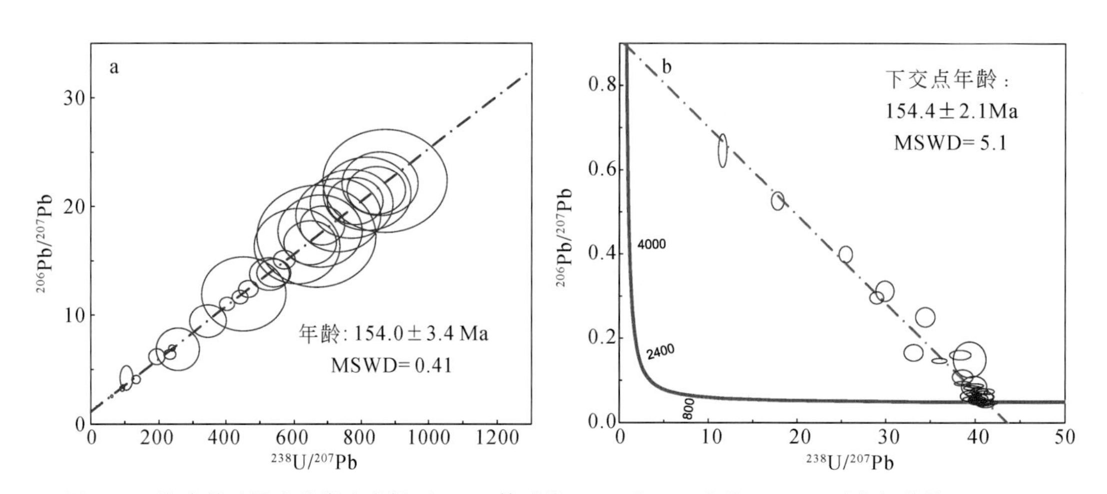

图 3-16　湘东钨矿蚀变花岗岩中锡石 U-Pb 等时线（a）和 T-W 图解（b）（引自何苗等，2018a）

三、成岩成矿的时空关系

大量的研究认为华南地区中生代大规模成矿作用主要集中在150～160Ma之间（华仁民和毛景文，1999；毛景文等，2007；Mao et al.，2013）。但随着地质填图工作的深入以及高精度定年技术的迅猛发展，南岭地区一些岩体的成岩、成矿时代逐渐明朗，相继有一批印支期的钨锡矿化的数据发表，如湖南荷花坪锡多金属矿矽卡岩矿石中辉钼矿Re-Os年龄为224Ma（蔡明海等，2006），江西柯树岭-仙鹅塘石英脉型锡钨矿中白云母的$^{40}Ar/^{39}Ar$坪年龄为231Ma（刘善宝等，2008），广西栗木锡钨铌钽矿云英岩中白云母的$^{40}Ar/^{39}Ar$年龄为214Ma（杨峰等，2009）。而湘东地区钨锡矿床作为南岭成矿带典型代表，其是否存在印支期的成矿作用引起了广泛的关注（Mao et al.，2013；陈骏等，2014）。

锡田矿区主要矿化类型为矽卡岩，其次为破碎带蚀变型和云英岩-石英脉型（付建明等，2009），分布在岩体东侧的垄上矿段、西侧的桐木山矿段和荷树下矿段（图3-2）。野外观察表明，与矽卡岩型矿体直接接触的大部分是晚三叠世花岗岩，也可以见到晚侏罗世花岗岩岩株（付建明等，2012）。本研究对不同矿化类型采集样品进行锡石U-Pb的定年，结果表明锡田矿区成矿时代主要集中在燕山期，虽然岩体结果说明存在印支期的岩浆热液活动，但此时并没有大规模成矿（He et al.，2018）。而湘东钨矿矿化类型较为复杂，以石英脉型为主，少量为蚀变花岗岩型。石英脉型是湘东钨矿传统开采的类型，主要出露于矿区内的黑云母花岗岩和二云母花岗岩中；据野外观察，蚀变花岗岩型矿体主要赋存在粗粒黑云母花岗岩和中粒二云母花岗岩中，钨矿以微细裂隙充填形式产出，此类型矿体规模小，分布零散无规律（侯杰，2013）。本研究对蚀变花岗岩中的锡石进行了U-Pb定年，得到的T-W图解下交点年龄为154.4±2.1Ma，与前人石英脉型矿体中的辉钼矿Re-Os成矿年龄一致（蔡杨等，2012），表明湘东钨矿不同类型的矿化均形成于晚侏罗世，与黑云母花岗岩和二云母花岗岩关系紧密（何苗等，2018a）。湘东钨矿的矿体大多沿构造裂隙充填形成，各期次的花岗岩均可作为围岩发育，矿脉成组分布在岩体的隆起部位（马德成和柳智，2010；宋超等，2016）。

根据湘东地区钨锡矿床矿体的产出特征及形成时代，表明成矿作用与具体的岩石类型并没有直接的联系，不同的矿化类型可能与其产出的部位具有更紧密的关系（He et al.，2018）。例如，在地壳浅部，剪切变形表现为脆性断裂或裂隙带，易形成脉型矿化；在脆韧性转换区域，节理发育密集形成碎裂岩，矿化往往形成于定向排列的碎裂岩之中，从而形成蚀变岩型矿体；在韧性区域，由于温度和压力较高，韧性变形较为强烈，矿化主要是发生在糜棱岩的微裂隙之中；而当剪切带穿过碳酸盐岩时，则发生剧烈的反应，生成CO_2等大量的还原性气体，导致氧化还原环境发生变化，由于Sn在热液中具有+2和+4两个价态，其对氧逸度比W更为敏感，这可能是导致锡田岩体矽卡岩型Sn矿更为富集的一个因素（He et al.，2018）。

第四节　湘东地区花岗岩的成因

由于锆石化学性质稳定，抗风化能力强，Lu/Hf 值低（Lu/Hf<0.0005；Kinny and Maas，2003），不受部分熔融作用的影响，其 Hf 同位素组成基本上代表了结晶时的初始 Hf 同位素组成（Griffin et al.，2004；Hawkesworth and Kemp，2006；Zheng et al.，2007），同时锆石 Hf 同位素体系封闭温度较高，高于锆石的 Pb 同位素体系的封闭温度（吴福元等，2007b）。因此，锆石 Hf 同位素组成已经成为岩石成因研究的重要示踪剂，被认为是探讨岩浆起源与演化，以及解释壳幔相互作用过程的最有力工具之一（Griffin et al.，2002；吴福元等，2007b；邱检生等，2011）。

锆石原位微区 Hf 同位素分析是在中国科学院地质与地球物理研究所的多接收等离子体质谱实验室完成的。测试仪器为 Neptune 型多接收电感耦合等离子体质谱仪（LC-ICP-MS）。对于进行过 LA-ICP-MS 锆石 U-Pb 定年的锆石颗粒，Lu-Hf 同位素的测定是在同一颗锆石的相同部位或者是相同结构的邻近部位进行。激光剥蚀取样过程中，激光脉冲频率为 6Hz，束斑直径为 60μm。仪器运行条件及详细的分析过程参见 Wu 等（2006）。本研究获得标样 GJ-1 的 $^{176}Hf/^{177}Hf$ 同位素比值为 0.2820217±1.3（2SD，$N=21$），与该实验室测定的平均值 0.282015±40（2SD，$N=2275$）在误差范围内一致（Sun et al，2010）。

锆石 SIMS 氧同位素分析在中国科学院地质与地球物理研究所离子探针实验室的 Cameca IMS-1280 SIMS 上进行。用强度大约 2nA 的一次 $^{133}Cs^{+}$ 离子束通过 10kV 加速电压轰击样品表面，一次离子束斑直径约 20μm。以垂直入射的电子枪均匀覆盖于 100μm 范围来中和样品的表面荷电效应。经过 10kV 加速电压提取负二次离子，经过 30eV 能量窗过滤，质量分辨率为 2500，以 2 个法拉第杯同时接收 ^{16}O 和 ^{18}O。每个样品分析采集约 20 组数据，单组 $^{18}O/^{16}O$ 数据内精度一般优于 0.2‰（1σ）。SIMS 的仪器质量分馏（IMF）校正采用 Penglai 锆石标准，其中 Penglai 标准锆石的 $\delta^{18}O=5.31‰\pm0.10‰$，测量的 $^{18}O/^{16}O$ 值通过 VSMOW 值（$^{18}O/^{16}O=0.0020052$）校正后，减去 IMF 即为该点的 $\delta^{18}O$ 值（李献华等，2013）。

一、锡田花岗岩体

1. 全岩地球化学特征

锡田地区晚三叠世花岗岩在主量元素组成上具有以下特征（图 3-17；原始数据见牛睿，2013）：①富硅，SiO_2 平均含量为 73.4%，分异指数较高（D.I.=81～93），反映岩体经历了高度分异演化。②铝饱和指数（ASI）均大于 1，为弱过铝质岩石。在碱铝指数图解中，样品投点基本全部落入过铝质花岗岩区域。③全碱含量中等偏低（6.8%～10.7%），相对富钾（K_2O=3.2%～7.6%），具高的 K_2O/Na_2O 值（1.4～19.1，均值 3.5），

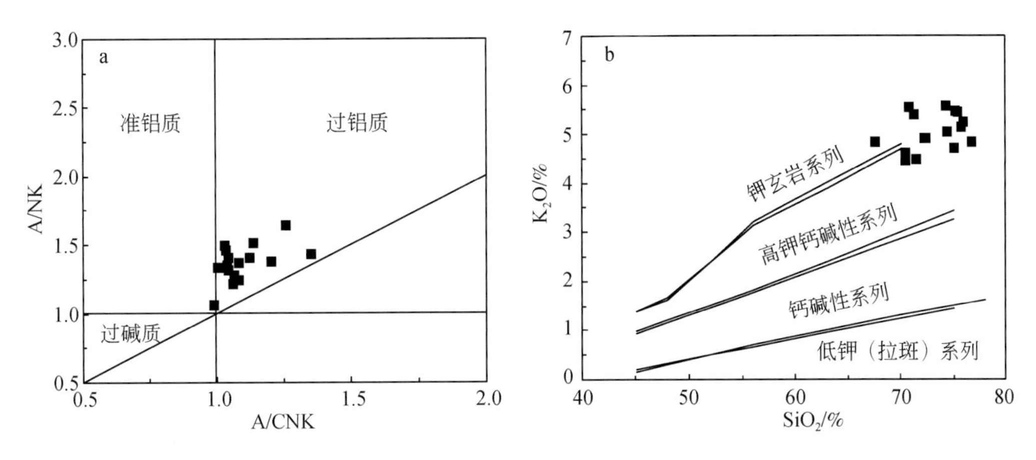

图 3-17　锡田地区晚三叠世花岗岩 A/CNK-A/NK 图解（a）和硅碱图（b）

底图据 Peccerillo 和 Taylor（1976）

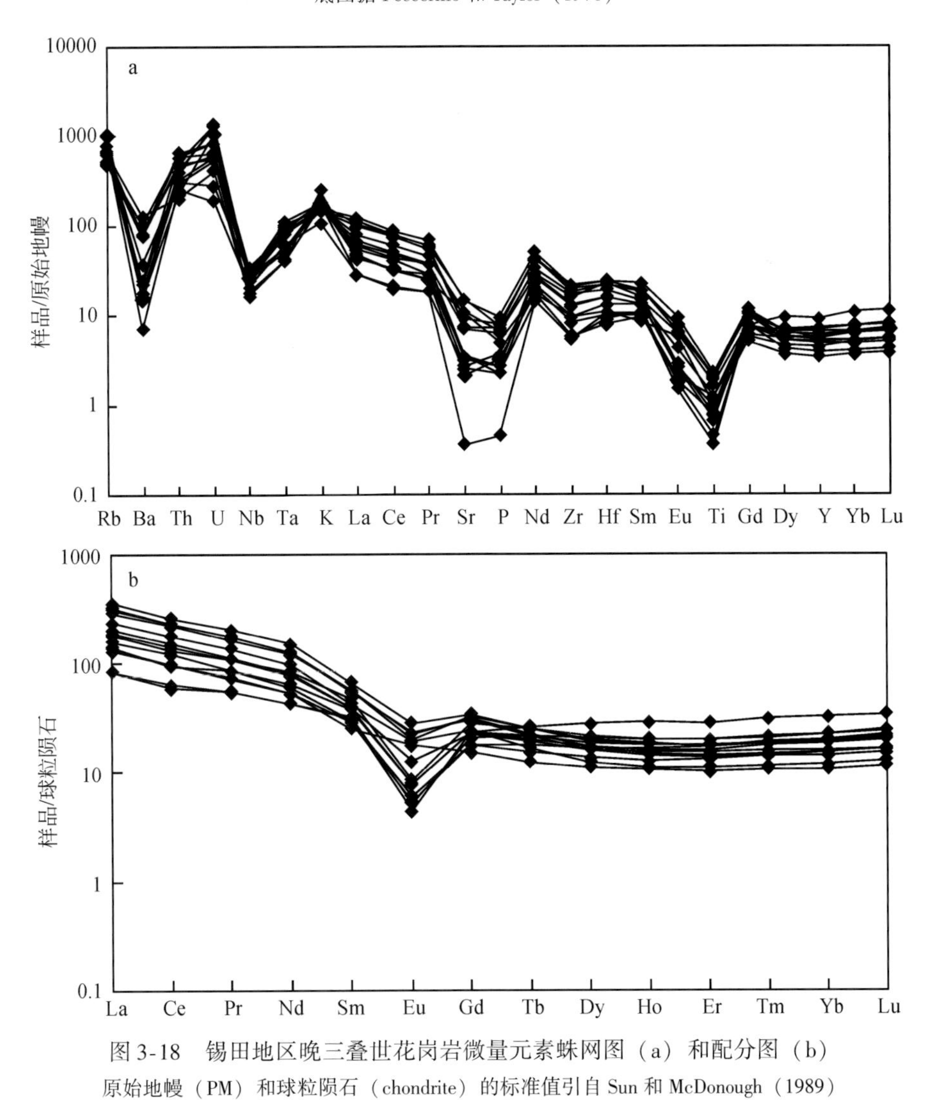

图 3-18　锡田地区晚三叠世花岗岩微量元素蛛网图（a）和配分图（b）

原始地幔（PM）和球粒陨石（chondrite）的标准值引自 Sun 和 McDonough（1989）

表明岩石属于高钾钙碱系列。碱铝指数（AKI 值）大部分小于 0.9，低于 A 型花岗岩的平均值（0.95；Whalen et al.，1987）。④岩石中 Fe、Mn、Mg、Ca、Ti 及 P 元素含量均较低，这一特征同样指示岩浆经历过高度分异演化作用。同时，样品的低 P_2O_5 含量（0.01% ~0.21%）与典型的 S 型花岗岩（>0.2%；Chappell，1999）具有明显的区别。从微量元素特征来看（图 3-18），锡田晚三叠世花岗岩富集 Rb、Th、U，亏损 Ba、Nb、Sr、P、Ti。较高的 Rb 含量（Rb>300ppm）、Rb/Sr（均值 5.01）以及 Rb/Ba（均值 2.75）值，加上较小的 K/Rb 值（均值<100），指示岩体分异演化程度较高。稀土总含量较高（均值 212ppm），轻稀土元素富集，且轻重稀土分馏度大［$(La/Yb)_N$=2.58 ~23.03］，较重稀土的分馏更为明显。稀土元素球粒陨石标准化配分图呈明显的右倾，且具有较明显的负铕异常（δEu=0.16 ~0.86）。与前人报道的高分异 I 型花岗岩相似（邱检生等，2005；黄会清等，2008；朱弟成等，2009）。

锡田地区晚侏罗世花岗岩与晚三叠世花岗岩相比（图 3-19；牛睿，2013），除具有更高的 SiO_2 含量（均值 75.2%），更高的分异指数（D.I. =87 ~96），更低的 Fe、Mn、Mg、Ca、Ti 及 P 元素含量之外，在铝饱和指数、全碱含量及碱铝指数方面两者并没有太大的差别。晚侏罗世的花岗岩同样具有富集 Rb、Th、U 而亏损 Ba、Nb、Sr、P、Ti 等元素的特点（图 3-20）。另外更高的 Rb 含量（376 ~843ppm）、更大的 Rb/Sr（均值 23.3）、Rb/Ba（均值 12.07）值和更小的 K/Rb 值（均值<68），表明晚侏罗世的花岗岩具有更高的分异演化程度，更低的轻重稀土分馏及负铕异常也说明了同样的演化趋势。这是因为重稀土（HREE）形成络合物的能力及迁移能力大于轻稀土（LREE），所以分异演化程度越高，轻重稀土分馏越不明显；同样多次分馏、广泛交代作用和多阶段分离结晶会造成 Eu 的严重亏损（任耀武，1998）。

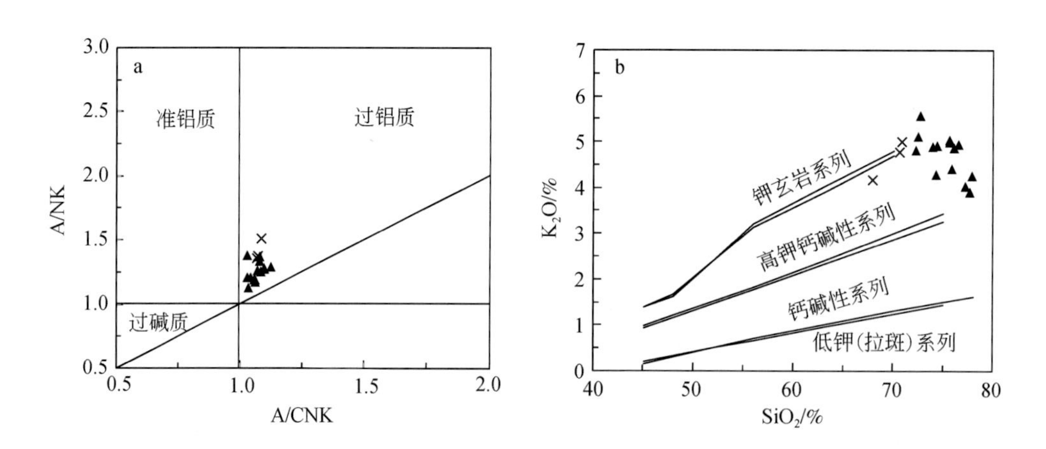

图 3-19　锡田地区晚侏罗世花岗岩 A/CNK-A/NK 图解（a）和硅碱图（b）

底图据 Peccerillo 和 Taylor（1976）；▲晚侏罗世花岗岩；×包体

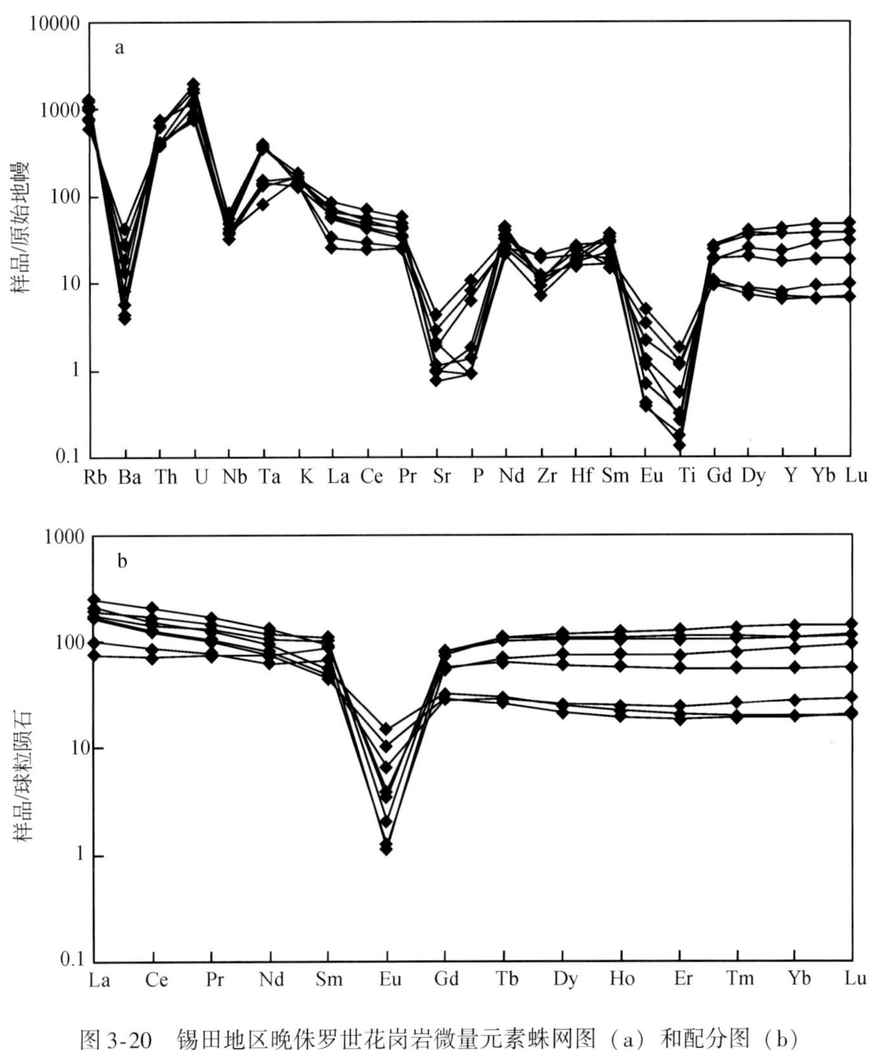

图 3-20　锡田地区晚侏罗世花岗岩微量元素蛛网图（a）和配分图（b）

原始地幔（PM）和球粒陨石（chondrite）的标准值引自 Sun 和 McDonough（1989）

2. 锆石 Hf-O 同位素

本研究选取了 12 件晚三叠世花岗岩样品进行了锆石 Hf 同位素分析，并选取其中 6 件代表性样品进行了原位 O 同位素测试，统计结果见表 3-1。由此可见，锡田岩体晚三叠世不同类型的花岗岩中锆石 Hf 同位素的组成相对均一，对于具有晚三叠世结晶年龄的锆石，$\varepsilon_{Hf}(t)$ 值为-10. 8 ~ -4. 3，Hf 的两阶段模式年龄（T_{DM2}）在 1. 94 ~ 1. 53Ga 之间；$\delta^{18}O$ 值均呈正值，分布于 7. 8‰ ~ 10. 8‰之间，具有古老地壳的性质。其中，部分古老锆石具有较高的 $\varepsilon_{Hf}(t)$ 值和较大的两阶段模式年龄。选取 8 件晚侏罗世样品进行锆石 Hf 同位素分析，结果显示晚侏罗世花岗岩 $\varepsilon_{Hf}(t)$ 值多为负值，且具有相对较大的变化幅度 [$\varepsilon_{Hf}(t)$ 值为-12. 3 ~ 0. 3]，两阶段模式年龄在 1. 77 ~ 1. 18Ga 之间，揭示了该期花岗岩源区组成可能存在不均一性；而 $\delta^{18}O$ 值均呈正值，分布于 8. 1‰ ~ 9. 5‰之间，相对较为集中。

表 3-1　锡田地区花岗岩的锆石 Hf-O 同位素分析结果统计

样品编号		$\varepsilon_{Hf}(t)$	T_{DM2}(Hf) /Ma	$\delta^{18}O$/‰
晚三叠世	2504	-8.82 ~ -5.32	1596 ~ 1815	
	2506	-10.38 ~ -5.59	1612 ~ 1911	
	2511	-9.97 ~ -5.94	1634 ~ 1887	
	2608	-7.70 ~ -4.33	1528 ~ 1743	8.06 ~ 9.61
	2619	-8.93 ~ -4.94	1572 ~ 1822	
	2801	-8.73 ~ -4.94	1572 ~ 1809	
	2803	-9.54 ~ -5.58	1611 ~ 1859	
	2812	-10.13 ~ -5.84	1628 ~ 1896	
	2813	-10.24 ~ -5.56	1611 ~ 1904	
	2814	-10.83 ~ -6.68	1680 ~ 1940	
	2815	-9.47 ~ -6.04	1639 ~ 1856	8.62 ~ 10.82
	2817	-10.14 ~ -7.48	1728 ~ 1890	7.84 ~ 10.24
晚侏罗世	2609	-5.26 ~ -8.05	1530 ~ 1706	8.32 ~ 9.40
	2614	-12.34 ~ -6.34	1394 ~ 1770	
	2702	-11.15 ~ -7.41	1468 ~ 1704	
	2704	-11.28 ~ -7.45	1470 ~ 1703	
	2706	-7.28 ~ 0.32	1179 ~ 1657	8.35 ~ 9.53
	2708	-6.87 ~ -0.70	1240 ~ 1626	8.10 ~ 9.18
	2711	-11.49 ~ -8.13	1508 ~ 1722	
	2713	-11.54 ~ -8.11	1517 ~ 1720	

注：继承锆石除外

3. 岩石成因类型划分

前人实验研究表明（Watson，1979；Watson and Capobianco，1981；Harrison and Watson，1984；Wolf and London，1994），P_2O_5含量在I型花岗岩和A型花岗岩中具有随着残余岩浆SiO_2增高而降低的特点，并且高分异的I型花岗岩和A型花岗岩的P_2O_5含量非常低，但S型花岗岩由于为强铝质岩浆而具有P_2O_5随着SiO_2的增加而增高或者不变的趋势。本研究中获得的锡田晚三叠世花岗岩样品具有高SiO_2、弱过铝质和低P_2O_5的特点，显然不符合S型花岗岩的特征，同时SiO_2-P_2O_5图解也证明了这一点（图3-21）。此外，锡田地区晚三叠世花岗岩的FeO^*/MgO值（2.08 ~ 3.73）及Zr含量（62 ~ 244ppm）明显低于A型花岗岩的相应值（$FeO^*/MgO>10$，Zr>250ppm；Whalen et al.，1987）。由于元素Y在过铝质岩浆演化早期优先进入富Y的矿物（如独居石），因此分异的S型花岗岩的Y含量较低，并随着Rb增加而降低，而分异的I型花岗岩Y含量高且与Rb含量呈正相关关系（李献华等，2013）。根据这一特点，可以判断锡田地区晚三叠世花岗岩更接近于分异I型花岗岩的特征。此外，由于样品中大部分Zr的含量>200ppm，在Whalen等（1987）提出的 Rb/Ba-Zr+Ce+Y 图解上（图 3-22），可以看出锡田地区晚三叠世花岗岩具有分异 I 型或 S 型花岗岩所具有的负相关关系。对于区分 A 型花岗岩还有一个重要的指标就是 A 型花岗岩是高温花岗岩（Clemens et al.，1986；King et al.，1997，2001），而本研究计算得到的晚三叠世花岗岩锆石饱和温度为 730～834℃（平均 783℃），明显低于 A 型花岗岩的形成温度（>830℃；Clemens et al.，1986）。锆石 Ti 温度计的计算结果为 811～878℃，平均为 850℃，但是由于在计算时，取 SiO_2 的活度（α_{SiO_2}）= 1，温度会偏高（高晓英和郑永飞，2011），因此，该花岗岩的形成温度应低于 A 型花岗岩的形成温度。综上所述，锡田地区晚三叠世花岗岩属于高分异 I 型花岗岩。

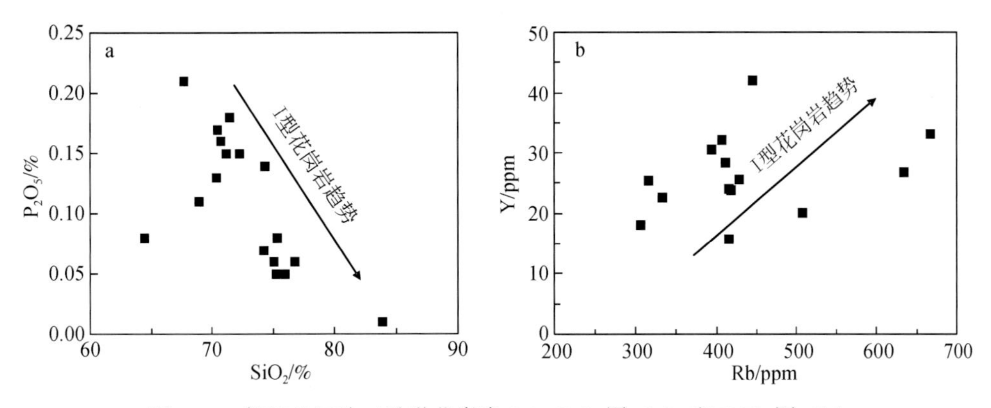

图 3-21　锡田地区晚三叠世花岗岩 SiO_2-P_2O_5 图（a）和 Y-Rb 图（b）

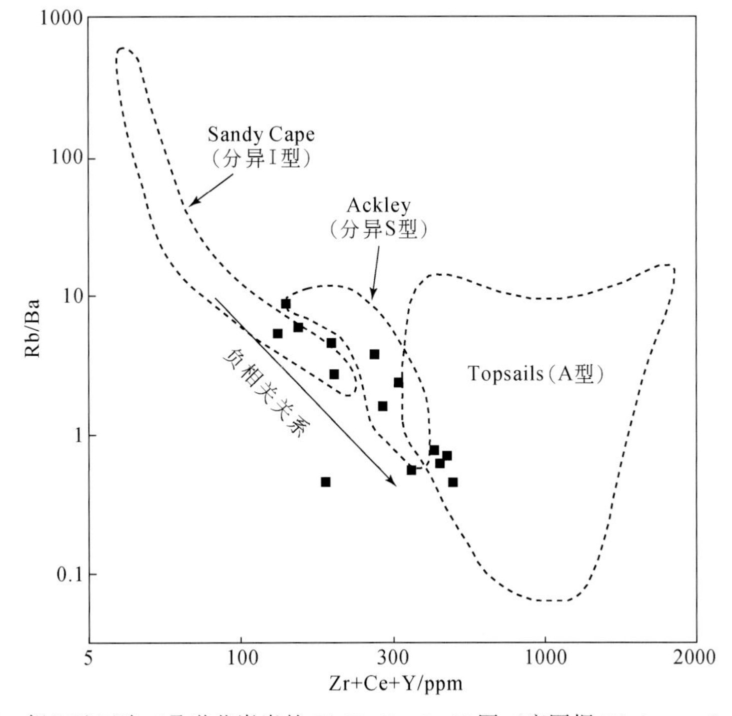

图 3-22　锡田地区晚三叠世花岗岩的 Rb/Ba-Zr+Ce+Y 图（底图据 Whalen et al.，1987）

对于锡田地区晚侏罗世花岗岩，通过P_2O_5含量、P_2O_5-SiO_2以及Y-Rb图解（图3-23）等方法可以判断其不符合S型或者高分异S型花岗岩的特征。在Whalen等（1987）提出的判别图解（图3-24）上，样品基本上处在分异型花岗岩和A型花岗岩的交界处，也与典型的A型花岗岩不同。通过锆饱和温度计算得出，锡田地区晚侏罗世的花岗岩形成温度为735～827℃（平均781℃），同样在$\alpha_{SiO_2}=1$时，锆石Ti温度计为800～850℃（平均819℃），低于A型花岗岩的形成温度，因此判断锡田地区晚侏罗世的花岗岩可能为高分异I型花岗岩。

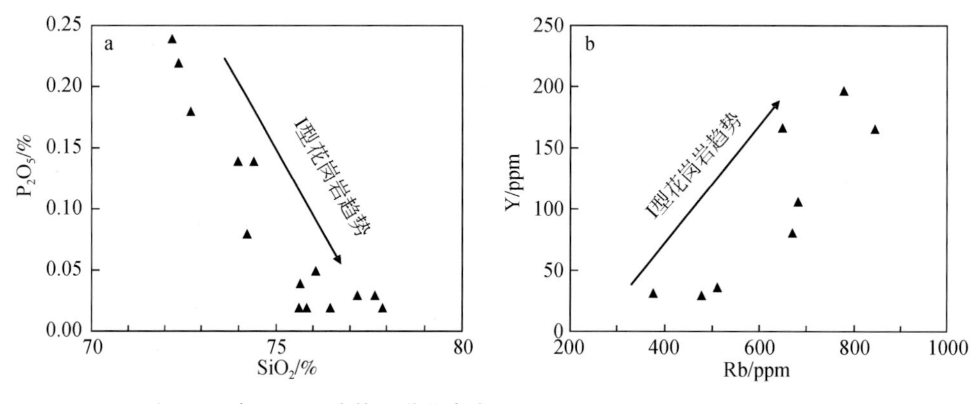

图3-23 锡田地区晚侏罗世花岗岩SiO_2-P_2O_5图（a）和Y-Rb图（b）

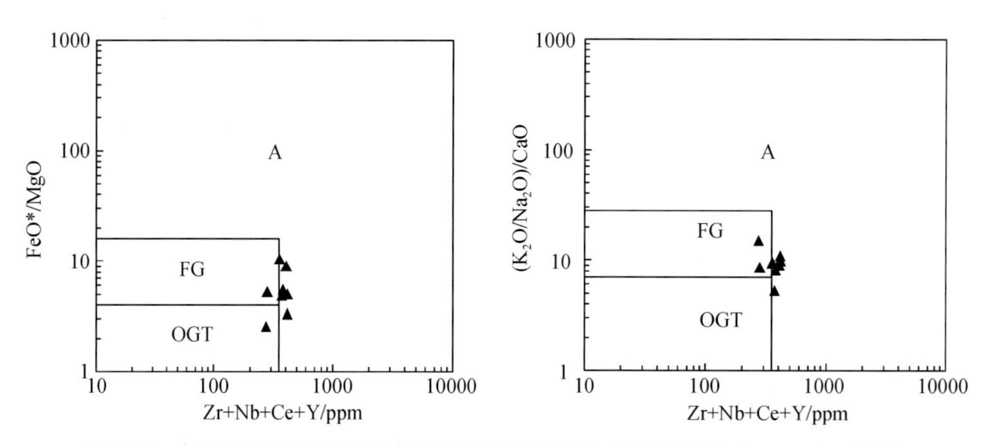

图3-24 锡田地区晚侏罗世花岗岩成因类型判别图（底图据Whalen et al.，1987）

A. A型花岗岩，FG. 分异的花岗岩，OGT. 未分异的I、S和M型花岗岩

4. 岩浆源区性质的探讨

1）晚三叠世花岗岩

锡田地区晚三叠世花岗岩SiO_2含量变化不大，在哈克图解（图3-25）上，除了发生蚀变的样品之外，其余样品呈现良好的线性关系；同时晚三叠世花岗岩中石英含量在25%以上，分异指数在81～93之间。此外，所有分析样品具有较高的SiO_2含量（67.6%～76.8%），及较低的Fe、Mn、Mg、Ca、Ti和P等元素的含量，这些特征表明锡田地区晚三叠世花岗岩不可能直接起源于幔源岩浆的分异演化。

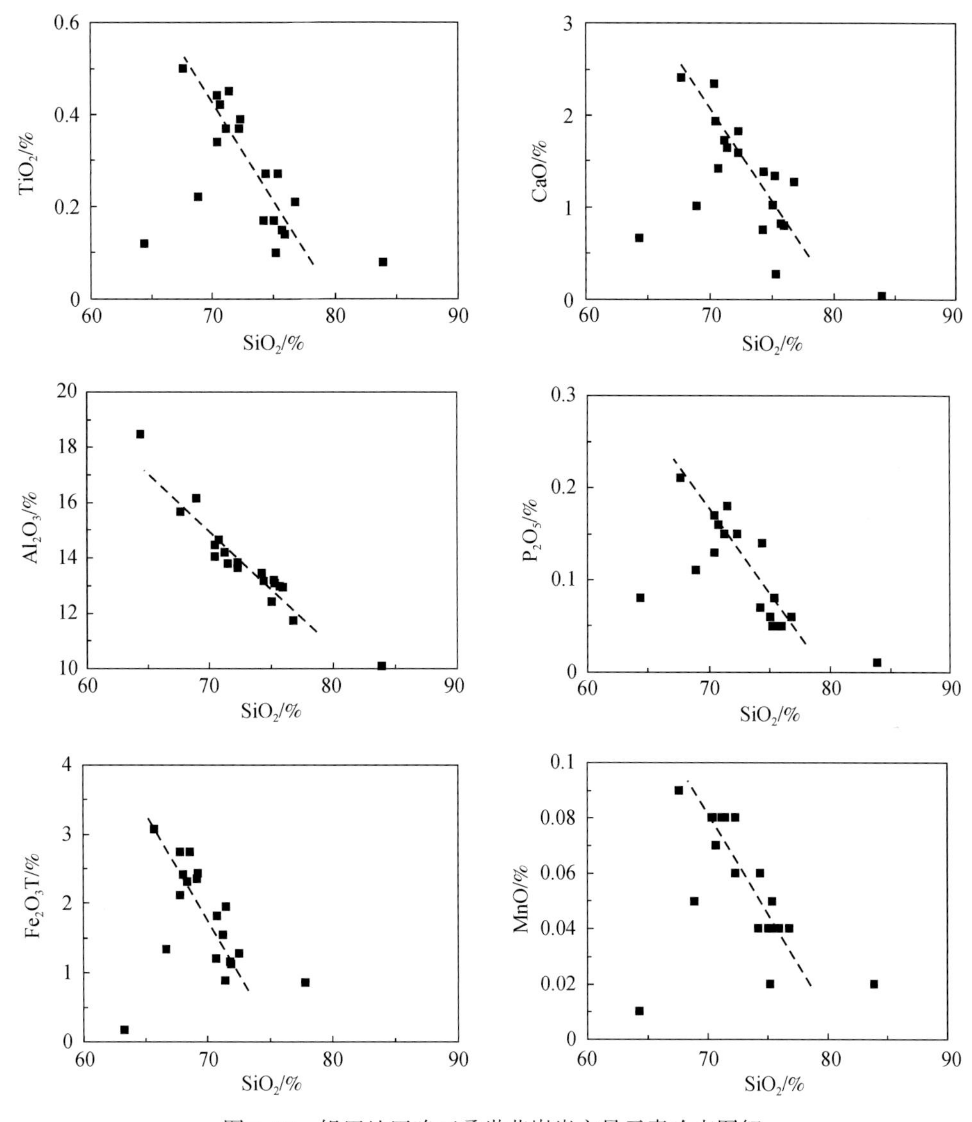

图 3-25 锡田地区晚三叠世花岗岩主量元素哈克图解

从锆石微区 Hf-O 同位素分析结果（表 3-1）中可以看出，晚三叠世花岗岩的 $\varepsilon_{Hf}(t)$ 值变化与该地区古老地壳具有相近的 Hf 同位素组成。此外，所分析的锆石样品中，发育部分古老锆石（牛睿等，2015），结合前人对华夏陆块古老结晶基底的研究（于津海等，2005，2006，2007），锡田地区晚三叠世花岗岩的岩浆源区有如下的可能：晚三叠世花岗岩的源区可能为 2.0～1.6Ga 的古老地壳部分熔融，老锆石为岩浆上升过程中捕获而来；锡田地区晚三叠世花岗岩与约 1.6Ga 或更晚的地壳的部分熔融有关，同时有新太古代（～2.6Ga）及中-古太古代（～3.2Ga）的古老地壳的加入，在这种情况下，由于晚三叠世的 $\varepsilon_{Hf}(t)$ 值远高于古老地壳的演化趋势，因此说明中元古代地壳是主要的源区物质，而更古老的地壳物质较少地参与了岩浆形成（图 3-26）。虽然目前无法确定哪种解释更为合理，但是可以肯定的是古老地壳的部分熔融参与了锡田地区晚三叠世花岗岩的形成。

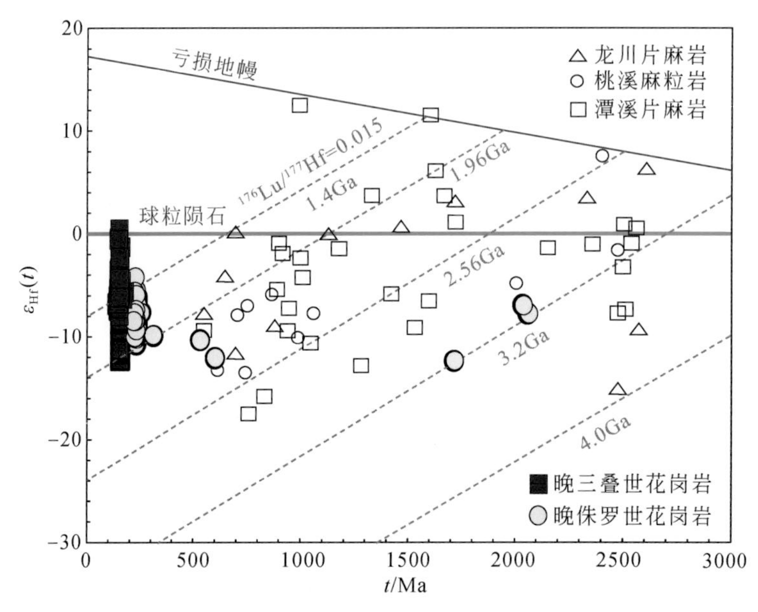

图 3-26 锡田地区花岗岩 $\varepsilon_{\mathrm{Hf}}(t)$-$t$ 关系图

亏损地幔引自 Yang 等（2007）；地壳 Hf 演化线引自 Griffin 等（2004）；桃溪麻粒岩引自于津海等（2005）；龙川片麻岩引自于津海等（2006）；潭溪片麻岩引自于津海等（2007）

锡田地区晚三叠世花岗岩中有一些元素如 Ba、Nb、Sr、P、Ti、Eu 等表现出负异常，一般认为是由某种富集该元素的矿物分离结晶而引起的。研究表明，斜长石的分离结晶会导致 Sr 和 Eu 的负异常，而钾长石的分离结晶导致 Ba 和 Eu 的负异常（Wu et al., 2003），同样，一些副矿物如钛铁矿和金红石的分离结晶会导致 Ti 的亏损，磷灰石分离结晶则会导致 P 的亏损等。锡田地区晚三叠世花岗岩样品显示岩体经历了显著的钾长石和斜长石的分离结晶（图3-28a，b，c），同时锆石、榍石和磷灰石的分离结晶可能是稀土元素变异的主要原因。由于岩石中出现榍石，因此 Ti 的负异常应与钛铁矿和金红石等矿物的分离结晶有关。另外，实验岩石学数据表明（Brenan et al., 1994；Schmidt et al., 2004；Xiong et al., 2005），金红石与熔体和流体之间的平衡会导致 Nb 和 Ta 的分异，因此，锡田岩体 Nb/Ta 值偏低的原因可能与金红石的分离结晶有关。此外，锡田地区晚三叠世花岗岩中有老锆石的存在，这些老锆石可能为部分熔融时岩浆从源区携带而来，也可能是岩浆上升过程中与围岩发生同化混染捕获而来。

锡田岩体的 Hf-O 同位素结果表明晚三叠世花岗岩中的锆石 $\varepsilon_{\mathrm{Hf}}(t)$ 值具有明显的双峰特征，变化范围为−10.8～−4.9，δ^{18}O 同位素组成为 7.8‰～10.8‰，范围相对宽泛，可能与沉积物质的混染有关。通常幔源岩浆结晶出来的锆石具有非常一致的 δ^{18}O 值（5.3‰±0.3‰），而且随岩浆分异演化程度变化不大（李献华等，2013），因此，对于锆石 Hf-O 同位素的综合分析能对幔源岩浆在花岗岩形成过程中的作用提供有效的制约（图 3-27）。

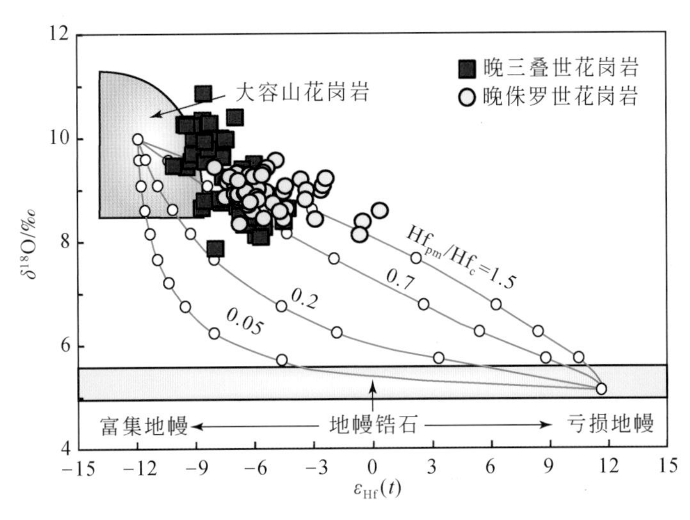

图 3-27　锡田地区花岗岩的锆石 Hf-O 同位素

大容山花岗岩的数据来自于津生等（1999）和祁昌实等（2007）；地幔端元锆石的 $\delta^{18}O$=5.6‰，$\varepsilon_{Hf}(t)$ = 12

综上所述，锡田地区晚三叠世花岗岩的源区主要为古老地壳物质，通过地壳物质的部分熔融形成原始岩浆，在岩浆演化过程中，明显存在长石的分离结晶，同时一些副矿物如锆石、榍石和磷灰石也发生了分离结晶作用，这些过程造成岩浆分异程度较高（图 3-28）。除此之外，岩浆可能与围岩发生了同化混染作用。

2）晚侏罗世花岗岩

详细的野外地质观察表明，锡田地区晚侏罗世花岗岩中普遍发育暗色闪长质包体，这些包体的形状不规则，其矿物组成与寄主花岗岩呈渐变关系，表明二者是在一种塑性或者半塑性状态下混合。在接触带附近可以看到由两种岩浆相互作用而密集发育的暗色矿物，同时有钾长石斑晶穿插于包体与寄主岩之间，镜下观察发现包体中可见针状磷灰石发育，长宽比在 1∶30～1∶60 之间（付建明等，2009），这些特征表明锡田地区晚侏罗世花岗岩发生了明显的岩浆混合作用。

锡田地区晚侏罗世花岗岩样品在哈克图解（图 3-29）上，花岗岩及基性包体的所有分析点呈现良好的线性关系，若花岗岩与基性包体是同源岩浆的结晶分异和部分熔融形成的，不同演化阶段样品的主微量元素特征应呈现线性演化关系。锡田晚侏罗世花岗岩在 Ba、Nb、Sr、P、Ti、Eu 等元素含量上表现出负异常，通过矿物分离结晶图解（图 3-28）可以看出，样品经历了钾长石和斜长石的分离结晶，磷灰石、独居石和褐帘石的分离结晶可能是微量元素变化的原因。同样，榍石的出现反映 Ti 的负异常与钛铁矿和金红石的分离结晶有关，而金红石的分离结晶可能是 Nb/Ta 值偏低的原因。另外通过前面的描述可知，晚侏罗世花岗岩中发育暗色闪长质包体，表明岩浆经历过混合作用。

晚侏罗世的锆石 $\varepsilon_{Hf}(t)$ 值具有分布较为分散的特征，其中具有 $\varepsilon_{Hf}(t)$ 正值的锆石结晶年龄为 151～150Ma。锆石 Hf 同位素 $\varepsilon_{Hf}(t)$-t 图解（图 3-26）可以看出，锡田晚侏罗世花岗岩的 $\varepsilon_{Hf}(t)$ 值位于球粒陨石值以下，$\varepsilon_{Hf}(t)$ 值变化幅度较大，指示了锡田晚侏罗世花岗岩可能来自于不同的岩浆源区。通常同源岩浆结晶分异或者部分熔融过程中，二者应

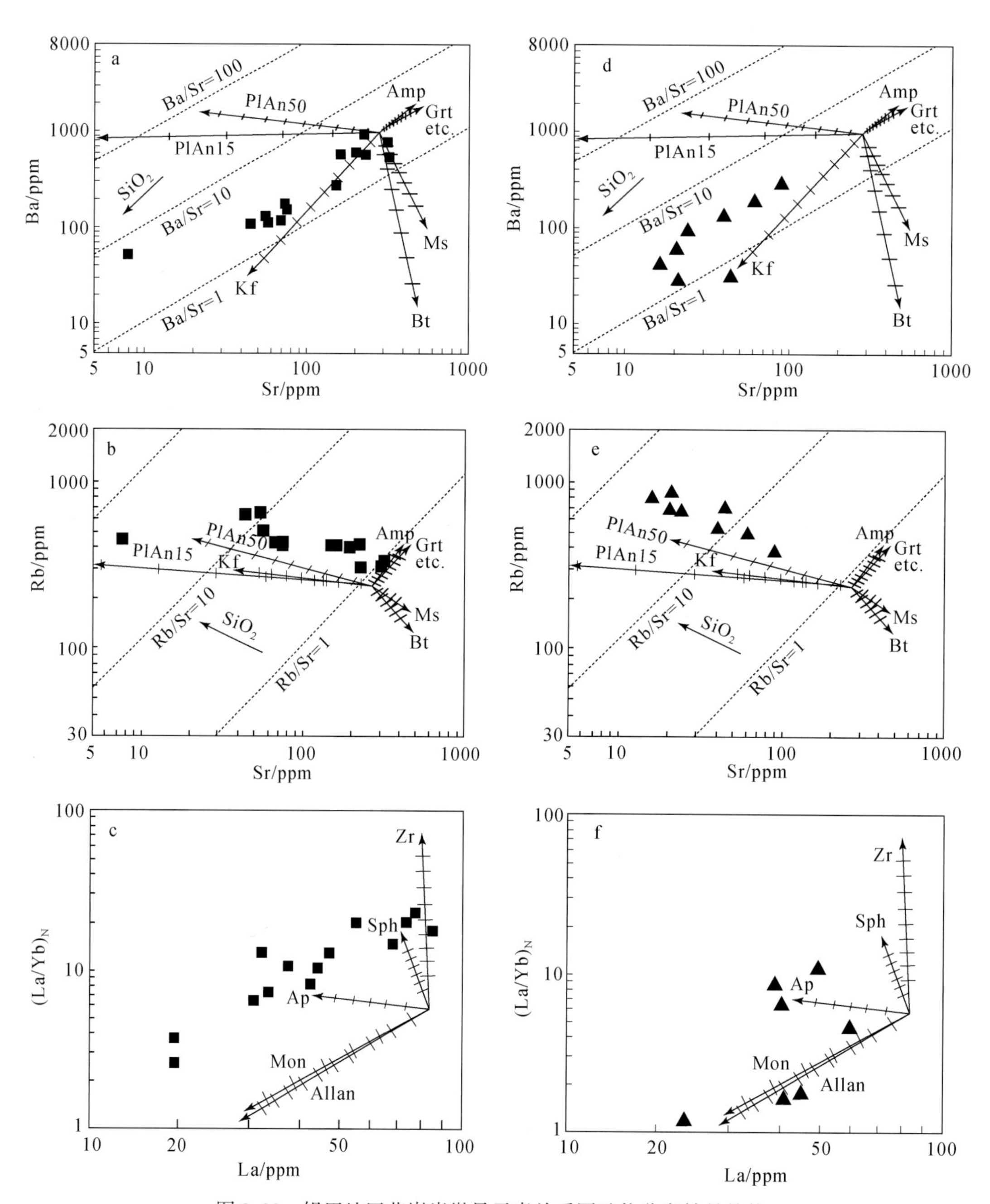

图 3-28　锡田地区花岗岩微量元素关系图矿物分离结晶趋势

a、b、c 为晚三叠世中花岗岩 Ba-Sr、Rb-Sr、$(La/Yb)_N$-La 关系图及分离结晶趋势；d、e、f 为晚侏罗世花岗岩 Ba-Sr、Rb-Sr、$(La/Yb)_N$-La 关系图及分离结晶趋势；其中 Sr、Ba 在斜长石中的分配系数据 Blundy 和 Shimizu（1991），在其余矿物中的分配系数据 Ewart 和 Griffin（1994），c、f 中的矿物分离结晶趋势线据 Wu 等（2003），分异趋势线上的数字代表分离结晶程度

PlAn15. 斜长石（An=15），PlAn50. 斜长石（An=50），Kf. 钾长石，Amp. 普通角闪石，Grt. 石榴子石，Ms. 白云母，Bt. 黑云母，Zr. 锆石，Sph. 榍石，Ap. 磷灰石，Mon. 独居石，Allan. 褐帘石

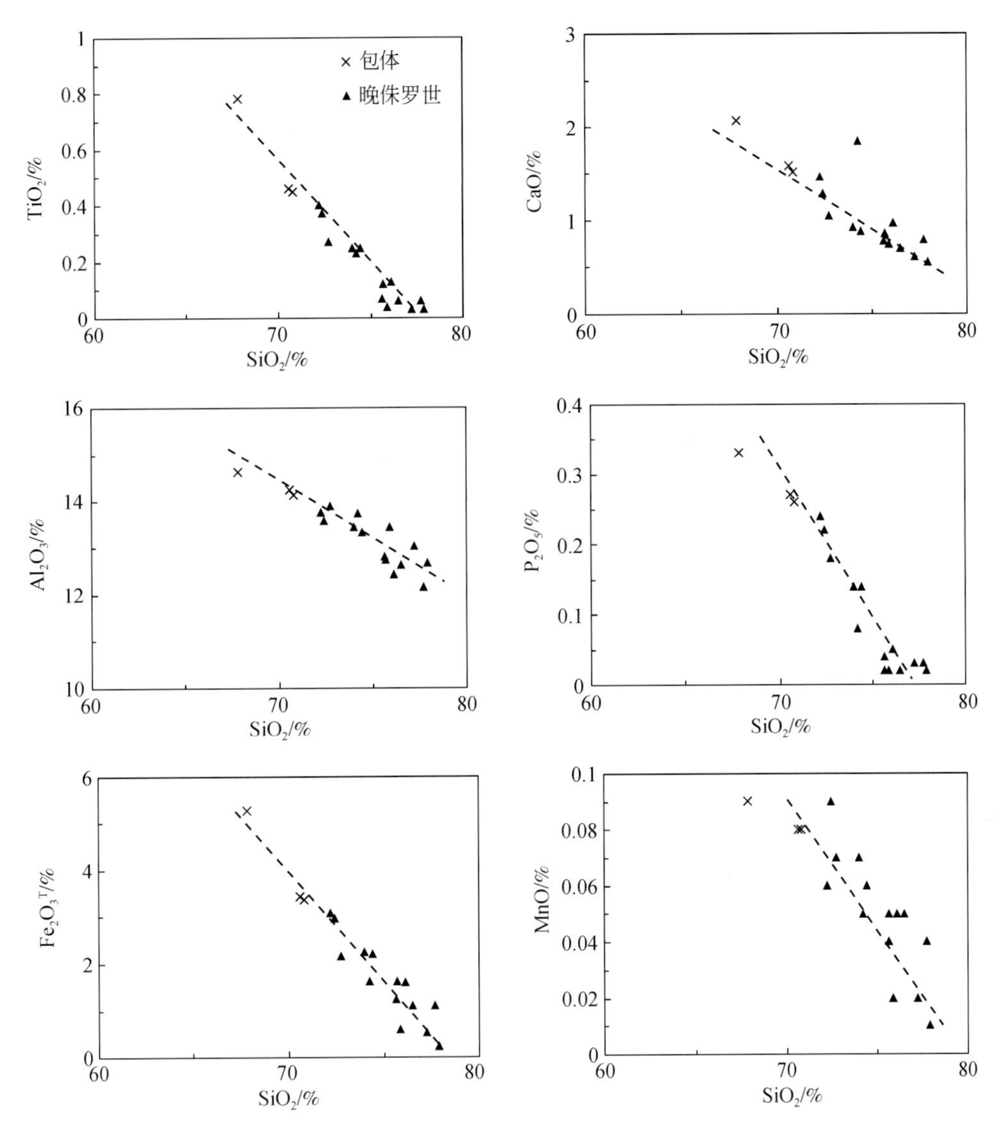

图 3-29　锡田地区晚侏罗世花岗岩主量元素哈克图解

具有一致的锆石 Hf 同位素组成。另外，从地球化学特征可以看出，基性包体已经遭受强烈的岩浆混合作用，因而无法判断其岩浆源区。同时，晚侏罗世花岗岩中未见古老的捕获锆石，表明同化混染作用不明显。晚侏罗世花岗岩 $\delta^{18}O$ 同位素组成为 8.1‰～9.5‰（表 3-1），具有明显的壳源特征，这说明晚侏罗世花岗岩可能来源于新生地壳或与古老地壳岩石的部分熔融有关，并伴随有不同同位素组成物质的加入。在演化过程中，岩浆经历了长石及一些副矿物如磷灰石、独居石和褐帘石等矿物的分离结晶作用，同时暗色包体的存在反映了岩浆经历过混合作用。

综上所述，锡田岩体的 Hf-O 同位素结果表明两期岩体具有类似特征，$\varepsilon_{Hf}(t)$ 与 O 同位素总体呈现出明显的负相关的关系，总体组成相对比较均一，从不同时代来看，晚侏罗世花岗岩总体比晚三叠世花岗岩更靠近幔源的特征（图 3-27）。

二、邓阜仙花岗岩体

1. 全岩地球化学特征

邓阜仙晚三叠世花岗岩主量元素具有以下主要特征（图 3-30；原始数据见厉高宏，2015）：①富硅、贫镁、贫钛、贫铁和贫锰的特征；②全碱含量为 7.0% ~9.4%，较高的 K_2O/Na_2O值（均值为 3.4），显示出富钾的特征，属高钾钙碱性花岗岩和钾玄岩系列；③铝饱和指数（A/CNK）均大于 1，但分布较分散，为 1.01 ~1.57，平均 1.2，属于弱过铝质-强过铝质花岗岩，在碱铝指数图解中，样品点全部都落入过铝质花岗岩所在区域；④岩石的碱度率指数（A. R.）均值为 3.42，碱铝指数均值为 0.73，大大低于 A 型花岗岩的平均值 0.95（Whalen et al.，1987）；⑤分异指数较高（D. I. 平均值=89.2），反映岩体经历了高度分异演化作用。MgO、TiO_2、Fe_2O_3、MnO、CaO、Al_2O_3等都与 SiO_2有较好的负相关关系（图 3-31），显示出富钙斜长石、辉石、钛铁矿、磷灰石等矿物的分离结晶作用明显。

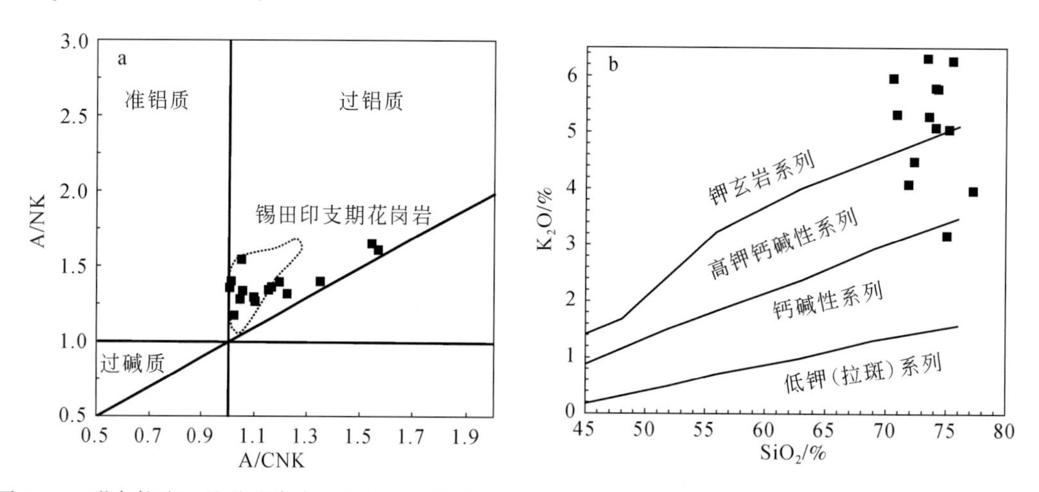

图 3-30　邓阜仙晚三叠世花岗岩 A/CNK-A/NK 图（a）和硅碱图（b）底图据 Peccerillo 和 Taylor（1976）

从微量元素蛛网图（图 3-32）中可看出，邓阜仙晚三叠世花岗岩富集 Rb、Th、U，强烈亏损 Ba、Nb、Sr、P、Ti。有极高的 Rb 含量（均值 426ppm）、较高的 Rb/Sr 值（均值 10）以及较高的 Rb/Ba 值（均值 7.96），另外还有较小的 K/Rb 值（25 ~158，均值 117），以上数据均说明其分异演化程度较高。高场强元素 Rb、Zr、Y、K 等元素强烈富集，揭示其发生过强烈的结晶分异作用。稀土总含量较低（ΣREE 为 87 ~477ppm，均值 187ppm），富集轻稀土（ΣLREE/ΣHREE 为 4.29 ~19.84），且轻重稀土分馏度大［$(La/Yb)_N$为 3.92 ~37.52］，同时，轻稀土的分馏［$(La/Sm)_N$为 1.34 ~5.52，均值 3.67］较重稀土的分馏［$(Gd/Yb)_N$为 0.9 ~6.23，均值 3.64］稍明显。邓阜仙晚三叠世花岗岩富集轻稀土而亏损重稀土，在稀土配分图解上呈现为右倾的海鸥型，且具有明显的负铕异常（δEu 均值 0.40），Eu 的亏损说明有过斜长石、钾长石的分离结晶；

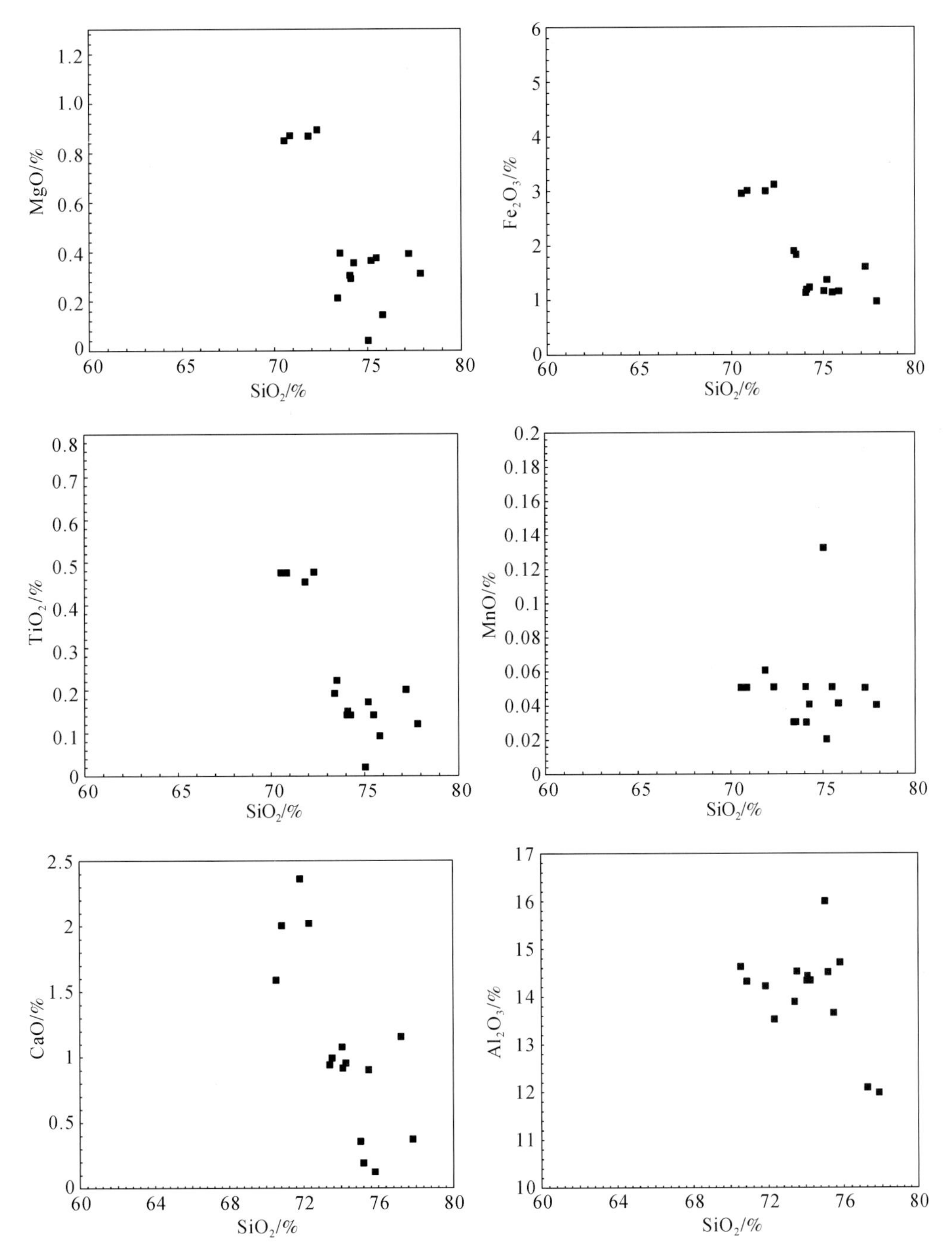

图3-31　邓阜仙晚三叠世花岗岩主量元素哈克图解

Sr和Ba的亏损亦说明发生过斜长石和钾长石的分离结晶作用；Nb、Ta和Ti的亏损指示曾有富钛矿物（如钛铁矿、金红石）的分离结晶，P的亏损说明发生过磷灰石的分离结晶。

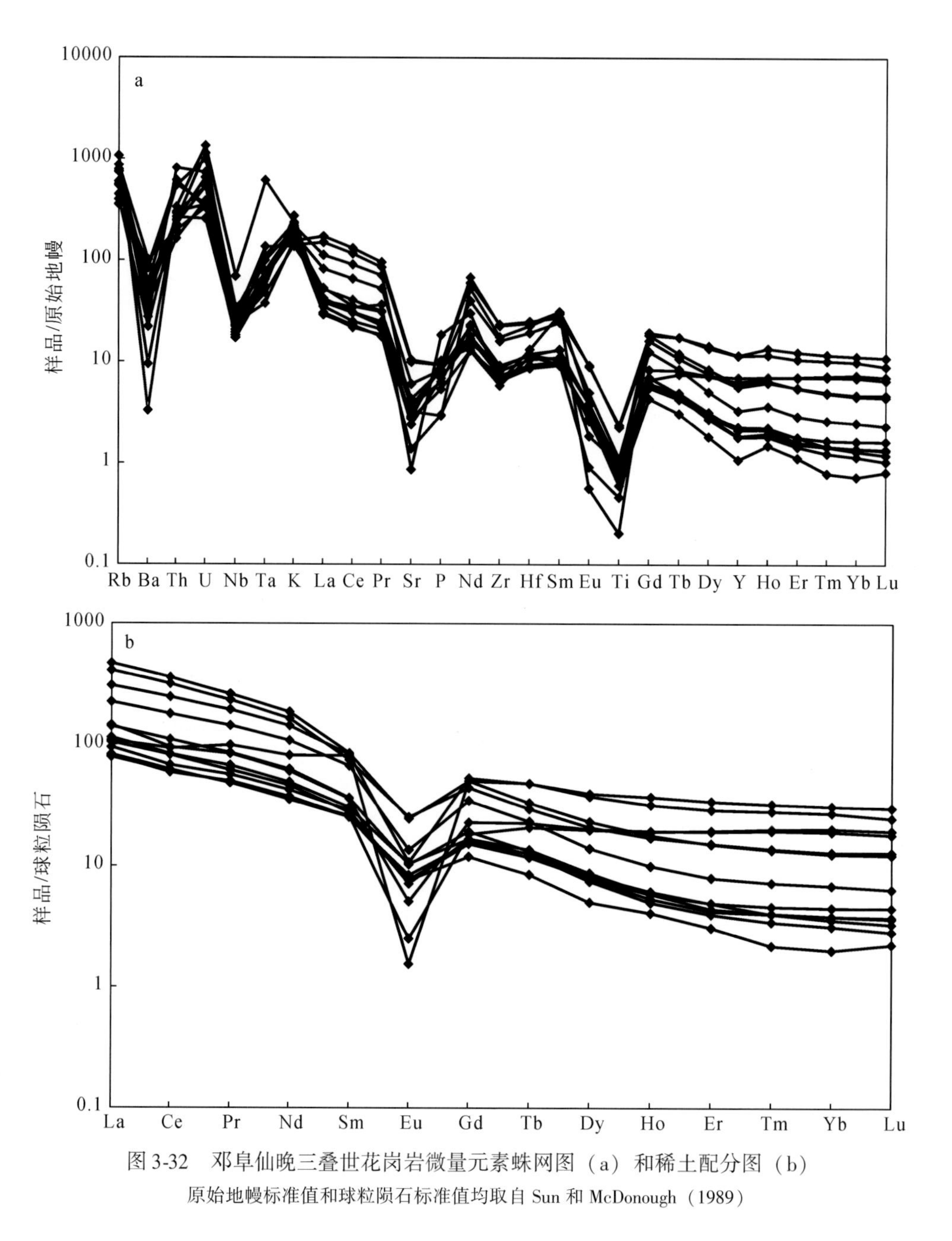

图3-32　邓阜仙晚三叠世花岗岩微量元素蛛网图（a）和稀土配分图（b）

原始地幔标准值和球粒陨石标准值均取自 Sun 和 McDonough（1989）

邓阜仙晚侏罗世花岗岩与晚三叠世花岗岩相比，同样表现出富硅、铝、碱、钾和磷，贫镁、钛和锰的特点。分异指数较高（D. I. 平均值为 88.93），反映岩体经历了高度分异演化作用。具有较高的 K_2O/Na_2O 值，也同样显示出富钾的特征，属高钾钙碱性花岗岩和钾玄岩系列（图3-33）。铝饱和指数（A/CNK）均大于1，但分布较晚三叠世花岗岩更集中，为1.0～2.9，属于从弱过铝质到强过铝质花岗岩。岩石的碱度率指数（A. R.）变化于1.8～4.1，低于A型花岗岩的平均值0.95。MgO、TiO_2、Fe_2O_3、MnO、CaO、Al_2O_3等

都与 SiO_2 呈负相关，同样表明存在不同矿物的分离结晶作用（图 3-34）。总体来看，邓阜仙晚侏罗世花岗岩比晚三叠世花岗岩更贫 MnO，更富 P_2O_5，其他的主量数据在两者之间差异不大。晚三叠世花岗岩的 A/CNK 值分布较分散，而晚侏罗世花岗岩则较集中。

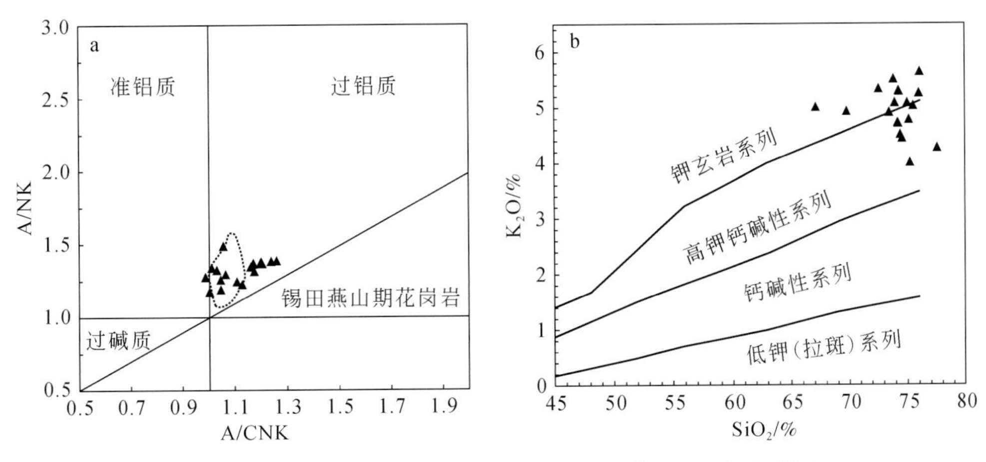

图 3-33　邓阜仙晚侏罗世花岗岩 A/CNK-A/NK 图解（a）和硅碱图（b）
底图据 Peccerillo 和 Taylor（1976）

邓阜仙晚侏罗世花岗岩微量元素特征和晚三叠世花岗岩类似，富集 Rb、Th、U，亏损 Ba、Nb、Sr、P 和 Ti。高的 Rb 含量（212 ~ 1040ppm）、Rb/Sr 值（0.93 ~ 25）以及 Rb/Ba 值，较小的 K/Rb 值（39 ~ 169），均说明分异演化程度很高。稀土总含量较高（ΣREE 均值为 273ppm），稍高于华南花岗岩。富集轻稀土（ΣLREE/ΣHREE 为 4.50 ~ 24.18），且轻重稀土分馏度大［$(La/Yb)_N$ 为 6.19 ~ 40.89］，同时，轻稀土的分馏［$(La/Sm)_N$ 为 2.69 ~ 6.23］较重稀土的分馏［$(Gd/Yb)_N$ 为 1.72 ~ 6.22］更为明显。从稀土元素球粒陨石标准化配分图解（图 3-35）中可以看出呈明显的右倾海鸥型，比晚三叠世花岗岩有更明显的负 Eu 异常（δEu 为 0.12 ~ 0.60）。

整体而言，邓阜仙花岗岩从黑云母花岗岩到白云母花岗岩，岩体的总稀土元素含量逐渐降低，LREE/HREE 值逐渐下降。早期的黑云母花岗岩 Eu 的负异常不明显，随岩浆演化，后来的二云母花岗岩和白云母花岗岩相对有明显的 Eu 的负异常，说明随岩浆演化，分离结晶逐渐加强，二云母花岗岩具有明显的含钨花岗岩的稀土元素配分模式（亏损 Ti）。

2. 锆石 Hf-O 同位素

邓阜仙晚三叠世不同类型的花岗岩中锆石 Hf 同位素的组成变化范围较大，$\varepsilon_{Hf}(t)$ 值在 -11.6 ~ -5.0 之间（表 3-2），Hf 的两阶段模式年龄（T_{DM2}）为 1.98 ~ 1.58Ga。存在部分古老锆石具有相对较低的 $\varepsilon_{Hf}(t)$ 值，相对应的 Hf 二阶段模式年龄也较老（具体数据见厉高宏，2015）。邓阜仙晚三叠世花岗岩样品的锆石 O 同位素分析结果表明，$\delta^{18}O$ 同位素组成为 8.8‰ ~ 12.1‰，平均值为 9.3‰ ~ 10.2‰，高于正常地幔的 $\delta^{18}O$ 值（5.3‰ ± 0.3‰），指示其有壳源花岗质岩浆来源的特征。

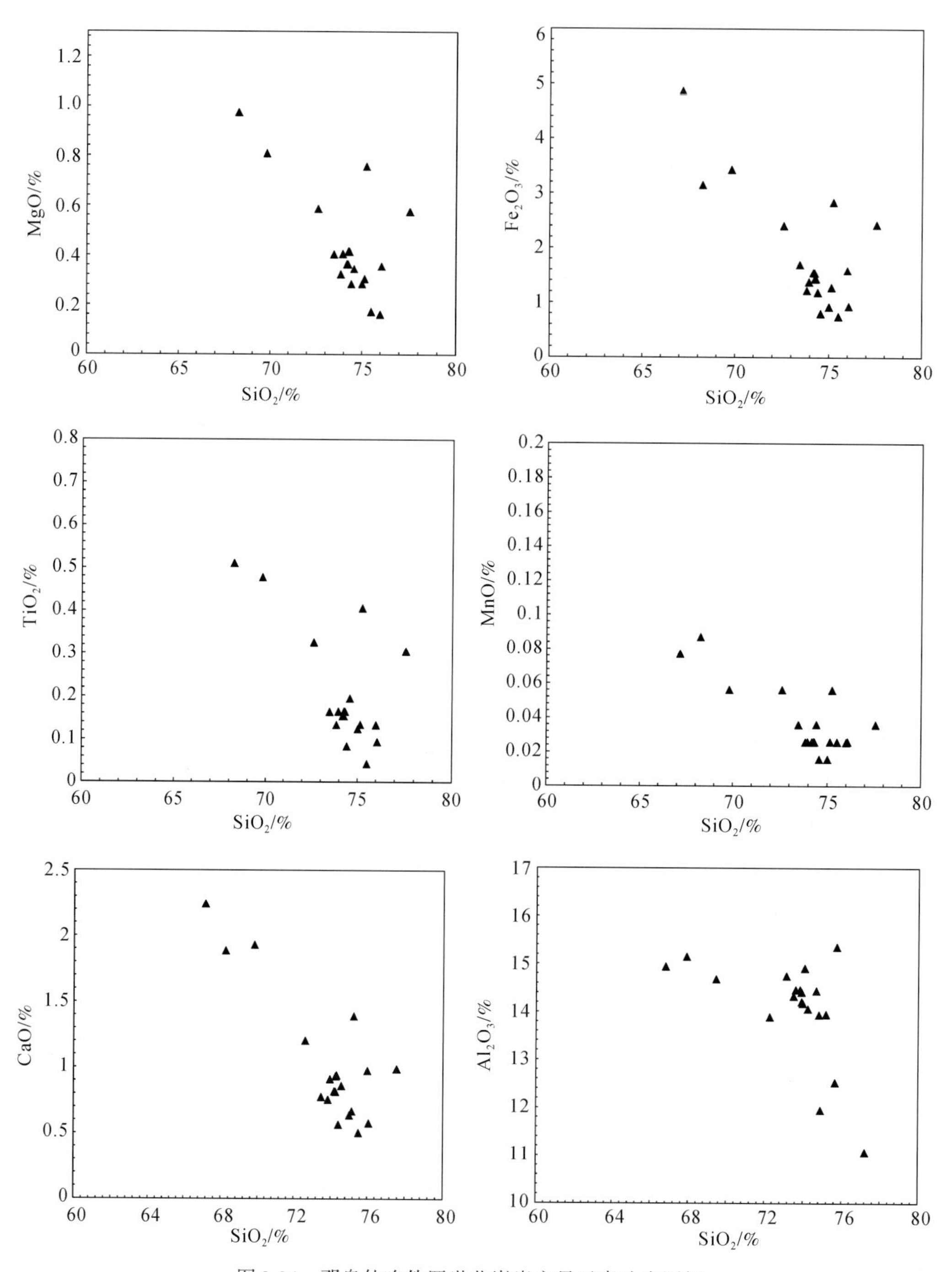

图 3-34　邓阜仙晚侏罗世花岗岩主量元素哈克图解

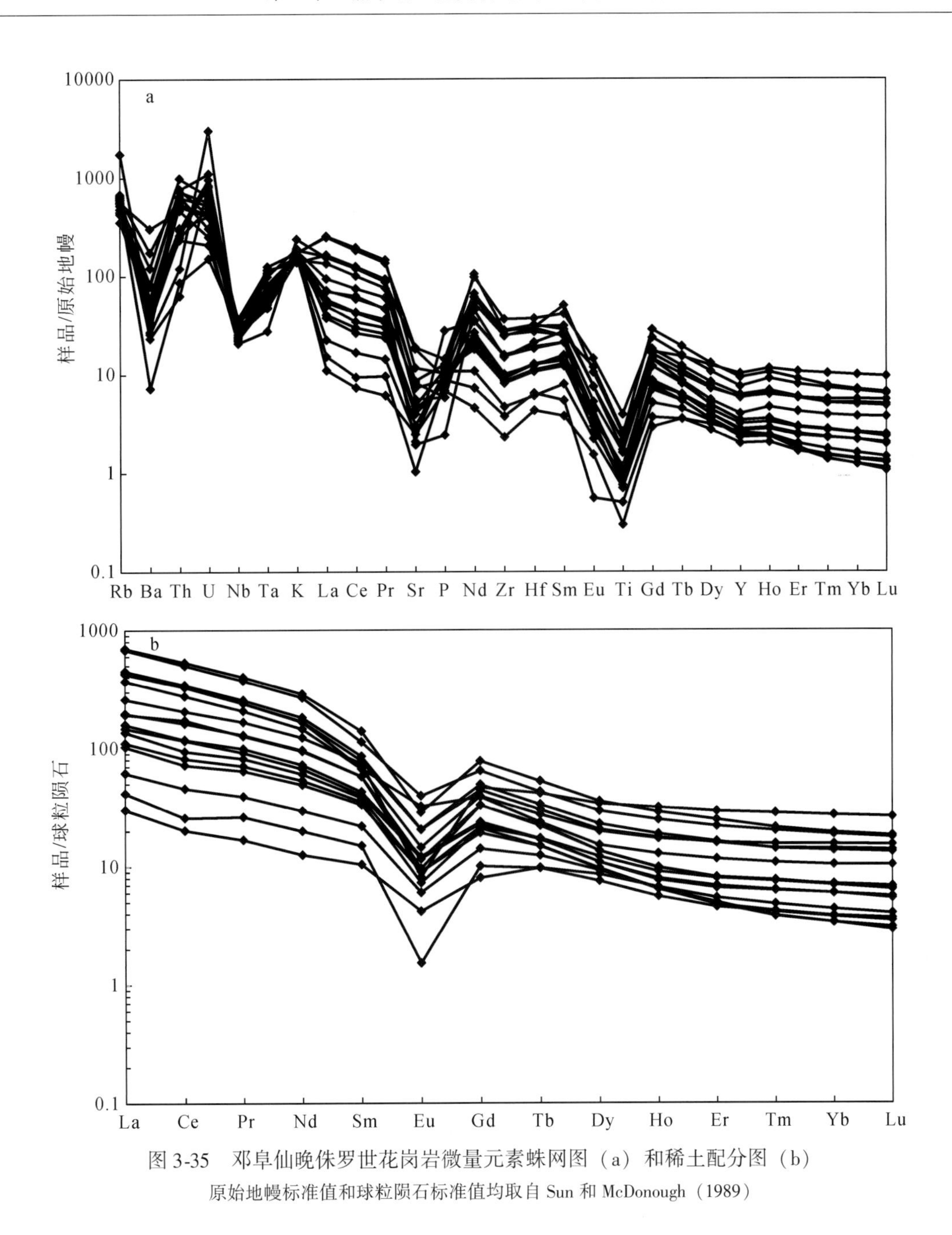

图 3-35　邓阜仙晚侏罗世花岗岩微量元素蛛网图（a）和稀土配分图（b）

原始地幔标准值和球粒陨石标准值均取自 Sun 和 McDonough（1989）

邓阜仙晚侏罗世花岗岩中锆石 $\varepsilon_{Hf}(t)$ 值均为负值，$\varepsilon_{Hf}(t)$ 值为-10.0～-5.2，两阶段模式年龄为 1.83～1.52Ga，揭示了该期花岗岩源区组成可能存在不均一性。邓阜仙晚侏罗世花岗岩的锆石 O 同位素分析结果表明，$\delta^{18}O$ 同位素组成为 8.7‰～10.1‰，平均值为 9.1‰～9.3‰，相对较为集中，同样指示其有壳源花岗质岩浆来源的特征。

表 3-2　邓阜仙地区花岗岩的锆石 Hf-O 同位素分析结果统计

	样品号	t/Ma	$\varepsilon_{Hf}(t)$	T_{DM2}(Hf) /Ma	$\delta^{18}O$
晚三叠世	2609 均值	224	-8.12	1765	10.17
	2609 分布范围	221 ~ 229	-11.57 ~ -5.04	1573 ~ 1982	8.99 ~ 12.09
	2804 均值	223	-7.80	1744	9.29
	2804 分布范围	216 ~ 233	-10.44 ~ -5.86	1626 ~ 1907	8.76 ~ 9.95
晚侏罗世	2901 均值	151	-6.83	1629	9.07
	2901 分布范围	144 ~ 156	-9.81 ~ -5.16	1524 ~ 1817	8.74 ~ 9.51
	XDW20 均值	150	-8.21	1715	9.25
	XDW20 分布范围	145 ~ 157	-10.01 ~ -6.48	1606 ~ 1826	8.68 ~ 10.09

注：继承锆石测点除外

3. 岩石成因类型划分

邓阜仙晚三叠世花岗岩的碱铝指数（AKI 值）为 0.61 ~ 0.85，大大低于 A 型花岗岩的平均值 0.95；其 FeO*/MgO 的均值为 5.6，可以看出其平均值均远远小于 A 型花岗岩 FeO*/MgO>10 的标准（Whalen et al., 1987）。同时，晚三叠世花岗岩的 Zr 含量平均值为 109ppm，明显小于 A 型花岗岩 Zr>250ppm 的标准（Whalen et al., 1987）。此外，实验表明 A 型花岗岩形成温度最少有 830℃，甚至超过 900℃，远高于 I 型（平均 781℃）和 S 型花岗岩（Clemens et al., 1986；King et al., 1997）。本研究利用锆饱和温度计算出的形成温度分布范围为 698 ~ 786℃，平均值为 767℃（图 3-36），小于 A 型花岗岩形成温度 830℃，可以判断其不是 A 型花岗岩。邓阜仙晚三叠世花岗岩中 SiO_2、Rb 含量与 P_2O_5 含量呈负相关关系（图 3-37），由此可判别其和 I 型花岗岩的特征相似。综合前面内容判断，邓阜仙晚三叠世花岗岩应属于经历了较高程度分异作用的 I 型花岗岩。

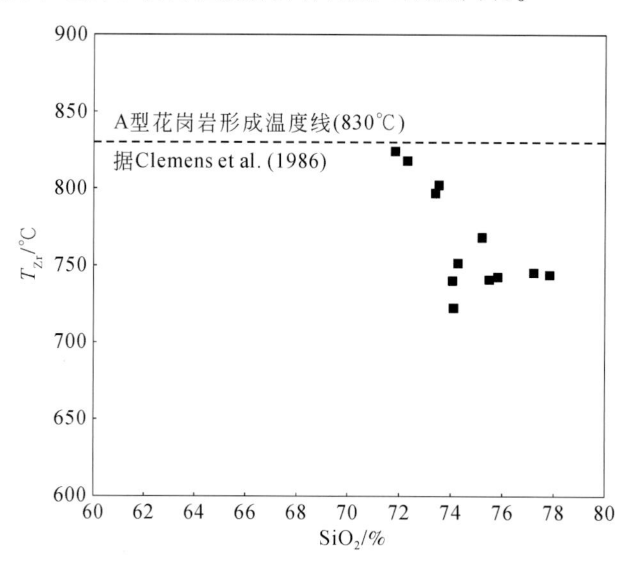

图 3-36　邓阜仙晚三叠世花岗岩锆饱和温度分布图

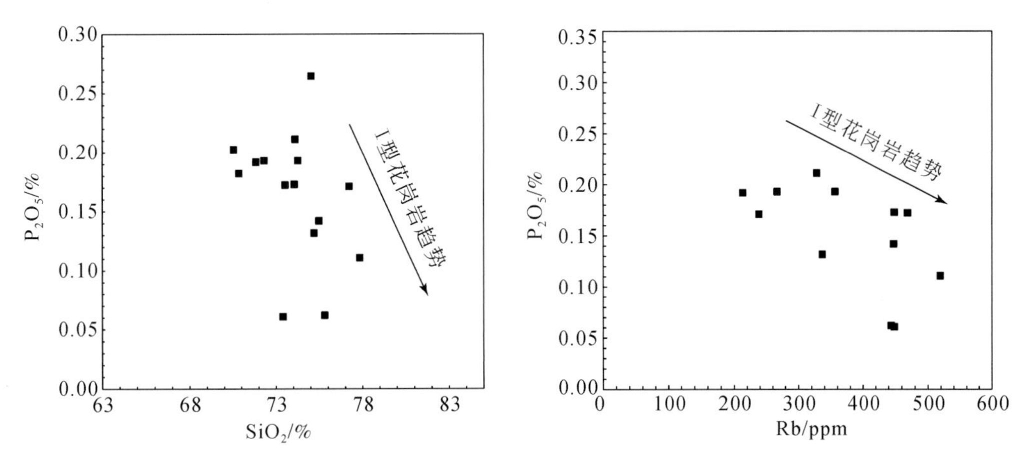

图3-37　邓阜仙晚三叠世花岗岩 P_2O_5 随岩浆分异的变化趋势图（引自 Chappell and White，1992）

邓阜仙地区晚侏罗世花岗岩的碱铝指数（AKI 值）为0.33～0.85，大大低于A型花岗岩的平均值0.95；晚侏罗世花岗岩的 FeO^*/MgO 值为1.6～8.9，远远小于A型花岗岩（$FeO^*/MgO>10$，Whalen et al.，1987）。同时，晚侏罗世花岗岩Zr含量为24～381ppm，多数小于A型花岗岩Zr>250ppm的标准（Whalen et al.，1987）。锆饱和温度计算得出邓阜仙晚侏罗世花岗岩为652～860℃，平均值为774℃，小于830℃（图3-38）。可判别其不是A型花岗岩。值得注意的是，其A/CNK值较集中，均落入过铝质花岗岩所在区域内，与I型花岗岩相似；在Rb-P_2O_5 和 SiO_2-P_2O_5 相关图上，呈现负相关关系，与I型花岗岩演化类似（图3-39）。综合判断，邓阜仙地区晚侏罗世花岗岩应属于I型花岗岩，且经历了较高程度的分异作用。

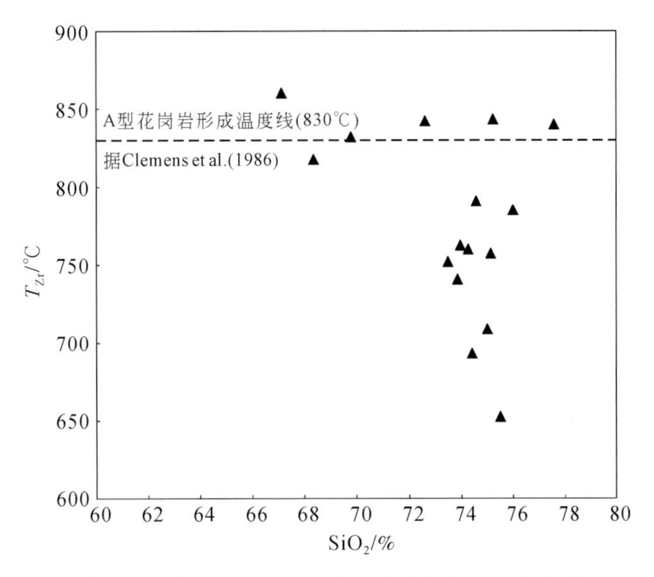

图3-38　邓阜仙晚侏罗世花岗岩锆饱和温度分布图

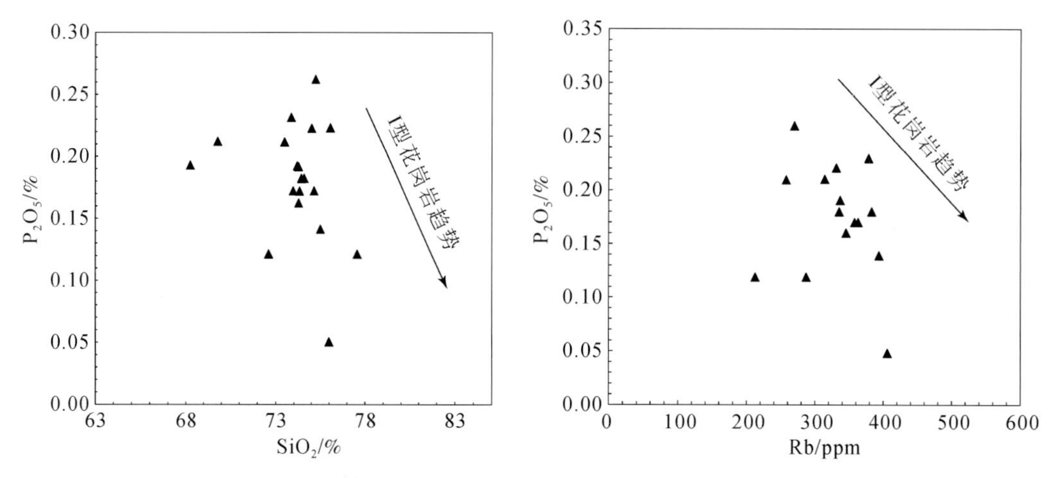

图 3-39　邓阜仙晚侏罗世花岗岩 P_2O_5 随岩浆分异的变化趋势图

4. 岩浆源区性质的探讨

1）晚三叠世花岗岩

邓阜仙晚三叠世花岗岩的 Nb/Ta 值较低（2.0～11.4），与原始地幔的值（17.5±2.0）相差很远，更接近陆壳的均值 11，亦明显低于中国东部上地壳平均值（16.2）(高山等，1999)；Zr/Hf 值为 17.8～35.1，与原始地幔的数值（36.3±2.0）相差较远，更接近陆壳的值（33）(Taylor and Mclennan，1985)。由以上可知，邓阜仙晚三叠世花岗岩在 Nb/Ta、Zr/Hf 值上有着明显的陆壳特征，表明邓阜仙晚三叠世花岗岩是地壳物质重熔形成的。

锆石微区 Hf-O 同位素分析结果表明（表 3-2），晚三叠世花岗岩的 $\varepsilon_{Hf}(t)$ 值在-11.6～-5.0之间；在 $\varepsilon_{Hf}(t)$-t 演化图解上可以看出（图 3-40），邓阜仙地区晚三叠世的所有锆石投点均位于球粒陨石线之下，锆石 Hf 两阶段模式年龄（1.98～1.58Ga）明显大于锆石的结晶年龄，表明它们的源区岩石可能为古老陆壳物质。该时期的花岗岩中锆石 O 同位素组成均大于地幔均值，呈现出明显的壳源岩浆的 O 同位素组成特征（图 3-41）。因此，晚三叠世花岗岩可能来源于 2.0～1.6Ga 的古老地壳部分熔融。除此之外，晚三叠世花岗岩中含有具有古老结晶年龄的锆石，表明岩体形成过程中受到古老围岩物质的混染。

邓阜仙晚三叠世花岗岩中有一些元素表现出负异常，如 Ba、Nb、Sr、P、Ti、Eu 等，这可能受控于某些矿物的分离结晶作用。研究表明，邓阜仙地区晚三叠世花岗岩样品显示岩石经历了显著的钾长石和斜长石的分离结晶（图 3-42），同时锆石、磷灰石的分离结晶可能是稀土元素分异的主要原因。Ti 的亏损应该与钛铁矿和金红石等矿物的分离结晶有关。而邓阜仙岩体中 Nb/Ta 值偏低的原因可能与金红石的分离结晶有关。

综上所述，邓阜仙晚三叠世花岗岩的源区主要为古老地壳物质部分熔融形成的原始岩浆，在岩浆上升侵位的过程中，可能与围岩发生同化混染作用。在岩浆演化过程中，经历了较高程度的分异演化，存在明显的长石以及一些副矿物如锆石、磷灰石等的分离结晶，导致其分异指数（D. I.）较高。

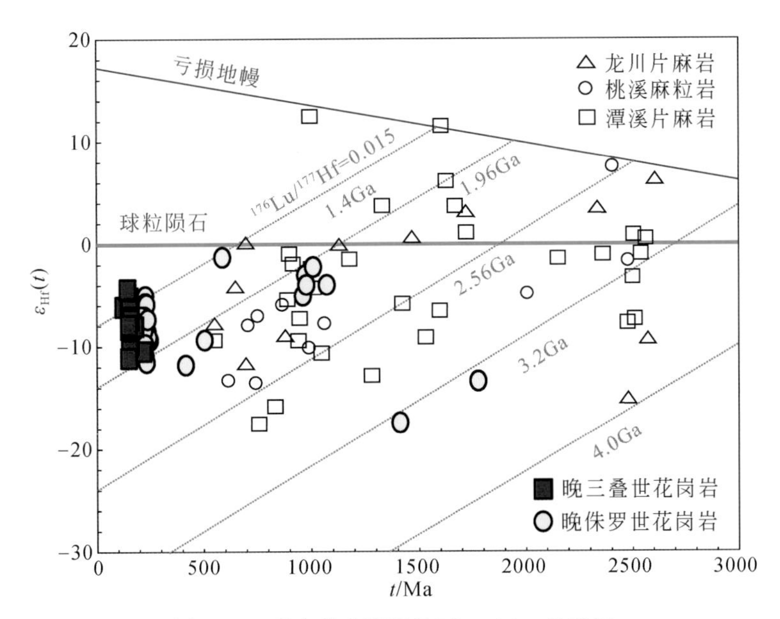

图 3-40　邓阜仙花岗岩锆石 $\varepsilon_{Hf}(t)$-t 关系图

亏损地幔引自 Yang 等（2007）；地壳 Hf 演化线引自 Griffin 等（2004）；桃溪麻粒岩引自于津海等（2005）；龙川片麻岩引自于津海等（2006）；潭溪片麻岩引自于津海等（2007）

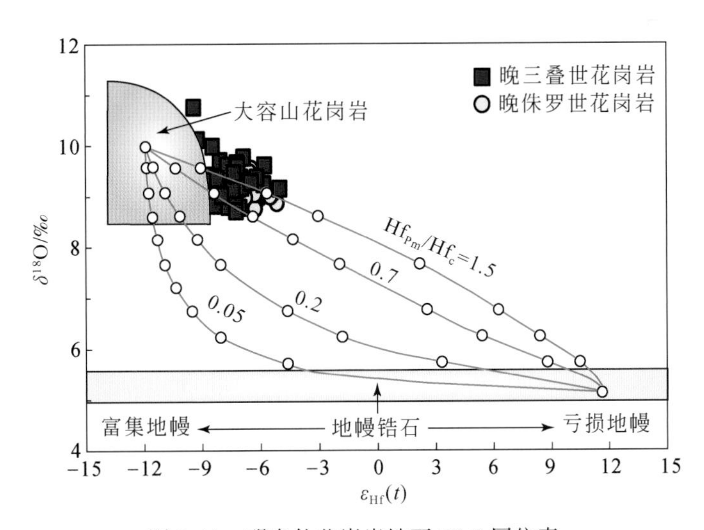

图 3-41　邓阜仙花岗岩锆石 Hf-O 同位素

大容山花岗岩的数据来自于津生等（1999）和祁昌实等（2007）；地幔端元锆石的 $\delta^{18}O$=5.6‰，$\varepsilon_{Hf}(t)$ =12

2）晚侏罗世花岗岩

邓阜仙晚侏罗世花岗岩的 Nb/Ta 值较低（2.9～13.4），Zr/Hf 值为 19.91～36.41，整体均与原始地幔的值相差较远，更接近陆壳的值（Taylor and Mclennan，1985），同时 Nb/Ta、Zr/Hf 值上均呈现明显的陆壳特征，以上都表明邓阜仙晚侏罗世花岗岩不可能直接起源于幔源岩浆的分异演化，而是地壳物质重熔形成的。邓阜仙地区晚侏罗世花岗岩样

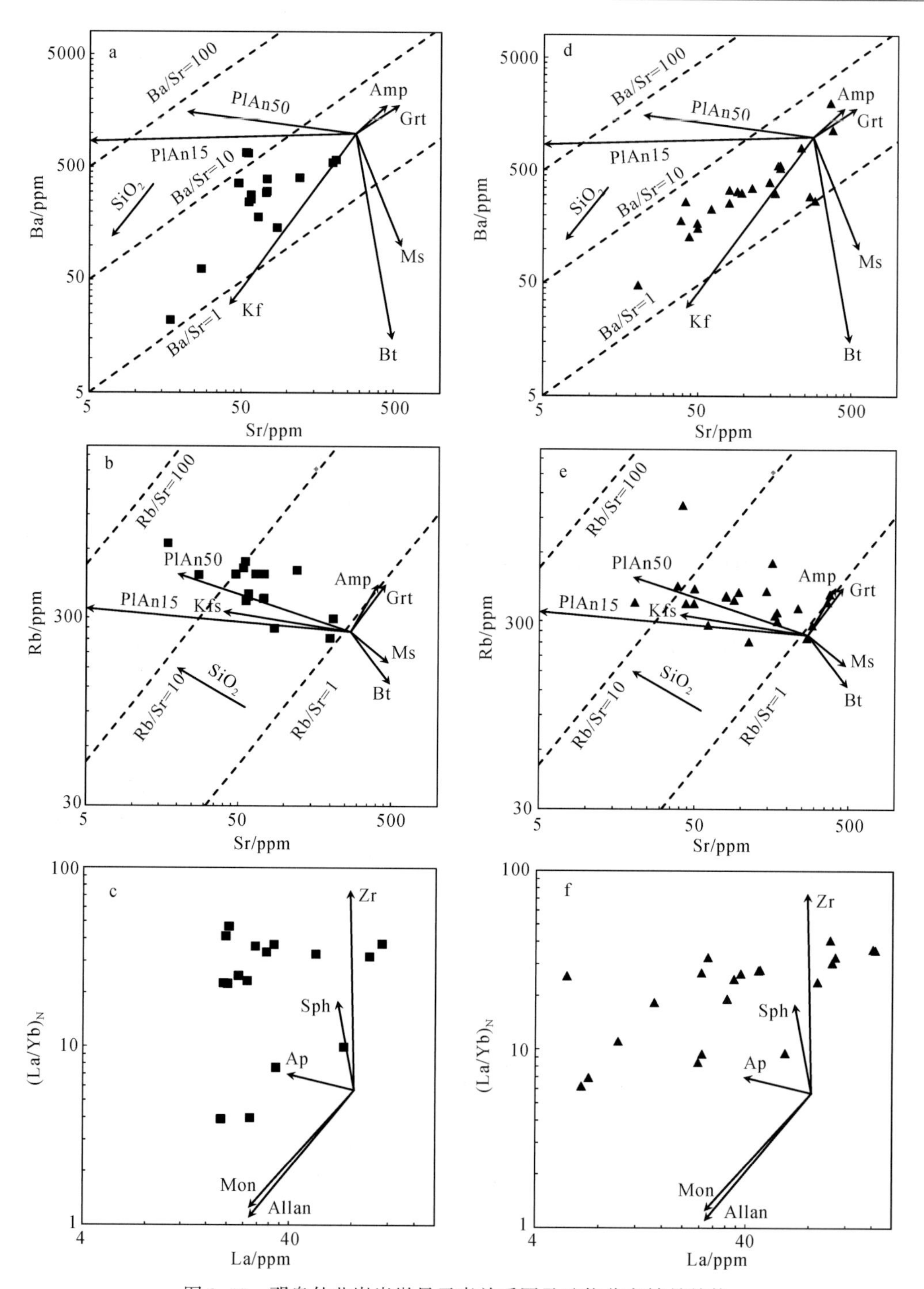

图 3-42　邓阜仙花岗岩微量元素关系图及矿物分离结晶趋势

a、b、c 为晚三叠世中花岗岩 Ba-Sr、Rb-Sr、$(La/Yb)_N$-La 关系图及分离结晶趋势；d、e、f 为晚侏罗世花岗岩 Ba-Sr、Rb-Sr、$(La/Yb)_N$-La 关系图及分离结晶趋势；其中 Sr、Ba 在斜长石中的分配系数据 Blundy 和 Shimizu（1991），在其余矿物中的分配系数据 Ewart 和 Griffin（1994），c、f 中的矿物分离结晶趋势线据 Wu 等（2003），分异趋势线上的数字代表分离结晶程度。PlAn15. 斜长石（An=15），PlAn50. 斜长石（An=50），Kf. 钾长石，Amp. 普通角闪石，Grt. 石榴子石，Ms. 白云母，Bt. 黑云母，Zr. 锆石，Sph. 榍石，Ap. 磷灰石，Mon. 独居石，Allan. 褐帘石

品的锆石 $\varepsilon_{Hf}(t)$ 值（-10.0～-5.2），对应锆石 Hf 两阶段模式年龄也明显大于锆石的结晶年龄，O 同位素组成也均大于地幔均值，呈现出明显的壳源岩浆的 O 同位素组成特征(图 3-41)。从 $\varepsilon_{Hf}(t)$-t 演化图解可以看出，晚侏罗世花岗岩具有与该地区古老地壳相近的 Hf 同位素组成，表明中元古代地壳（1.8～1.5Ga）可能为其主要的源区物质(图 3-41)。

邓阜仙晚侏罗世花岗岩在 Ba、Nb、Sr、P、Ti 和 Eu 等元素上表现出负异常，从矿物分离结晶趋势可看出，样品同样经历了钾长石和斜长石的分离结晶，磷灰石、锆石和铁钛矿等副矿物的分离结晶可能是微量元素变化的原因。继承锆石的存在，表明岩浆可能经历过与围岩的混染作用（图 3-42）。

综上所述，邓阜仙晚侏罗世花岗岩的源区主要为 1.8～1.5Ga 的古老地壳物质发生部分熔融形成原始岩浆，在岩浆上升侵位的过程中，可能与围岩发生同化混染作用。在岩浆演化过程中，经历了较高程度的分异演化，存在明显的矿物的分离结晶作用。从空间上来看，相较于邓阜仙岩体，锡田岩体具有更明显幔源物质加入的特征。

第五节　湘东地区岩石成因及其与成矿的关系

南岭地区广泛分布多阶段演化形成的复式花岗岩体，并与钨锡多金属矿床有密切的时空成因联系（华仁民和毛景文，1999；毛景文等，2007；Mao et al.，2013；Zhao et al.，2017）。长期以来，南岭地区与成矿相关的花岗岩由于经历了高度分异结晶，其成因一直都难以明确（吴福元等，2007a）。传统观点认为与成矿有关的花岗岩是上地壳沉积物质重熔再循环的产物，按目前国际上使用最为广泛的花岗岩分类方案，它们主要被划为 S 型花岗岩，其中富钨锡的地层对于花岗岩含矿性有直接影响（徐克勤等，1983；华仁民等，2005）。但是近年来，越来越多的学者注意到，南岭地区与稀有多金属有关的大多数花岗岩体具有 I 型或 A 型花岗岩的特征。其中，部分学者将南岭郴州-临武断裂北东向分布的与钨锡成矿有关的花岗岩归类于 A 型花岗岩（朱金初等，2008）。部分学者根据 Nb/Ta 值和 SiO_2 与 P_2O_5 成明显负相关关系，指出南岭燕山早期花岗岩为高分异 I 型花岗岩（Li and Li，2007）。

根据前人研究成果，有学者将湘东地区南部的锡田岩体划为 A 型花岗岩，北部的邓阜仙岩体划为 S 型花岗岩（蔡杨等，2012；Zhou et al.，2015）。还有学者提出邓阜仙岩体表现出既有 S 型花岗岩的特征，又有少部分 I 型花岗岩的特征（出现榍石、褐帘石、磁铁矿等副矿物；宋新华和周珣若，1992）。这是由于锡田岩体和邓阜仙岩体均经历了较高程度的岩浆分异演化，传统的岩石类型判别方法已经失效。本研究综合运用地球化学，尤其是锆饱和温度和锆石 Ti 温度，揭示出两个复式岩体均为高分异 I 型花岗岩，而非前人所述 A 型或 S 型花岗岩。

锡田岩体与邓阜仙岩体邻近，从野外观察来看，两者具有相似的岩石组合特征，主要包括巨晶钾长石斑晶黑云母花岗岩、似斑状黑云母花岗岩、粗粒黑云母花岗岩以及细粒黑云母花岗岩。有所不同的是，邓阜仙岩体发育白云母花岗岩及二云母花岗岩等岩石类型，呈现更高的分异演化特征，这一点与其伴生 Nb-Ta 矿床一致。尽管如此，锆石

U-Pb定年结果显示两个岩体具有极其相似的年代学特征及年龄分布特征：主要分为两个不同岩浆期次：晚三叠世（233～227Ma）和晚侏罗世（154～150Ma），且两期岩浆活动具有相同的岩性组合（似斑状黑云母花岗岩、黑云母二长花岗岩以及细粒花岗岩等）。从岩浆源区和岩石成因来看，锡田岩体与邓阜仙岩体均呈现壳源物质部分熔融的特征，形成过程中伴随围岩物质的混染作用。值得注意的是，与邓阜仙岩体相比，锡田岩体的同位素组成呈现不均一特征，揭示其岩浆源区的复杂性，这与野外所观察到的基性包体相一致，表明锡田岩体在形成过程中，伴随幔源物质的加入，而邓阜仙岩体则主要是地壳物质的深熔作用。同时，锡田岩体的微量元素分布具有明显的四分组效应，表明在经历了充分的结晶分异演化之后，晚期还经历了强烈的流体-熔体作用，这与更多幔源物质加入有关。

在锡田地区，印支期和燕山期花岗岩总体地球化学特征差异不大，主量元素均表现出相对弱碱、富铝和分异程度较高的特征。同时，两期花岗岩均富 Th、U、Hf 和 Ta，轻稀土亏损，稀土配分形式呈右倾型的特征，分配模式的相似性同样暗示了两期岩体具有相似的源区（何苗等，2018b）。但两者仍存在细微差别，晚侏罗世黑云母花岗岩的分异指数（D. I 值）较高，表明晚侏罗世比晚三叠世的岩浆分异程度更高。同时，晚侏罗世花岗岩较高的 Rb/Sr 值和 Rb/Ba 值，均说明燕山期岩浆分异演化程度更高。晚侏罗世花岗岩的总稀土含量相对偏高，轻重稀土分馏相对不显著，表明燕山期有流体加入（Schaltegger et al.，2005）。两期花岗岩的锆石 $\varepsilon_{Hf}(t)$ 均为明显负值，且在频数图上表现出单峰的特点，指示了其源区为地壳物质的特征。在 $\varepsilon_{Hf}(t)$-t 图上，两期花岗岩均分布在 2.0～1.4Ga，计算所得的二阶段 Hf 模式年龄（T_{DM2}）集中在 1.9～1.6Ga，与华夏陆块基底变质岩的模式年龄（1.89～1.86Ga）基本一致（Yu et al.，2012），说明它们应起源于区内中早元古代地壳物质的熔融。

由以上分析可知，从时间和空间上来说，锡田地区两个岩体的两期岩浆活动均来自于相同的源区，其地球化学性质的差异只是表明燕山期为高度演化的高硅花岗岩，而这种高度演化的花岗岩岩浆体系常常是由于后期流体加入形成的晶体、熔体和流体三相共存的岩浆-热液过渡体系。这种体系具有黏稠、密度较大，以及上部偏液、下部偏浆的特点。它对于成矿元素的萃取以及迁移富集起着至关重要的作用（Lowenstern et al.，1991；Baker and Alletti，2012；Heinrich et al.，2004）。而 F、Cl 等挥发分能导致稀有金属 W、Sn 选择性分配，这些挥发分对金属元素有明显的富集作用，是形成金属元素络合物的关键因素（Van Gaans et al.，1995；Audétat et al.，2000；Li et al.，2004）。研究区矿体附近大量萤石的出现，均证明了大量 F、Cl 挥发分的存在，而这些挥发分往往会在俯冲板块发生的脱水脱气作用中形成的地幔流体中大量产生（杜建国等，2001；刘丛强等，2001）。He-Ar 同位素的研究表明南岭地区的成矿流体大部分都有着地幔的成分（刘云华等，2006），与 Li 和 Li（2007）提出的平板俯冲模式吻合。同时，挥发分 F 的存在会明显降低岩浆的固结温度，使得岩浆结晶速度减慢，从而使岩浆充分地分异演化（Webster et al.，2004），形成高硅花岗岩，这与南岭地区多数燕山期与成矿有关的花岗岩分异程度较高的特征一致（Mao et al.，2013；陈骏等，2014）。因此，南岭地区由于燕山期构造作用的影响，具有有利的成矿背景，能够在此时期形成大量的钨锡矿床。但是，岩浆源区并不是成矿的关键因素，更为重要的是成矿元素的萃取富集过程，以及构造作用对成矿元素沉淀的过程（何苗等，2018a）。越来越多印支期成矿的发现也证明，无论在印支期还是燕山期，由华南基底发生熔融形成的花岗质岩浆只要有足够长的时间发生分异，出溶富成矿元素的挥发分，在有利的部位都有形成矿床的潜力。

参考文献

蔡剑辉，阎国翰，牟保磊，等 . 2005. 北京房山岩体锆石 U-Pb 年龄和 Sr、Nd、Pb 同位素与微量元素特征及成因探讨 . 岩石学报，21（3）：776-788.

蔡明海，陈开旭，屈文俊，等 . 2006. 湘南荷花坪锡多金属矿床地质特征及辉钼矿 Re-Os 测年 . 矿床地质，25（3）：263-268.

蔡明海，张文兵，彭振安，等 . 2016. 湘南荷花坪锡多金属矿床成矿年代研究 . 岩石学报，32（7）：2111-2123.

蔡杨，马东升，陆建军，等 . 2012. 湖南邓阜仙钨矿辉钼矿铼–锇同位素定年及硫同位素地球化学研究 . 岩石学报，28（12）：3798-3808.

蔡杨，陆建军，马东升等 . 2013. 湖南邓阜仙印支晚期二云母花岗岩年代学、地球化学特征及其意义 . 岩石学报，29（12）：4215-4231.

陈璟元，杨进辉 . 2015. 佛冈高分异 I 型花岗岩的成因：来自 Nb-Ta-Zr-Hf 等元素的制约 . 岩石学报，31（3）：846-854.

陈骏，王汝成，朱金初，等 . 2014. 南岭多时代花岗岩的钨锡成矿作用 . 中国科学：地球科学，1：111-121.

陈卫锋，陈培荣，黄宏业，等 . 2007. 湖南白马山岩体花岗岩及其包体的年代学和地球化学研究 . 中国科学（D 辑），37（7）：873-893.

陈文，万渝生，李华芹，等 . 2011. 同位素地质年龄测定技术及应用 . 地质学报，85（11）：1917-1947.

董少花，毕献武，胡瑞忠，等 . 2014. 湖南瑶岗仙复式花岗岩岩石成因及与钨成矿关系 . 岩石学报，30（9）：2749-2765.

杜建国，顾连兴，孙先如，等 . 2001. 大别造山带的流体系统与成矿作用 . 地质学报，75（4）：507-517.

付建明，伍式崇，徐德明，等 . 2009. 湘东锡田钨锡多金属矿区成岩成矿时代的再厘定 . 华南地质与矿产，3：1-7.

付建明，程顺波，卢友月，等 . 2012. 湖南锡田云英岩–石英脉型钨锡矿的形成时代及其赋矿花岗岩锆石 SHRIMP U-Pb 定年 . 地质与勘探，48（2）：313-320.

高山，骆庭川，张本仁，等 . 1999. 中国东部地壳的结构和组成 . 中国科学：D 辑，29（3）：204-213.

高晓英，郑永飞 . 2011. 金红石 Zr 和锆石 Ti 含量地质温度计 . 岩石学报，27（2）：417-432.

郭春丽，郑佳浩，楼法生，等 . 2012. 华南印支期花岗岩类的岩石特征、成因类型及其构造动力学背景探讨 . 大地构造与成矿学，36（3）：457-472.

何苗，刘庆，侯泉林，等 . 2018a. 湘东邓阜仙中生代花岗岩成因及对成矿的制约：锆石/锡石 U-Pb 年代学、锆石 Hf-O 同位素及全岩地球化学特征 . 岩石学报，34（3）：637-655.

何苗，刘庆，孙金凤，等 . 2018b. 湘东地区锡田印支期花岗岩的地球化学特征及其构造意义 . 岩石学报，34（7）：2065-2086.

侯杰 . 2013. 湖南邓阜仙钨矿床深部成矿预测之我见 . 国土资源导刊，10：72-74.

湖南省地质矿产局 . 1987. 湖南省区域地质志 . 北京：地质出版社 .

华仁民，毛景文 . 1999. 试论中国东部中生代成矿大爆发 . 矿床地质，18（4）：300-308.

华仁民，陈培荣，张文兰，等. 2005. 论华南地区中生代 3 次大规模成矿作用. 矿床地质，24（2）：99-107.

华仁民，张文兰，顾晟彦，等. 2007. 南岭稀土花岗岩、钨锡花岗岩及其成矿作用的对比. 岩石学报，23（10）：2321-2328.

华仁民，李光来，张文兰，等. 2010. 华南钨和锡大规模成矿作用的差异及其原因初探. 矿床地质，29（1）：9-23.

黄福生，姜常义. 1985. 房山岩体的地质–地球化学特征及其成因探讨. 地球科学与环境学报，3：13-30.

黄卉，马东升，陆建军，等. 2011. 湖南邓阜仙复式花岗岩体的锆石 U-Pb 年代学研究. 矿物学报，31（S1）：590-591.

黄卉，马东升，陆建军，等. 2013. 湘东邓阜仙二云母花岗岩锆石 U-Pb 年代学及地球化学研究. 矿物学报，33（2）：245-255.

黄会清，李献华，李武显，等. 2008. 南岭大东山花岗岩的形成时代与成因. 高校地质学报，14（3）：317-333.

李华芹，陈富文，梅玉萍，等. 2009. 鄂东鸡冠嘴矿区成矿岩体锆石 SHRIMPU-Pb 定年及其意义. 大地构造与成矿学，33（3）：411-417.

李献华，唐国强，龚冰，等. 2013. Qinghu（清湖）锆石：一个新的 U-Pb 年龄和 O、Hf 同位素微区分析工作标样. 科学通报，20：1954-1961.

李晓峰，胡瑞忠，华仁民，等. 2013. 华南中生代与同熔型花岗岩有关的铜铅锌多金属矿床时空分布及其岩浆源区特征. 岩石学报，29（12）：4037-4050.

厉高宏. 2015. 湘东茶陵地区邓阜仙花岗岩 U-Pb 年龄及岩石成因研究. 北京：中国科学院大学硕士学位论文.

刘丛强，黄智龙，李和平，等. 2001. 地幔流体及其成矿作用. 北京：地质出版社.

刘国庆，伍式崇，杜安道，等. 2008. 湘东锡田钨锡矿区成岩成矿时代研究. 大地构造与成矿学，32（1）：63-71.

刘善宝，王登红，陈毓川，等. 2008. 赣南崇义–大余–上犹矿集区不同类型含矿石英中白云母 $^{40}Ar/^{39}Ar$ 年龄及其地质意义. 地质学报，82（7）：932-939.

刘云华，付建明，龙宝林，等. 2006. 南岭中段主要锡矿床 He、Ar 同位素组成及其意义. 吉林大学学报（地球科学版），36（5）：774-780.

马德成，柳智. 2010. 湖南湘东湘东钨矿控矿构造研究. 南方金属，（5）：26-29.

马铁球，王先辉，柏道远. 2004. 锡田含 W、Sn 花岗岩体的地球化学特征及其形成构造背景. 华南地质与矿产，1：11-16.

马铁球，柏道远，邝军，等. 2005. 湘东南茶陵地区锡田岩体锆石 SHRIMP 定年及其地质意义. 地质通报，24（5）：415-419.

毛景文，Holly S，杜安道，等. 2004. 长江中下游地区铜金（钼）矿 Re-Os 年龄测定及其对成矿作用的指示. 地质学报，78（1）：121-131.

毛景文，谢桂青，郭春丽，等. 2007. 南岭地区大规模钨锡多金属成矿作用：成矿时限及地球动力学背景. 岩石学报，23（10）：2329-2338.

毛景文，陈懋弘，袁顺达，等. 2011. 华南地区钦杭成矿带地质特征和矿床时空分布规律. 地质学报，85（5）：636-658.

牛睿. 2013. 湖南锡田花岗岩的年代学及岩石成因研究. 北京：中国科学院大学硕士学位论文.

牛睿，刘庆，侯泉林，等. 2015. 湖南锡田花岗岩锆石 U-Pb 年代学及钨锡成矿时代的探讨. 岩石学报，31（9）：2620-2632.

彭建堂，胡瑞忠，毕献武，等.2007.湖南芙蓉锡矿床$^{40}Ar/^{39}Ar$同位素年龄及地质意义.矿床地质，26（3）：237-248.
祁昌实，邓希光，李武显，等.2007.桂东南大容山-十万大山S型花岗岩带的成因：地球化学及Sr-Nd-Hf同位素制约.岩石学报，23（2）：403-412.
邱检生，McInnes B I A，徐夕生，等.2004.赣南大吉山五里亭岩体的锆石ELA-ICP-MS定年及其与钨成矿关系的新认识.地质论评，50（2）：125-133.
邱检生，胡建，王孝磊，等.2005.广东河源白石冈岩体：一个高分异的I型花岗岩.地质学报，79（4）：503-514.
邱检生，刘亮，李真.2011.浙江黄岩望海岗石英正长岩的锆石U-Pb年代学与Sr-Nd-Hf同位素地球化学及其对岩石成因的制约.岩石学报，27（6）：1557-1572.
任耀武.1998.稀土元素演化特征及应用.河南地质，16（4）：303-308.
宋超，卫巍，侯泉林，等.2016.湘东湘东地区老山坳剪切带特征及其与湘东钨矿的关系.岩石学报，32（5）：1571-1580.
宋新华，周珣若.1992.邓阜仙花岗岩的构造环境、岩浆来源与演化.现代地质，6（4）：458-469.
宋新华，周珣若，吴国忠.1988.邓阜仙花岗岩熔融实验研究.地质科学，3：247-258.
孙涛.2006.新编华南花岗岩分布图及其说明.地质通报，25（3）：332-335，426-427.
汪群英，路远发，陈郑辉，等.2015.湖南邓阜仙钨矿流体包裹体特征及含矿岩体U-Pb年龄.华南地质与矿产，1：77-88.
王志强，陈斌，马星华.2014.南岭芙蓉锡矿田锡石原位LA-ICP-MS U-Pb年代学及地球化学研究：对成矿流体来源和演化的意义.科学通报，59（25）：2505-2519.
吴福元，李献华，杨进辉，等.2007a.花岗岩成因研究的若干问题.岩石学报，23（6）：1217-1238.
吴福元，李献华，郑永飞，等.2007b.Lu-Hf同位素体系及其岩石学应用.岩石学报，23（2）：185-220.
吴福元，刘小驰，纪伟强，等.2017.高分异花岗岩的识别与研究.中国科学：地球科学，7：745-765.
吴自成，刘继顺，舒国文，等.2010.南岭燕山期构造-岩浆热事件与锡田锡钨成矿.地质找矿论丛，25（3）：201-205.
伍式崇，洪庆辉，龙伟平，等.2009.湖南锡田钨锡多金属矿床成矿地质特征及成矿模式.华南地质与矿产，2：1-6.
伍式崇，龙自强，徐辉煌，等.2012.湖南锡田锡钨多金属矿床成矿构造特征及其找矿意义.大地构造与成矿学，36（2）：217-226.
徐克勤，胡受奚，孙明志，等.1983.论花岗岩的成因系列——以华南中生代花岗岩为例.地质学报，1983（2）：107-118.
阎国翰，许保良，牟保磊，等.1995.房山岩体中闪长岩质包体的矿物稀土元素地球化学及其包体成因.中国科学（B辑），2：219-224.
杨锋，李晓峰，冯佐海，等.2009.栗木锡矿云英岩化花岗岩白云母$^{40}Ar/^{39}Ar$年龄及其地质意义.桂林理工大学学报，29（1）：21-24.
杨晓君，伍式崇，付建明，等.2007.湘东锡田垄上锡多金属矿床流体包裹体研究.矿床地质，26（5）：501-511.
于津海，周新民，O'Reilly S Y，等.2005.南岭东段基底麻粒岩相变质岩的形成时代和原岩性质：锆石的U-Pb-Hf同位素研究.科学通报，50（16）：1758-1767.
于津海，王丽娟，周新民，等.2006.粤东北基底变质岩的组成和形成时代.地球科学，31（1）：38-48.
于津海，O'Reilly S Y，王丽娟，等.2007.华夏地块古老物质的发现和前寒武纪地壳的形成.科学通报，52（1）：11-18.

于津生，桂训唐，袁超. 1999. 广西大容山花岗岩套同位素地球化学特征. 广西地质，12（3）：1-6.
张东亮，彭建堂，胡瑞忠，等. 2011. 锡石 U-Pb 同位素体系的封闭性及其测年的可靠性分析. 地质论评，57（4）：549-554.
张敏，陈培荣，黄国龙，等. 2006. 南岭东段龙源坝复式岩体 La-ICP-MS 锆石 U-Pb 年龄及其地质意义. 地质学报，80（7）：984-994.
张文兰，华仁民，王汝成，等. 2004. 江西大吉山五里亭花岗岩单颗粒锆石 U-Pb 同位素年龄及其地质意义探讨. 地质学报，78（3）：352-358.
张岳桥，徐先兵，贾东，等. 2009. 华南早中生代从印支期碰撞构造体系向燕山期俯冲构造体系转换的形变记录. 地学前缘，1：234-247.
章荣清，陆建军，朱金初，等. 2010. 湘南荷花坪花岗斑岩锆石 LA-MC-ICP-MS U-Pb 年龄、Hf 同位素制约及地质意义. 高校地质学报，16（4）：436-447.
朱弟成，莫宣学，王立全，等. 2009. 西藏冈底斯东部察隅高分异 I 型花岗岩的成因：锆石 U-Pb 年代学，地球化学和 Sr-Nd-Hf 同位素约束. 中国科学（D 辑），（7）：833-848.
朱金初，陈骏，王汝成，等. 2008. 南岭中西段燕山早期北东向含锡钨 A 型花岗岩带. 高校地质学报，14（4）：474-484.
Andersen T. 2002. Correction of common lead in U-Pb analyses that do not report ^{204}Pb. Chemical Geology，192：59-79.
Audétat A，Günther D，Heinrich C A. 2000. Magmatic-hydrothermal evolution in a fractionating granite：a microchemical study of the Sn-W-F-mineralized Mole Granite（Australia）. Geochimica et Cosmochimica Acta，64（19）：3373-3393.
Baker D R，Alletti M. 2012. Fluid saturation and volatile partitioning between melts and hydrous fluids in crustal magmatic systems：the contribution of experimental measurements and solubility models. Earth-Science Reviews，114（3-4）：298-324.
Blundy J D，Shimizu N. 1991. Trace element evidence for plagioclase recycling in calc-alkaline magmas. Earth and Planetary Science Letters，102（2）：178-197.
Brenan J M，Shaw H F，Phinney D L，et al. 1994. Rutile-aqueous fluid partitioning of Nb，Ta，Hf，Zr，U and Th：implications for high field strength element depletions in island-arc basalts. Earth and Planetary Science Letters，128（3）：327-339.
Chappell B W. 1999. Aluminium saturation in I- and S-type granites and the characterization of fractionated haplogranites. Lithos，46（3）：535-551.
Chappell B W，White A J R. 1992. I- and S-type granites in the Lachlan Fold Belt. Transactions of the Royal Society of Edinburgh：Earth Sciences，83：1-26.
Charvet J，Shu L S，Shi Y S，et al. 1996. The building of South China：collision of Yangzi and Cathaysia blocks，problems and tentative answers. Journal of Southeast Asian Earth Sciences 13（3-5）：223-235.
Cherniak D J，Watson E B. 2001. Pb diffusion in zircon. Chemical Geology，172（1）：5-24.
Chew D M，Petrus J A，Kamber B S. 2014. U-Pb LA-ICPMS dating using accessory mineral standards with variable common Pb. Chemical Geology，363：185-199.
Chu Y，Lin W. 2014. Phanerozoic polyorogenic deformation in southern Jiuling Massif，northern South China Block：constraints from structural analysis and geochronology. Journal of Asian Earth Sciences，86：117-130.
Clemens J D，Holloway J R，White A J R. 1986. Origin of an A-type granite：experimental constraints. American Mineralogist，71（3）：317-324.

Dong Y P, Zhang X N, Liu X M, et al. 2015. Propagation tectonics and multiple accretionary processes of the Qinling Orogen. Journal of Asian Earth Sciences, 104: 84-98.

Enkin R J, Yang Z Y, Chen Y, et al. 1992. Paleomagnetic constraints on the geodynamic history of the major blocks of China from the Permian to the present. Journal of Geophysical Research-Solid Earth, 97 (B10): 13953-13989.

Ewart A, Griffin W L. 1994. Application of proton-microprobe data to trace-element partitioning in volcanic rocks. Chemical Geology, 117 (1): 251-284.

Faure M, Lin W, Sun Y. 1998. Doming in the southern foreland of the Dabieshan (Yangtze Block, China). Terra Nova, 10 (6): 307-311.

Faure M, Lin W, Scharer U, et al. 2003. Continental subduction and exhumation of UHP rocks. Structural and geochronological insights from the Dabieshan (East China). Lithos, 70 (3-4): 213-241.

Faure M, Shu L S, Wang B, et al. 2009. Intracontinental subduction: a possible mechanism for the Early Palaeozoic Orogen of SE China. Terra Nova, 21 (5): 360-368.

Gao P, Zheng Y F, Zhao Z F. 2016. Distinction between S-type and peraluminous I-type granites: zircon versus whole-rock geochemistry. Lithos, 258-259: 77-91.

Griffin W L, Wang X, Jackson S E, et al. 2002. Zircon chemistry and magma mixing, SE China: *in situ* analysis of Hf isotopes, Tonglu and Pingtan igneous complexes. Lithos, 61 (3): 237-269.

Griffin W L, Belousova E A, Shee S R, et al. 2004. Archean crustal evolution in the northern Yilgarn Craton: U-Pb and Hf-isotope evidence from detrital zircons. Precambrian Research, 131 (3): 231-282.

Harrison T M, Watson E B. 1984. The behavior of apatite during crustal anatexis: equilibrium and kinetic considerations. Geochimica et Cosmochimica Acta, 48 (7): 1467-1477.

Hawkesworth C J, Kemp A I S. 2006. Using hafnium and oxygen isotopes in zircons to unravel the record of crustal evolution. Chemical Geology, 226 (3): 144-162.

He M, Hou Q, Liu Q, et al. 2018. Timing and structural controls on skarn-type and vein-type mineralization at the Xitian tin-polymetallic deposit, Hunan Province, SE China. Acta Geochimica, 37 (2): 295-309.

Heinrich C A, Driesner T, Stefánsson, et al. 2004. Magmatic vapor contraction and the transport of gold from the porphyry environment to epithermal ore deposits. Geology, 32 (9): 761-764.

Hu Z L, Yang X Y, Duan L A, et al. 2014. Geochronological and geochemical constraints on genesis of the adakitic rocks in Outang, South Tan-Lu Fault Belt (northeastern Yangtze Block). Tectonophysics, 626: 86-104.

Hu Z L, Yang X Y, Lee I S. 2017. Geochemical study of Cretaceous magmatic rocks in Chuzhou region, Low Yangtze River Metallogenic Belt: implications for petrogenesis and Cu-Au mineralization. International Geology Review, 60 (11-14): 1479-1506.

Huang L C, Jiang S Y. 2014. Highly fractionated S-type granites from the giant Dahutang tungsten deposit in Jiangnan Orogen, Southeast China: geochronology, petrogenesis and their relationship with W-mineralization. Lithos, 202-203: 207-226.

Ji W, Lin W, Faure M, et al. 2014. Origin and tectonic significance of the Huangling massif within the Yangtze craton, South China. Journal of Asian Earth Sciences, 86: 59-75.

King P L, White A J R, Chappell B W, et al. 1997. Characterization and origin of aluminous A-type granites from the Lachlan Fold Belt, Southeastern Australia. Journal of Petrology, 38 (3): 371-391.

King P L, Chappell B W, Allen C M, et al. 2001. Are A-type granite the high-temperature felsic granites? evidence for fractionated granites of the Wangrah Suite. Australian Journal of Earth Science, 48 (4): 501-514.

Kinny P D, Maas R. 2003. Lu-Hf and Sm-Nd isotope systems in zircon. Reviews in Mineralogy and Geochemistry, 53 (1): 327-341.

Lee J, Williams I, Ellis D. 1997. Pb, U and Th diffusion in nature zircon. Nature, 390 (13): 159-162.

Li C Y, Zhang R Q, Ding X, et al. 2016. Dating cassiterite using laser ablation ICP-MS. Ore Geology Reviews, 72: 313-322.

Li F C, Zhu J C, Rao B, et al. 2004. Origin of Li-F-rich granite: evidence from high PT experiments. Science in China Series D: Earth Sciences, 47 (7): 639-650.

Li J W, Zhao X F, Zhou M F, et al. 2009. Late Mesozoic magmatism from the Daye region, eastern China: U-Pb ages, petrogenesis, and geodynamic implications. Contributions to Mineralogy and Petrology, 157 (3): 383-409.

Li Q L, Li X H, Liu Y, et al. 2010. Precise U-Pb and Pb-Pb dating of Phanerozoic baddeleyite by SIMS with oxygen flooding technique. Journal of Analytical Atomic Spectrometry, 25 (7): 1107-1113.

Li S Z, Santosh M, Zhao G C, et al. 2012. Intracontinental deformation in a frontier of super-convergence: a perspective on the tectonic milieu of the South China Block. Journal of Asian Earth Sciences, 49: 313-329.

Li X H, Li W X, Li Z X, et al. 2009a. Amalgamation between the Yangtze and Cathaysia Blocks in South China: constraints from SHRIMP U-Pb zircon ages, geochemistry and Nd-Hf isotopes of the Shuangxiwu volcanic rocks. Precambrian Research, 174 (1-2): 117-128.

Li X H, Li W X, Wang X C, et al. 2009b. Role of mantle-derived magma in genesis of early Yanshanian granites in the Nanling Range, South China: *in situ* zircon Hf-O isotopic constraints. Science in China Series D: Earth Sciences D, 52 (9): 1262-1278.

Li X H, Li W X, Wang X C, et al. 2010. SIMS U-Pb zircon geochronology of porphyry Cu-Au-(Mo) deposits in the Yangtze River Metallogenic Belt, eastern China: magmatic response to early Cretaceous lithospheric extension: Lithos 119 (3-4): 427-438.

Li X Y, Li S Z, Suo Y H, et al. 2017. Late Cretaceous basalts and rhyolites from Shimaoshan Group in eastern Fujian Province, SE China: age, petrogenesis, and tectonic implications. International Geology Review, 60 (11-14): 1721-1743.

Li X, Zhou G, Zhao J, et al. 1994. SHRIMP ion microprobe zircon U-Pb age and Sm-Nd isotopic characteristics of the NE Jiangxi ophiolite and its tectonic implications. Chinese Journal of Geochemistry, 13 (4): 317-325.

Li Y, Dong S, Zhang Y, et al. 2016. Episodic Mesozoic constructional events of central South China: constraints from lines of evidence of superimposed folds, fault kinematic analysis, and magma geochronology. International Geology Review, 58: 1076-1107.

Li Z X, Li X H. 2007. Formation of the 1300-km-wide intracontinental orogen and postorogenic magmatic province in Mesozoic South China: a flat-slab subduction model. Geology, 35 (2): 179-182.

Liu Y, Li X H, Li Q L, et al. 2011. Precise U-Pb zircon dating at a scale of <5 micron by the CAMECA 1280 SIMS using a Gaussian illumination probe. Journal of Analytical Atomic Spectrometry, 26: 845-851.

Lin T H, Lo C H, Chung S L, et al. 2009. Jurassic Dextral Movement along the Dien Bien Phu Fault, NW Vietnam: constraints from $^{40}Ar/^{39}Ar$ Geochronology. Journal of Geology, 117: 192-199.

Ling M X, Wang F Y, Ding X, et al. 2009. Cretaceous ridge subduction along the Lower Yangtze River belt, Eastern China. Economic Geology, 104 (2): 303-321.

Lowenstern J B, Mahood G A, Rivers M L, et al. 1991. Evidence for extreme partitioning of copper into a magmatic vapor phase. Science, 252 (5011): 1405.

Ludwig K R. 2003. ISOPLOT 3.0: a geochronological toolkit for Microsoft Excel. Special publication

No. 4. Berkeley Geochronological Center, Berkeley, Calif.

Mao J, Cheng Y, Chen M, et al. 2013. Major types and time-space distribution of Mesozoic ore deposits in South China and their geodynamic settings. Mineralium Deposita, 48 (3): 267-294.

Meng Q R, Wang E, Hu J M. 2005. Mesozoic sedimentary evolution of the northwest Sichuan Basin: implication for continued clockwise rotation of the South China Block. Geological Society of America Bulletin, 117 (2): 396-410.

Peccerillo A, Taylor S R. 1976. Geochemistry of Eocene calc-alkaline volcanic rocks from the Kastamonu area, northern Turkey. Contributions to Mineralogy and Petrology, 58 (1): 63-81.

Poitrasson F, Hanchar J M, Schaltegger U. 2002. The current state and future of accessory mineral research. Chemical Geology, 191 (1): 3-24.

Qian T, Liu S F, Li W P, et al. 2015. Early-Middle Jurassic evolution of the northern Yangtze foreland basin: a record of uplift following Triassic continent-continent collision to form the Qinling-Dabieshan orogenic belt. International Geology Review, 57 (3): 327-341.

Sack P J, Berry R F, Meffre S, et al. 2011. *In situ* location and U-Pb dating of small zircon grains in igneous rocks using laser ablation-inductively coupled plasma-quadrupole mass spectrometry. Geochemistry Geophysics Geosystems, 12 (5): Q0AA14.

Schaltegger U, Pettke T, Audétat A, et al. 2005. Magmatic-to-hydrothermal crystallization in the W-Sn mineralized Mole Granite (NSW, Australia): Part I: crystallization of zircon and REE-phosphates over three million years-a geochemical and U-Pb geochronological study. Chemical Geology, 220 (3): 215-235.

Schmid J C, Ratschbacher L, Hacker B R, et al. 1999. How did the foreland react? Yangtze foreland fold-and-thrust belt deformation related to exhumation of the Dabie Shan ultrahigh-pressure continental crust (eastern China). Terra Nova, 11 (6): 266-272.

Schmidt M W, Dardon A, Chazot G, et al. 2004. The dependence of Nb and Ta rutile-melt partitioning on melt composition and Nb/Ta fractionation during subduction processes. Earth and Planetary Science Letters, 226 (3): 415-432.

Seguin M K, Zhai Y J. 1992. Paleomagnetic constraints on the crustal evolution of the Yangtze Block, Southeastern China. Tectonophysics, 210 (1-2): 59-76.

Shu L S, Faure M, Jiang S Y, et al. 2006. SHRIMP zircon U-Pb age, litho- and biostratigraphic analyses of the Huaiyu Domain in South China. Episodes 29 (4): 244-252.

Sláma J, Košler J, Condon D J, et al. 2008. Plešovice zircon: a new natural reference material for U-Pb and Hf isotopic microanalysis. Chemical Geology, 249: 1-35.

Stacey J S, Kramers J D. 1975. Approximation of terrestrial lead isotope evolution by a two-stage model. Earth and Planetary Science Letters, 26 (2): 207-221.

Stein H J, Sundblad K, Markey R J, et al. 1998. Re-Os ages for Archean molybdenite and pyrite, Kuittila-Kivisuo, Finland and Proterozoic molybdenite, Kabeliai, Lithuania: testing the chronometer in a metamorphic and metasomatic setting. Mineralium Deposita, 33 (4): 329-345.

Su L, Yang Z Y, Sun Z M, et al. 2005. Regional deformational features of the South China Block inferred from Middle Triassic palaeomagnetic data. Geophysical Journal International, 162 (2): 339-356.

Sun J F, Yang J H, Wu F Y, et al. 2010. Magma mixing controlling the origin of the Early Cretaceous Fangshan granitic pluton, North China Craton: *In situ* U-Pb age and Sr-, Nd-, Hf- and O-isotope evidence. Lithos, 120 (3): 421-438.

Sun S S, McDonough W F. 1989. Chemical and isotopic systematics of oceanic basalts: implications for mantle composition and processes. Geological Society, London, Special Publications, 42 (1): 313-345.

Sun W D. 2016. Initiation and evolution of the South China Sea: an overview. Acta Geochimica, 35 (3): 215-225.

Sun W D, Ding X, Hu Y H, et al. 2007. The golden transformation of the Cretaceous plate subduction in the West Pacific. Earth and Planetary Science Letters, 262 (3-4): 533-542.

Taylor S R, McLennan S M. 1985. The continental crust: its composition and evolution. Blackwell Scientific Publication, 94 (4): 632-633.

VanGaans P F M, Vriend S P, Poorter R P E. 1995. Hydrothermal processes and shifting element association patterns in the W-Sn enriched granite of Regoufe, Portugal. Journal of Geochemical Exploration, 55 (1): 203-222.

Wang J, Li Z X. 2003. History of Neoproterozoic rift basins in South China: Implications for Rodinia break-up. Precambrian Research, 122 (1–4): 141-158.

Wang Y B, Zeng Q D, Zhang S, et al. 2017. Spatial-temporal relationships of Late Mesozoic granitoids in Zhejiang Province, SE China: constraints on tectonic evolution. International Geology Review, 60 (11–14): 1529-1559.

Wang Y J, Zhang Y H, Fan W M, et al. 2005. Structural signatures and $^{40}Ar/^{39}Ar$ geochronology of the Indosinian Xuefengshan tectonic belt, South China Block. Journal of Structural Geology, 27 (6): 985-998.

Wang Y, Fan W, Zhang G, et al. 2013. Phanerozoic tectonics of the South China Block: key observations and controversies. Gondwana Research, 23 (4): 1273-1305.

Watson E B. 1979. Apatite saturation in basic to intermediate magmas. Geophysical Research Letters, 6 (12): 937-940.

Watson E B, Capobianco C J. 1981. Phosphorus and the rare earth elements in felsic magmas: an assessment of the role of apatite. Geochimica et Cosmochimica Acta, 45 (12): 2349-2358.

Webster J, Thomas R, Förster H J, et al. 2004. Geochemical evolution of halogen-enriched granite magmas and mineralizing fluids of the Zinnwald tin-tungsten mining district, Erzgebirge, Germany. Mineralium Deposita, 39 (4): 452-472.

Wei W, Faure M, Chen Y, et al. 2015. Back-thrusting response of continental collision: early Cretaceous NW-directed thrusting in the Changle-Nan'ao belt (Southeast China). Journal of Asian Earth Sciences, 100: 98-114.

Wei W, Chen Y, Faure M, et al. 2016. An early extensional event of the South China Block during the Late Mesozoic recorded by the emplacement of the Late Jurassic syntectonic Hengshan Composite Granitic Massif (Hunan, SE China). Tectonophysics, 672-673: 50-67.

Whalen J B, Currie K L, Chappell B W. 1987. A-Type granites: geochemical characteristics discrimination and petrogenesis. Contributions to Mineralogy and Petrology, 95 (4): 407-419.

Wiedenbeck M, Allé P, Corfu F, et al. 1995. Three natural zircon standards for U-Th-Pb, Lu-Hf, trace element and REE analyses. Geostandard Newsletters, 19 (1): 1-23.

Wolf M B, London D. 1994. Apatite dissolution into peraluminous haplogranitic melts: an experimental study of solubilities and mechanisms. Geochimica et Cosmochimica Acta, 58 (19): 4127-4145.

Wu F Y, Jahn B, Wilde S A, et al. 2003. Highly fractionated I-type granites in NE China (I): geochronology and petrogenesis. Lithos, 66 (3): 241-273.

Wu F Y, Yang Y H, Xie L W, et al. 2006. Hf isotopic compositions of the standard zircons and baddeleyites used in U-Pb geochronology. Chemical Geology, 234: 105-126.

Wu J, Liang H Y, Huang W T, et al. 2012. Indosinian isotope ages of plutons and deposits in southwestern Miaoershan-Yuechengling, northeastern Guangxi and implications on Indosinian mineralization in South China. Chinese Science Bulletin, 57 (9): 1024-1035.

Wu Y B, Zheng Y F. 2013. Tectonic evolution of a composite collision orogen: an overview on the Qinling-Tongbai-Hong'an-Dabie-Sulu orogenic belt in central China. Gondwana Research, 23 (4): 1402-1428.

Xie J C, Fang D, Xia D M, et al. 2017. Petrogenesis and tectonic implications of late Mesozoic granitoids in southern Anhui Province, southeastern China. International Geology Review, 59 (14): 1804-1826.

Xiong X L, Adam J, Green T H. 2005. Rutile stability and rutile/melt HFSE partitioning during partial melting of hydrous basalt: implications for TTG genesis. Chemical Geology, 218 (3): 339-359.

Yan J, Chen J F, Xu X S. 2008. Geochemistry of Cretaceous mafic rocks from the Lower Yangtze Region, eastern China: characteristics and evolution of the lithospheric mantle. Journal of Asian Earth Sciences, 33 (3): 177-193.

Yang J H, Wu F Y, Wilde S A, et al. 2007. Tracing magma mixing in granite genesis: *in situ* U-Pb dating and Hf-isotope analysis of zircons. Contrib Mineral Petrol, 153: 177-190.

Yokoyama M, Liu Y Y, Otofuji Y, et al. 1999. New Late Jurassic palaeomagnetic data from the northern Sichuan Basin: implications for the deformation of the Yangtze Craton. Geophysical Journal International, 139 (3): 795-805.

Yokoyama M, Liu Y Y, Halim N, et al. 2001. Paleomagnetic study of Upper Jurassic rocks from the Sichuan Basin: tectonic aspects for the collision between the Yangtze Block and the North China Block. Earth and Planetary Science Letters, 193 (3-4): 273-285.

Yu J H, O'Reilly Y S, Zhou M F, et al. 2012. U-Pb geochronology and Hf-Nd isotopic geochemistry of the Badu Complex, southeastern China: Implications for the Precambrian crustal evolution and paleogeography of the Cathaysia Block. Precambrian Research, 222-223: 424-429.

Yuan H L, Gao S, Dai M N, et al. 2008. Simultaneous determinations of U-Pb age, Hf isotopes and trace element compositions of zircon by excimer laser-ablation quadrupole and multiple-collector ICP-MS. Chemical Geology, 247: 100-118.

Yuan S D, Peng J T, Hao S, et al. 2011. In situ LA-MC-ICP-MS and ID-TIMS U-Pb geochronology of cassiterite in the giant Furong tin deposit, Hunan Province, South China: new constraints on the timing of tin-polymetallic mineralization. Ore Geology Reviews, 43 (1): 235-242.

Zhang F, Wang Y, Chen X, et al. 2011. Triassic high-strain shear zones in Hainan Island (South China) and theirimplications cations on the amalgamation of the Indochina and South China Blocks: kinematic and $^{40}Ar/^{39}Ar$ geochronological constraints. Gondwana Research, 19 (4): 910-925.

Zhang L, Xiao W, Qin K, et al. 2005. Re-Os isotopic dating of molybdenite and pyrite in the Baishan Mo-Re deposit, eastern Tianshan, NW China, and its geological significance. Mineralium Deposita, 39 (8): 960-969.

Zhao W W, Zhou M F, Li Y H M, et al. 2017. Genetic types, mineralization styles, and geodynamic settings of Mesozoic tungsten deposits in South China. Journal of Asian Earth Sciences, 137: 109-140.

Zheng Y F, Zhang S B, Zhao Z F, et al. 2007. Contrasting zircon Hf and O isotopes in the two episodes of Neoproterozoic granitoids in South China: implications for growth and reworking of continental crust. Lithos, 96 (1): 127-150.

Zhou X M, Li W X. 2000. Origin of Late Mesozoic igneous rocks in southeastern China: implications for lithosphere subduction and underplating of mafic magmas. Tectonophysics, 326 (3-4): 269-287.

Zhou Y, Liang X Q, Wun S C, et al. 2015. Isotopic geochemistry, zircon U-Pb ages and Hf isotopes of A-type granites from the Xitian W-Sn deposit, SE China: constraints on petrogenesis and tectonic significance. Journal of Asian Earth Sciences, 105: 122-139.

Zi J W, Cawood P A, Fan W M, et al. 2012. Triassic collision in the Paleo-Tethys Ocean constrained by volcanic activity in SW China. Lithos, 144-145: 145-160.

第四章　湘东地区晚中生代构造演化特征及其成矿制约

岩体侵位、断层活动和成矿之间的关系是地质学家长期以来十分关注的问题。一般而言，含有大量成矿元素的岩体经过岩浆分异、成矿元素和流体富集为成矿提供了物质准备。而在成矿作用结束前活动的断层，其韧性变形的面理和脆性变形的破裂（如节理或劈理）往往成为富含成矿元素流体的迁移通道，即导矿构造（高光明等，1993；杨金中等，2000）。导矿构造是含矿热液从源区到达沉淀地点的通道，导矿构造发育与否是确定热液能否富集成矿的决定性因素。无论断层的性质如何（伸展、走滑或逆冲），均会在相对于主断层不同方向上应力场的有利部位发育张性破裂，构成成矿元素沉淀形成矿脉的场所——容矿构造（张永北，1999；邱骏挺等，2011；张洪瑞等，2015）。矿体规模的大小、矿石品位的高低固然和温度、压力以及含矿热液的浓度等条件有关，但实践中成矿规模及富集程度常常取决于容矿构造因素的优劣（陈国达，1985）。因此，对断层性质的清晰认识将有利于理解晚中生代成矿事件的成矿控矿机制并预测成矿有利地带。

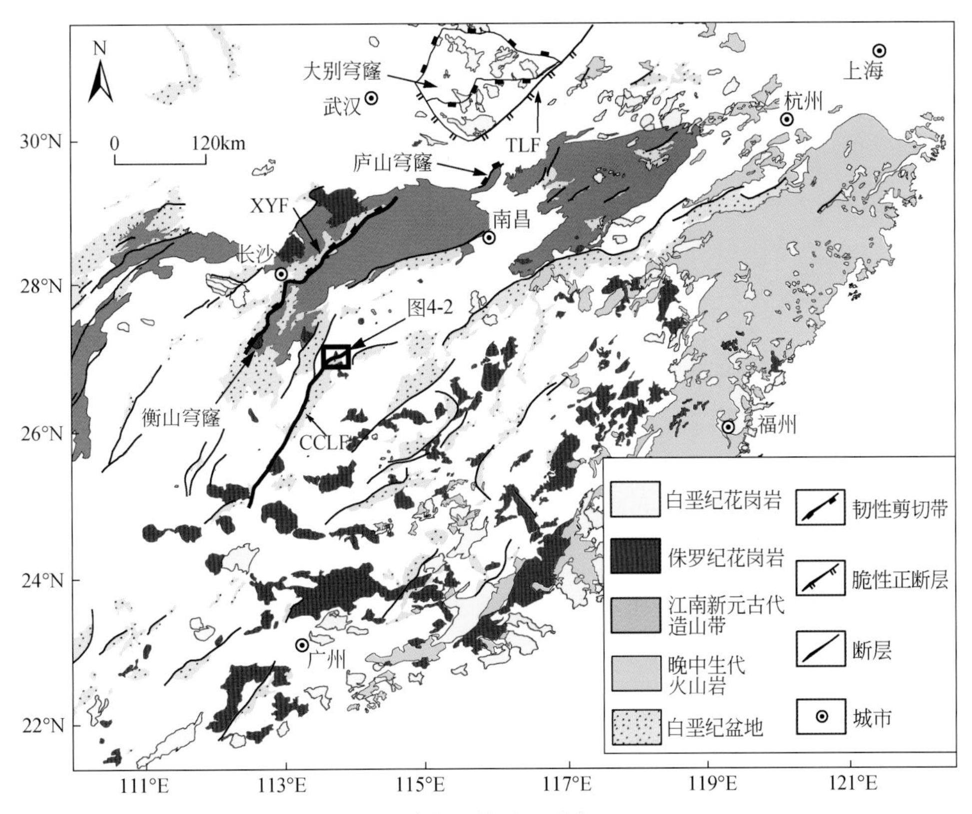

图 4-1　华南晚中生代构造简图（引自 Wei et al.，2017）

XYF. 修水-永州断层；CCLF. 茶陵-郴州-临武断层；TLF. 郯庐断层

华南晚中生代成矿事件中另一个重要问题是晚中生代区域构造体制对成矿过程的影响。前人的研究认为大洋板片俯冲能够较强地影响成矿作用。一方面，近年来的研究进展认为年轻洋壳在高氧逸度条件下的部分熔融会促使熔体中富集铜元素（Sun et al., 2017）。另外，由大洋板片熔融所形成的埃达克质岩浆的分离结晶作用可能导致大量的铜（或者金）元素从岩浆中释放出来从而形成矿床（Sun et al., 2011）；另一方面，钼矿的形成要求在大洋板片俯冲前，洋底沉积物本身含有较高的钼元素。然而弧后伸展作用使得大范围的陆壳侵蚀作用被削弱，导致从大陆向海洋运移的钼元素减少，进而引起西太平洋海底沉积物中缺少钼，这可能是华南陆块缺少钼矿一个可能的原因（Sun et al., 2016）。尽管目前学术界已做了大量的研究来揭示成矿热液和成矿元素的来源问题，然而成矿时的变形作用对成矿过程的影响仍然需要进一步的工作（Yang and Lee, 2005, 2011；Zaw et al., 2007；Xie et al., 2009, 2017a, 2017b；Li et al., 2014；Deng et al., 2016）。

为了获得华南陆块侏罗纪构造体制及其与同时期成矿作用关系的信息，本研究选取位于华南中部的湘东地区老山坳剪切带进行研究（图 4-1），该剪切带发育在邓阜仙复式岩体南缘（图 4-2a），剪切带内发育以出产钨为主的湘东钨矿（图 4-2b）。

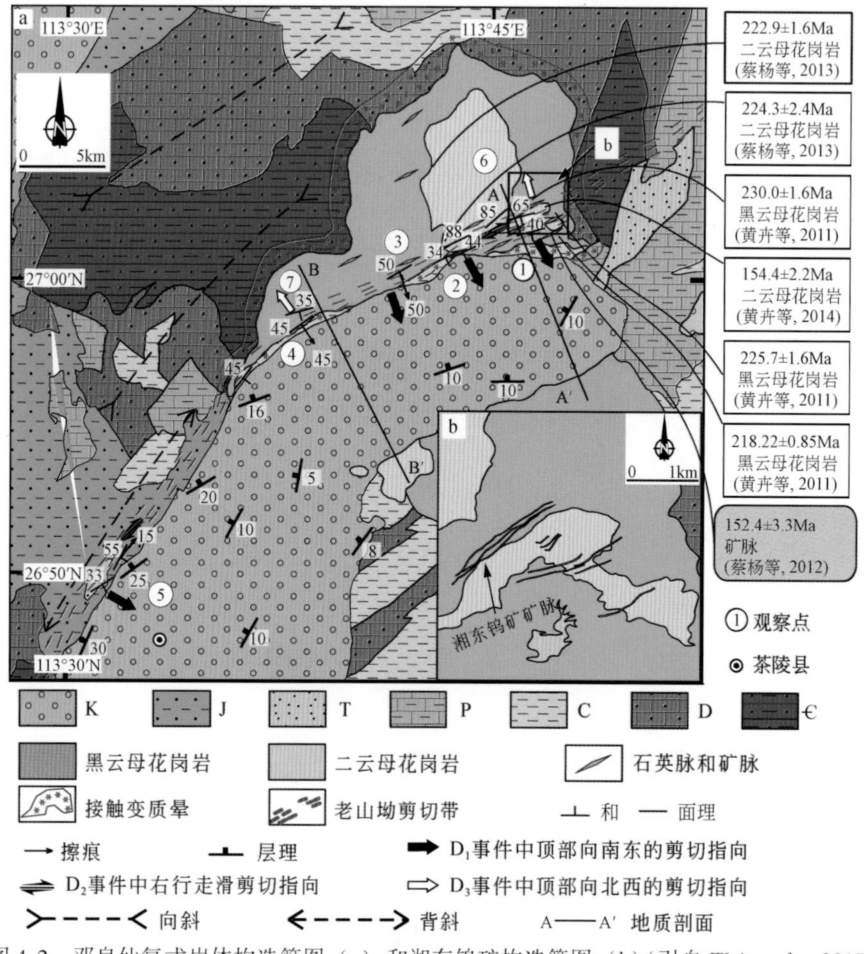

图 4-2　邓阜仙复式岩体构造简图（a）和湘东钨矿构造简图（b）(引自 Wei et al., 2017)

Q. 第四系；K. 白垩系；J. 侏罗系；T. 三叠系；P. 二叠系；C. 石炭系；D. 泥盆系；O. 奥陶系；€. 寒武系

第一节　湘东地区老山坳剪切带的构造分析

一、研究内容和方法

1. 研究内容

老山坳剪切带被认为是NE-SW走向的茶陵-郴州-临武断裂的北段，地震学研究指出该断裂是一条地壳尺度的大断裂（Zhang and Wang，2007）。在该断层两侧，中生代的基性岩浆岩的Sr-Nd和Pb同位素组成明显不同，因而该断层被认为是华南陆块的一个主要构造，可能是扬子陆块与华夏陆块的边界所在（Wang et al.，2008；Chu et al.，2012）。根据野外地质观察，该断裂以西，NE-SW走向的褶皱广泛发育，发育时间与顶部向NW的逆冲事件同时，而该断裂以东，褶皱的走向主要为E-W和NW-SE向，褶皱枢纽面向S或SW倾倒，并伴生向N或NE倾伏的劈理（Chu et al.，2012）。因而茶陵-郴州-临武断裂被认为是一条发育于前寒武纪而又在三叠纪活化的断裂（Wang et al.，2008；Chu et al.，2012；Faure et al.，2016）。

作为茶陵-郴州-临武断裂的一部分，老山坳剪切带使邓阜仙复式岩体的南部边缘发生变形（图4-2a），同时也剪切了古生界和中生界沉积地层，构成了茶陵盆地的西北边缘断层（湖南省地质矿产局，1987）。老山坳剪切带主要发育在邓阜仙复式岩体的东南缘，而湘东钨矿则发育在老山坳剪切带内（图4-2b）。湘东钨矿的矿石主要赋存于剪切带中的NE-SW走向、向SE或向NW高角度倾伏的石英脉中（蔡杨等，2010）。从北向南，主要发育6组矿脉带，在这些矿脉带中，单条矿脉一般延伸长度为50～760m，一般厚度不超过4m，而矿脉的集合体延伸可以超过2km（侯杰，2013）。对矿脉中的辉钼矿进行的Re-Os定年结果多集中在156.9±2.2Ma和149.2±2.1Ma之间，其平均年龄为152.4±3.3Ma，该年龄和八团岩体侵位年龄相似，这说明湘东钨矿的成矿和八团岩体侵位是同时的，两者之间具有成因联系（蔡杨等，2012）。该论点进一步得到了辉钼矿中Re含量以及矿床中硫化物的S同位素值的支持，这些研究都认为成矿物质应来源于地壳熔融所产生的岩浆（蔡杨等，2012）。

目前，老山坳剪切带的运动学、发育年龄以及剪切带与湘东钨矿成矿的因果关系尚未明确。一些学者认为剪切带的发育与三叠纪向NW方向运动的逆冲-褶皱事件有关，发育时间早于湘东钨矿的成矿事件（陈国达，1985）；一些学者强调，该剪切带从属于华南晚中生代走滑断层系统，是郯城-庐江左行走滑断裂向南延伸的一部分（Li et al.，2001）；另一些学者则在剪切带中发现一些正断层的剪切指向，认为其发育在湘东钨矿成矿之后（倪永进等，2015）。

在本研究中，我们对该剪切带进行了宏观及显微构造观察以及磁组构（也称磁化率各向异性，anisotropy magnetic susceptibility，简称AMS）测试以回答以下几个问题：①老山坳剪切带的变形历史；②老山坳剪切带的发育及持续时间；③邓阜仙复式岩体中晚侏罗世八团花岗岩的侵位、老山坳剪切带的变形以及湘东钨矿发育之间的关系。

2. 研究方法

采用野外观察、测量剖面与室内统计分析相结合的方法，进行宏观与微观、定性与定量的研究，综合分析断层形成的构造应力场，活动时间、期次及规模，以及其与成矿的关系。

本研究进行了详细的野外调查，有针对性地选择剖面进行了测量，对面理线理进行了统计。野外调查主要以北部邓阜仙岩体的老山坳断层和南部锡田岩体两侧为重点研究对象。其中老山坳剪切带与湘东钨矿关系密切，着重观察构造岩的变形特征、截切关系、剪切指向、面理、线理、节理的统计以及采集定向样品。

在弱变形域中，通过岩石的宏观和显微构造很难确定岩石的应变椭球体的空间分布特征。AMS 是一种通过测量样品磁性矿物定向排列来反映岩石应变椭球体排列的高效方法。首先通过体磁化率、等温剩磁、热剩磁、磁滞回线等实验确定载磁矿物的种类以及铁磁性矿物的磁畴大小，从而得到 AMS 椭球体与岩石应变椭球体的对应关系。然后分析磁组构的分布特征，阐释其代表的地质学意义。

对手标本中能够明显观察到变形的定向样品按照平行线理、垂直面理的原则制作定向薄片，对于变形微弱或者未变形的岩石定向样品，在进行 AMS 测试后，按照平行磁线理、垂直磁面理的原则将定向岩心进行切片。然后在显微镜下观察其变形特征及剪切指向。将野外调查、AMS 组构和显微镜下的观察进行整理、归纳、讨论，确定构造活动与成矿的关系。

二、邓阜仙复式岩体的构造特征

汉背岩体的黑云母花岗岩主要由几个厘米大小的粗粒石英、斜长石、钾长石和黑云母等矿物组成。八团岩体的二云母花岗岩中的石英、斜长石、钾长石、黑云母和白云母均小于 1cm。在湘东钨矿，八团岩体发育白云母花岗岩，黑云母缺失。汉背岩体和八团岩体的主体显示出典型的块状构造和岩浆结构（图 4-3a）。斜长石和钾长石呈自形或半自形，石英呈他形。在八团岩体中，黑云母和白云母随机排布，没有任何定向；而在汉背岩体中，可以广泛观察到云母和长石有明显的定向排列，但未见变形，这些现象说明邓阜仙复式岩体的主体并未受到老山坳剪切带的影响。

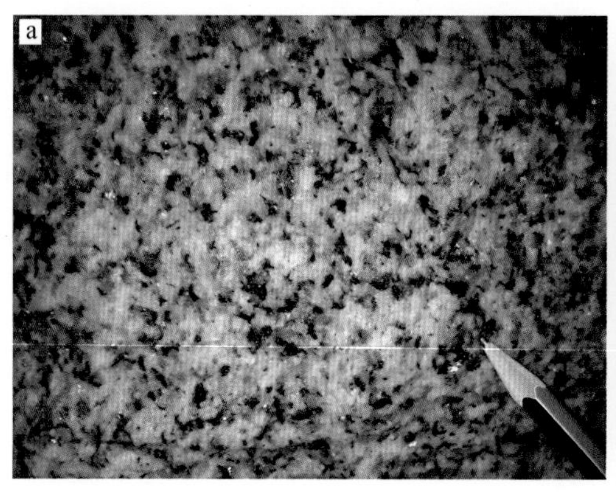

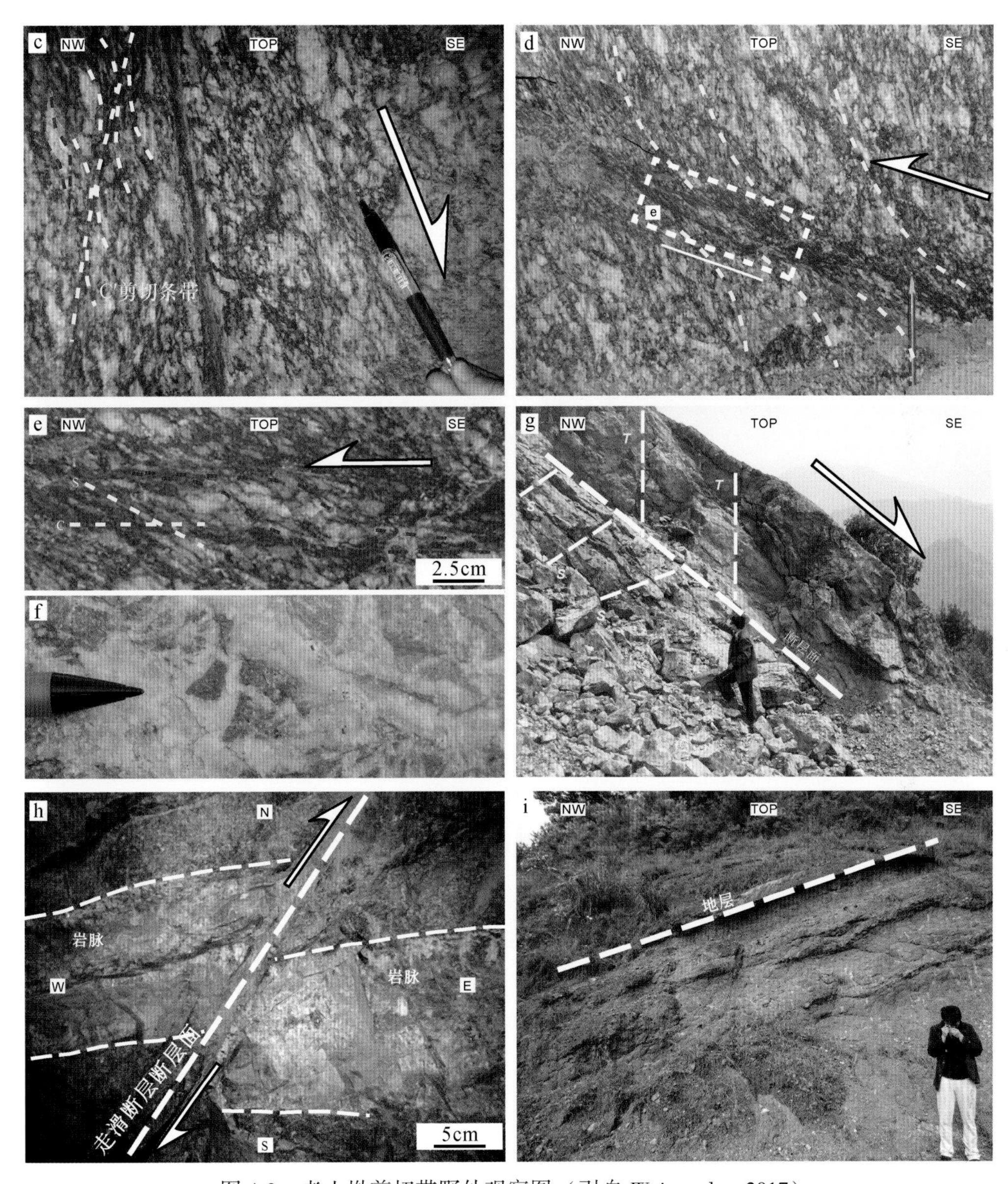

图 4-3 老山坳剪切带野外观察图（引自 Wei et al.，2017）

照片拍摄位置参见图 4-2a 中位置序号：a. 邓阜仙复式岩体中八团岩体的未变形花岗岩（位置 6 附近）；b. 邓阜仙复式岩体接触变质晕中的红柱石角岩（位置 7 附近）；c. 老山坳剪切带 D_1 剪切变形时发育的“西格玛”状石英集合体及剪切条带指示顶部向南东的剪切指向（位置 1 附近）；d. D_3 狭窄的剪切带切割 D_1 面理，面理的弯折指示 D_3 变形顶部向北西的剪切指向（位置 1 附近）；e. D_3 狭窄的剪切带中石英集合体成“西格玛”状以及 S-C 组构指示顶部向北西的剪切指向；f. 老山坳剪切带中的断层角砾岩；g. T 和 S 破裂与断层面的几何关系指示顶部向南东的剪切指向（位置 2）；h. 矿脉被 NE-SW 走向的走滑断层切割、位移，指示右行走滑的剪切指向（位置 1 附近）；i. 靠近老山坳剪切带时，盆地的白垩系沉积岩地层向 NW 方向倾，暗示盆地形成时老山坳剪切带仍在活动（位置 5）

在邓阜仙复式岩体的周围发育宽约百米的接触变质带，其中在寒武系到石炭系的泥岩、粉砂岩以及灰岩的基础上发育了红柱石角岩（图 4-3b）、大理岩以及矽卡岩。

三、老山坳剪切带中的变形岩石

因为受到老山坳剪切带的剪切变形作用，邓阜仙复式岩体南缘的黑云母花岗岩和二云母花岗岩发生了明显的韧性变形（图 4-3c，d），韧性变形又被脆性变形叠加形成碎裂岩、断层泥或假玄武玻璃等脆性构造岩，另外还发育裂隙和走滑滑移面等脆性构造（图 4-3f，h）。老山坳剪切带引起的变形并未局限于邓阜仙复式岩体的南缘，而是向 NE 和 SW 两个方向延伸至沉积地层中。例如，在寒武系粉砂岩、泥盆系和二叠系灰岩、三叠系和下侏罗统砂岩中均沿老山坳剪切带发育了大量劈理密集带（图 4-2a）。这些劈理的面理走向为 NE-SW 向，向 SE 倾，倾伏角为 45°～65°（图 4-2a 和图 4-4a）。

四、老山坳剪切带的韧性变形特征

因为风化强烈，在地表很难找到大量高质量的韧性变形露头。然而在湘东钨矿的地下开采巷道中，却存在大量高质量露头，可以详细观察韧性变形。

湘东钨矿的开采巷道多为 NW-SE 向，与 NE-SW 向的老山坳剪切带近垂直，在露头尺度，韧性变形是透入性的。韧性面理由长英质矿物集合体变形而形成，面理倾向 SE，倾角为 45°～60°（图 4-3c，d 和图 4-4a）。虽然在面理面上，很难观察到线理，但是由磁化率各向异性椭球体（磁组构）所揭示的线理为 NW-SE 向，指示了在韧性变形时，该方向存在着拉伸作用。沿着 NW-SE 剖面观察（有限应变椭球体的 XZ 面），石英和长石集合体变形为“西格玛”状的剪切残斑，指示顶部向 SE 的剪切指向（图 4-3c，图 4-2a 中位置 1），该剪切指向被 C′剪切条带进一步证实（图 4-3c）。

在一些露头可见宽约 10cm 的狭窄剪切带切割花岗岩露头的透入性面理。这些狭窄的剪切带均向 SE 倾，倾角约为 30°，比所切割的透入性面理缓。由于这些狭窄的剪切带的剪切作用，透入性的面理变形卷曲形成拖曳褶皱，指示顶部向北西的剪切指向（图 4-3d）。与此对应的是，在这些狭窄的剪切带内，长英质矿物集合体被变形成“西格玛”状的剪切指向标志，以及 S-C 组构都指示了顶部向北西的剪切指向（图 4-3e）。

在邓阜仙复式岩体南缘远离湘东钨矿的地方，由于受到老山坳剪切带的影响，汉背岩体的黑云母花岗岩变形，发育向 SE 倾伏的韧性面理，倾角约 50°，在面理上，可以观察到向 160°方向倾伏的擦痕（图 4-2a 中位置 3）。

侏罗系发育直立褶皱，褶皱枢纽面走向 40°，枢纽向 40°倾伏，倾伏角为 10°，褶皱的两翼分别向 NW 和 SE 倾（～50°；图 4-2a 中位置 5 附近）。沿老山坳剪切带，发育密集的劈理带，劈理向 SE 倾，倾角约 40°（图 4-2a 中位置 5 附近）。在 HN017 和 HN019 观察点，劈理面之上，可观察到发育倾伏向为 40°和 51°的缓倾擦痕，倾伏角分别为 22°和 15°（图 4-2a 中位置 5 附近）。

五、老山坳剪切带的脆性变形

在研究区中，老山坳剪切带发育各种类型的脆性变形构造（图4-2a 中位置2 和4 附近），包括断层角砾岩、断层泥、假玄武玻璃等断层碎裂岩，以及节理、小型脆性断层面等脆性构造。断层角砾岩由棱角状细颗粒的花岗岩或石英脉的角砾组成，这些角砾直径约2cm（如图4-3f，图4-2a 中位置2 附近）。在断层角砾岩的裂隙中，可见深黑色假玄武玻璃充填。在一些露头中，发育黄色、细粒的断层泥。节理、石英脉以及脆性断层面在研究区普遍发育。在湘东钨矿的采掘巷道中，可观察到节理容纳了含黑钨矿和白钨矿的矿脉。正是这些发育在老山坳剪切带中的矿脉构成了湘东钨矿（图4-2a 中位置1）。尽管节理的倾向、倾角有一些变化，但是走向主要集中在NE-SW 方向（图4-4a）。石英脉和矿脉主要向SE 和NW 方向倾伏，倾角在55°～75°之间，产状与节理相似（图4-4a）。在湘东钨矿的一些露头，可观察到矿脉被NE-SW 走向的右行走滑断裂面错动（图4-3h，图4-2a 中位置1 附近）。

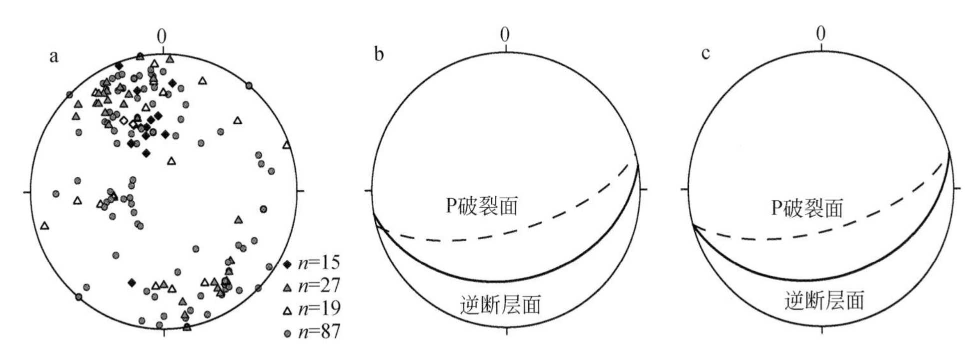

图4-4　野外观测组构的下半球等面积赤平投影图（引自Wei et al.，2017）

a. 老山坳剪切带的总组构投影图，实心钻石形、棕色实心三角形、空心三角形、灰色圆圈分别代表剪切带面理、矿脉、石英脉和节理产状；b 和c. D_3 逆断层及其P 破裂的几何关系指示顶部向北西的剪切指向（分别位于图4-2a 中位置1 和2 附近）

在一些露头，节理及其所依附的脆性断裂面的几何关系指示了顶部向南东的剪切指向。比如，在Hn028 号观察点（图4-2a 中位置2 附近），岩石被强烈碎裂，并经历了强烈的硅化作用，发育典型的断层碎裂岩（图4-3f），该露头发育的断层面倾向为150°，倾角为45°，因断裂作用，该露头也形成了T 和S 破裂，其中T 破裂倾向为150°，倾角为80°，而S 破裂倾向为330°，倾角为40°（图4-3g）。

在HG001 和HG006 号观察点，脆性断层和与之关联的P 破裂同时发育，它们的几何关系均指示顶部向北西的剪切指向。在HG001 观察点，断层面的倾向为170°，倾角为34°，而P 破裂则倾向165°，倾角为65°（图4-4b，图4-2a 中位置1 附近）；在HG006 观察点，断层面的倾向为165°，倾角为35°，其P 破裂倾向为165°，倾角为65°（图4-4c，图4-2a 中位置4 附近）。

六、茶陵盆地的构造特征

茶陵盆地长轴走向为 NE-SW 向，宽约 10km，在其西北边缘发育边界断层老山坳剪切带（图 4-2a）。该盆地主要充填一套陆相红色碎屑沉积物，地层中含恐龙及其他爬行动物的蛋和牙齿化石，这些化石指示了地层的沉积年龄为白垩纪（储澄，1978；高红湘，1975）。

茶陵盆地的边界断层位于其西北边缘的老山坳剪切带，该剪切带也切割邓阜仙复式岩体的东南缘。与前人的地质调查结论一致，本研究的野外观察指示茶陵盆地的沉积地层倾向于 NW，倾向正好与老山坳剪切带的倾向相反（图 4-3a，i）。另外，随着远离老山坳剪切带，地层的倾角逐渐从 25°降低到 5°（图 4-2a）。这暗示，茶陵盆地的沉积物充填可能是受老山坳剪切带影响的。

基于以上对岩体、剪切带以及盆地的构造观察，我们提出区域变形历史可能分 D_1、D_2、D_3三期的观点。其中 D_1是一次向 SE 倾、顶部向 SE 运动的正断层活动，该运动可以解释老山坳剪切带中透入性韧性面理以及一些顶部向 SE 运动的脆性正断层面的发育；D_2是一期 NE-SW 向的右行走滑剪切运动，该运动使形成于 D_1的矿脉发生了变形；D_3是一期向 NW 运动的逆冲事件，该时间切割了前两期的韧性面理。

严格的变形期次的划分需建立在大量的线理、面理等几何学数据的基础上，因此本研究将在进行了系统的岩石磁学及磁组构（磁线理和磁面理）研究之后，在磁组构信息的基础上，进行运动学及变形期次划分的讨论。

第二节　老山坳剪切带的岩石磁学研究

老山坳剪切带中的韧性面理较为发育，但构造研究仍存在一些不利因素，如缺少明显的可进行肉眼观测的宏观的矿物拉伸线理。然而，正如前人研究所指出的，AMS 是当宏观应变方向不明确时确定剪切带中岩石组构的有效方法（Tarling and Hrouda，1993；Bouchez and Gleizes，1995；Ferre et al.，2014）。为了在仅发育面理的观察点确定线状构造，本研究使用手持钻机进行了定向岩心的采样，或采取定向手标本以加工成定向岩心。随后在实验室中对这些定向岩心进行了岩石磁学及磁组构测试。

一、采样与测试

在老山坳剪切带不同构造部位的 20 个观察点进行了变形花岗岩的定向标本的采样（表 2-1）。所采得的定向岩心直径为 2. 5cm，在实验室中被切成高 2. 2cm 的标准磁组构样品。每个采样点制作 5 ~ 10 个样品，最后总共获得 124 个标准岩心样品（表 4-1）。在制作标准岩心之后，采用 AGICO 公司的 KLY3-S 卡帕桥磁化率各向异性仪进行了磁组构测试。测试结果由 ANISOFT（AGICO）软件进行处理，获得磁化率各向异性椭球体的各个轴（其中 K_1为磁线理，K_3为磁面理极）的方向。磁性矿物学研究由三种方法进行：居里温度点实验由 KLY3-S 卡帕桥磁化率各向异性仪结合 CS3 加热炉（AGICO）进行；等温剩磁（isothermal remanent magnetization，IRM）实验和磁滞回线实验由 MicroMag 3900 震荡磁力仪（Princeton Measurements Corp.）进行。

表 4-1　老山坳剪切带变形岩石磁组构测试数据表（引自 Wei et al.，2017）

点号	岩性	n	K_m /10^{-6}SI	P_J	T	K$_1$				K$_3$			
						Dec /(°)	Inc /(°)	α_{95max} /(°)	α_{95min} /(°)	Dec /(°)	Inc /(°)	α_{95max} /(°)	α_{95min} /(°)
LSA01	DTG	9	19.3	1.035	0.030	69	10	24	3	323	58	8	3
LSA02	DG	6	134.0	1.017	0.162	223	15	21	6	330	47	11	8
LSA03	DG	5	28.6	1.031	0.310	89	12	20	6	345	47	12	8
LSA04	DG	5	215.0	1.126	0.046	219	1	18	9	310	20	19	8
LSA05	DG	5	267.0	1.437	−0.251	58	18	4	3	149	5	16	4
LSA06	DG	5	−8.2	1.113	0.144	138	54	5	3	0	28	10	3
LSA07	DG	5	66.8	1.040	0.620	77	1	28	3	346	49	13	4
LSA08	DMG	10	119.0	1.037	0.647	177	29	16	5	311	52	5	5
LSA09	DG	9	119.0	1.033	−0.092	170	62	15	3	343	28	13	8
LSA10	DMG	5	124.0	1.021	−0.127	244	71	27	11	144	4	14	10
LSA11	DTG	5	101.0	1.034	−0.332	110	68	6	3	215	6	14	3
LSA12	DMG	5	295.0	1.140	−0.230	156	38	28	7	6	48	33	6
LSA13	DTG	8	66.9	1.020	0.066	65	53	17	4	186	21	7	4
LSA14	DG	6	69.2	1.024	0.222	65	26	22	5	307	44	17	6
LSA15	DG	6	4.7	1.192	0.162	225	7	12	5	321	40	15	9
LSA16	DG	10	189.0	1.092	0.386	133	34	40	6	292	55	19	7
LSA17	DTG	8	46.5	1.031	−0.023	66	81	16	11	318	3	46	10
LSA18	DTG	6	27.3	1.199	0.860	79	54	24	5	318	21	21	5
LSA19	DTG	5	49.5	1.051	0.362	40	42	33	7	172	37	14	8
LSA20	DTG	1	43.2	1.042	−0.072	168	40	—	—	349	50	—	—

注：n 为采样点样品数量，K_m 为采样点的点平均磁化率，P_J 和 T 分别为磁化率各向异性度和形态参数，K$_1$ 和 K$_3$ 分别为磁线理和磁面理极，Inc 为倾角，Dec 为偏角，α_{95max} 和 α_{95min} 分别为磁化率置信椭圆的长轴和短轴，DG 表示变形的黑云母花岗岩，DTG 表示变形的二云母花岗岩，DMG 表示变形的白云母花岗岩

二、磁性矿物学

为了正确解释磁组构测试结果，需要首先确定样品的载磁矿物种类、含量及载磁矿物磁畴的大小。

采样点的平均磁化率（K_m）可以较好地反映采样点中岩石样品的磁性矿物含量（Tarling and Hrouda，1993）。本研究中样品的平均体磁化率展示如下，各采样点的磁化率均小于 300×10^{-6}SI（图 4-5）。如此低的磁化率值暗示顺磁性矿物是大多数样品的载磁矿物（Bouchez，2000）。其中需要注意的是采样点 LSA06 的磁化率值为负值，这说明在该点，石英等抗磁性矿物决定了样品的磁性特征（Tarling and Hrouda，1993）。这可能与该点存在较强的硅化作用有关。

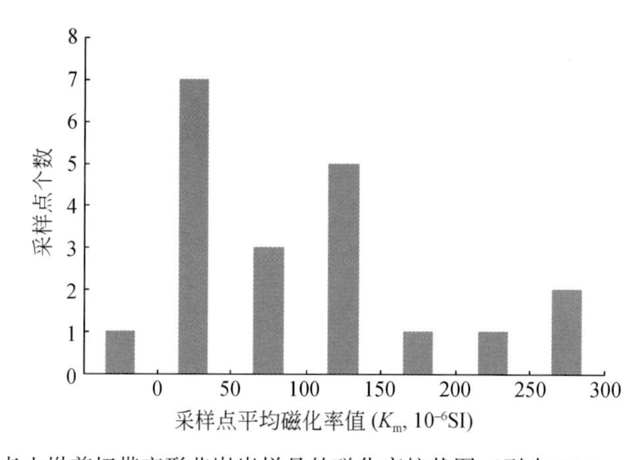

图 4-5　老山坳剪切带变形花岗岩样品的磁化率柱状图（引自 Wei et al.，2017）

居里温度点实验显示大部分样品在 580℃时磁化率剧烈下降，最终在 700℃丧失磁性。这一结果说明样品中含有一定量的磁铁矿并伴生有赤铁矿（图 4-6a ~ d）。样品 LSA04 的磁化率在 300℃时明显下降，这说明了在居里温度点实验中可能存在从磁黄铁矿到赤铁矿的相变（图 4-6a）。样品 LSA07，磁化率在 580℃时剧烈下降，说明载磁矿物是磁铁矿（图 4-6b）。样品 LSA09 和 LSA14 的磁化率在加热中起初保持稳定，后来在 580℃左右时先上升后下降（图 4-6c，d），这一行为表明样品先被氧化形成磁铁矿，然后在随后的增温中达到居里温度点而发生磁化率下降。需要注意的是，在各个样品的降温曲线中，在 580℃时磁化率表现出明显的剧烈增加（图 4-6a ~ d），并且其磁化率值上升到比增温曲线还要高的地步，这说明在加热过程中，一些含铁的顺磁性矿物因为氧化相变成了磁铁矿。

等温剩磁实验显示在外加磁场强度达到 200mT 之前，因磁化现象产生的剩磁快速上升接近饱和（图 4-6e ~ h），这说明载磁矿物应该是磁矫顽力较弱的矿物，如磁铁矿。样品的磁滞回线主要表现为“西格玛”状和线状的叠加，这说明载磁矿物应为少量亚铁磁性矿物如磁铁矿和大量顺磁性矿物的组合（图 4-6i ~ l；Tarling and Hrouda，1993）。在 Day-plot 图解中，磁铁矿均为假单畴和多畴（图 4-7；Dunlop，2002）。

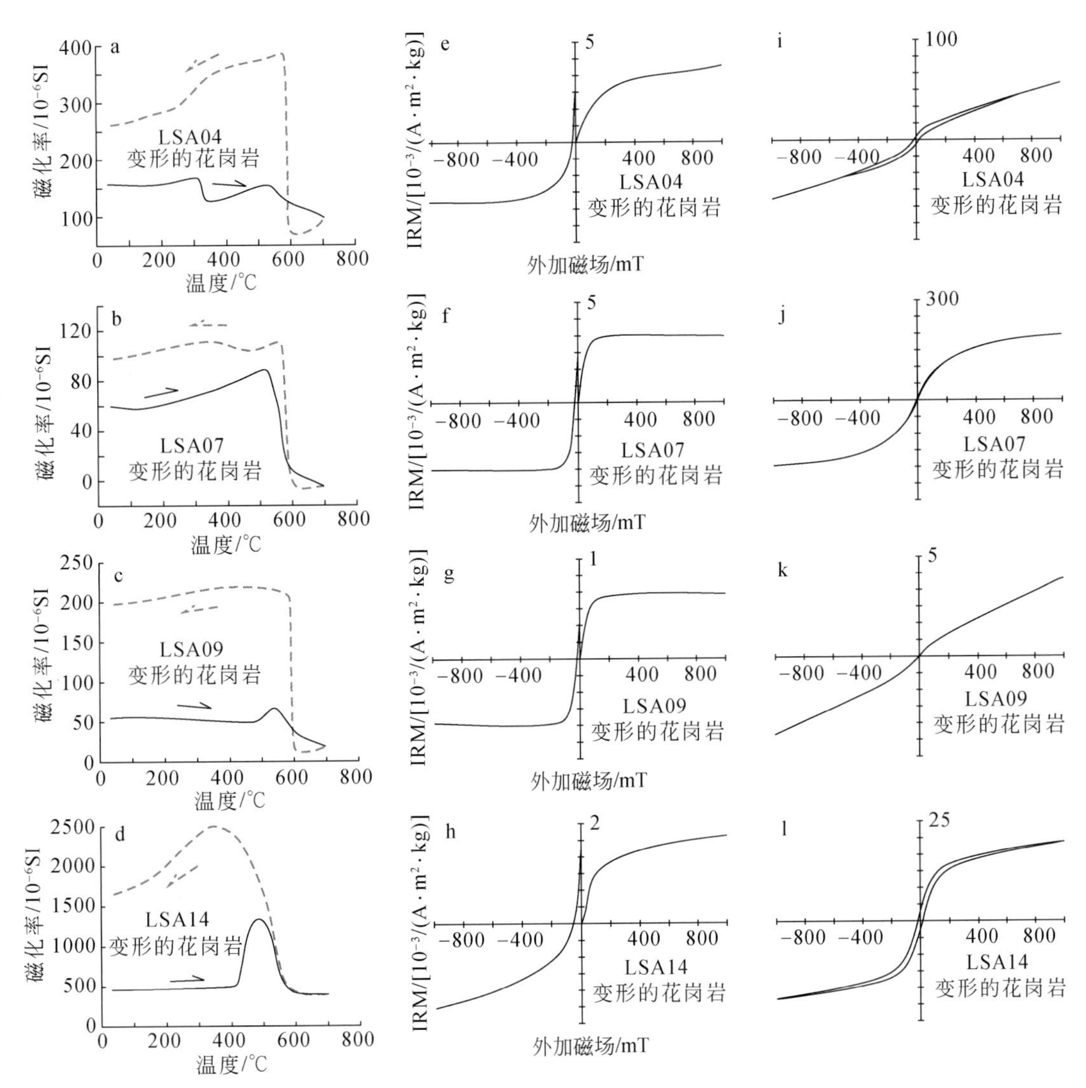

图 4-6　老山坳剪切带磁组构样品的热磁（居里温度点）实验、等温剩磁实验与磁滞回线结果图（据 Wei et al.，2017）

简而言之，载磁矿物主要为云母及多畴、假单畴磁铁矿，这说明磁组构实验中测得的磁组构均为正组构，其磁化率各向异性的最大轴和最小轴等同于应变椭球的最大轴（K_1）和最小轴（K_3），因而磁组构可以不经任何校正就作为矿物定向组构来进行构造解释。除了样品 LSA06，由于该样品载磁矿物为抗磁性矿物，其磁化率最大轴和最小轴分别等同于应变椭球的最小轴和最大轴，因而在该样品中，K_3 才是线理（Tarling and Hrouda，1993）。

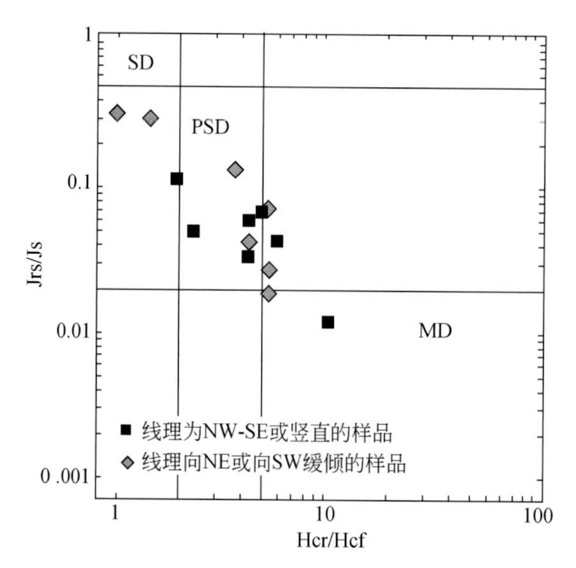

图 4-7　老山坳剪切带磁组构样品的 Day-plot 图解（引自 Wei et al.，2017）

Jrs. 剩磁，Js. 饱和剩磁；Hcr. 剩磁矫顽力；Hcf. 矫顽力；SD. 单畴；PSD. 假单畴；MD. 多畴。黑色正方形代表具有 NW-SE 向或竖直磁线理的样品（形成于 D_1 样品），灰色钻石形代表具有向 NE 或 SW 缓倾的磁线理的样品（形成于 D_2 事件）

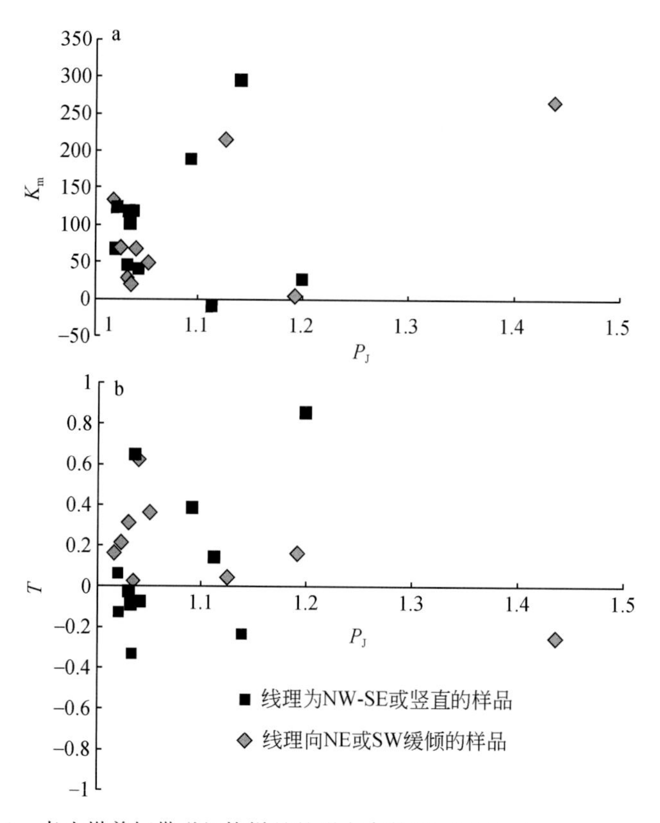

图 4-8　老山坳剪切带磁组构样品的形态参数图（引自 Wei et al.，2017）

a. P_J-K_m 图（P_J. 校正过后的磁化率各向异性度；K_m. 采样点平均磁化率值，单位为 10^{-6} SI）；b. T-P_J 图（T. 形态参数）；T 和 P_J 的计算参见 Jelinek（1981）。黑色正方形代表具有 NW-SE 向或竖直磁线理的样品（形成于 D_1 事件），灰色钻石形代表具有向 NE 或 SW 缓倾的磁线理的样品（形成于 D_2 事件）

三、磁组构分析

老山坳剪切带的磁组构分析结果总结于表 2-1 中。所计算的各采样点 K_1 和 K_3 精密度好，其置信椭圆的最大轴和最小轴（α_{95max} 和 α_{95min}；Jelinek，1981）的平均值均小于 20°，结果可信。在 P_J-K_m 图解中（图 4-8a），绝大多数采样点的磁化率各向异性度 P_J 小于 1.2，P_J 和 K_m 无相关关系（图 4-8a），这说明 P_J 的变化独立于磁性矿物浓度的变化。样品的形态参数（T）各有正负，无明显规律，说明磁化率各向异性椭球体存在烙饼型（$T>0$）和雪茄型（$T<0$），P_J 和 T 无明显的相关关系（图 4-8b）。

图 4-9 为老山坳剪切带各个采样点磁线理（K_1）和磁面理极（K_3）的等面积下半球赤平投影图。大多数采样点的磁面理向 SE 倾伏，倾角为 40°～60°（图 4-9 和图 4-10a）。磁线理可分两组：①高角度倾向 SE；②近水平倾向 NE 或 SW（图 4-10b）。

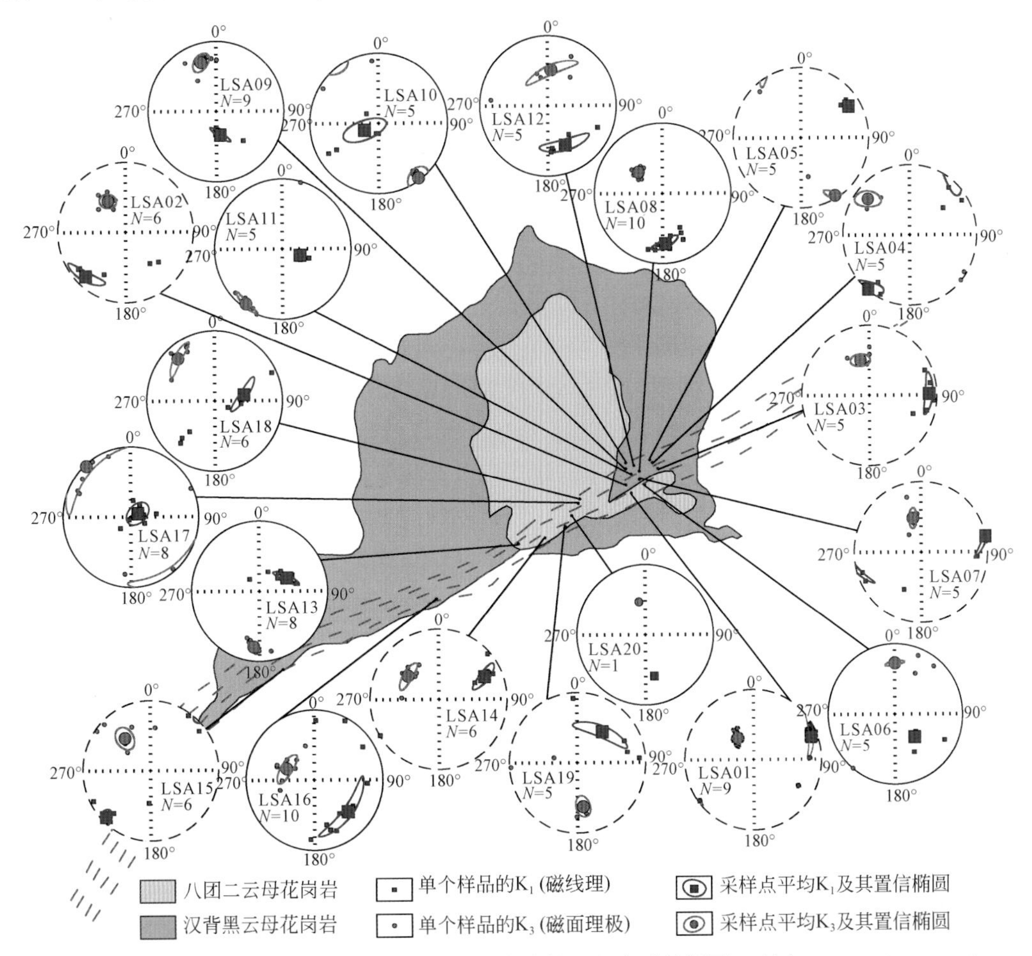

图 4-9 老山坳剪切带各采样点磁组构的下半球等面积赤平投影图（引自 Wei et al.，2017）

椭圆置信度为 95%；所有具有 NE-SW 缓倾磁线理的采样点的赤平投影基圆用虚线标识，其余采样点的磁线理向南东倾或竖直

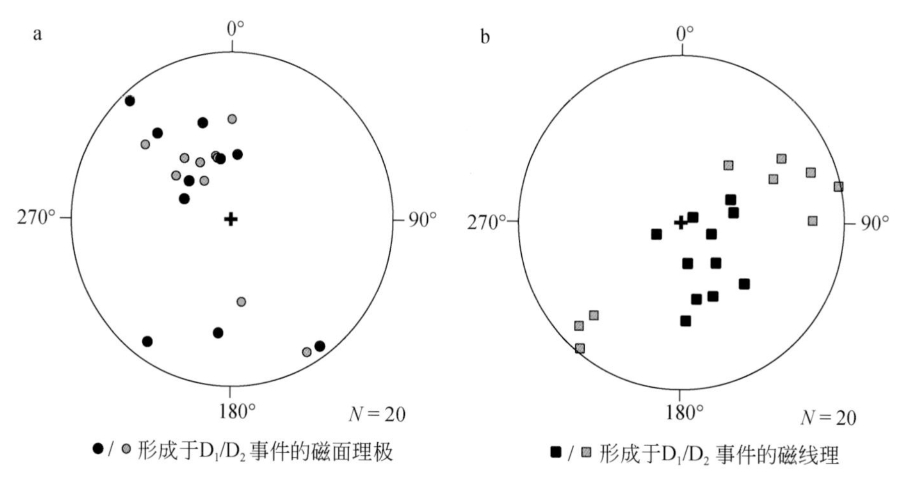

图 4-10　老山坳剪切带磁组构总组构下半球等面积赤平投影图（引自 Wei et al.，2017）

a. 磁面理极图；b. 磁线理图

第三节　老山坳剪切带的显微构造观察及运动学

本研究对一个未变形的黑云母花岗岩和一个未变形的二云母花岗岩样品进行了显微镜岩相观察。这两个样品均采自岩体内部，远离老山坳剪切带（图 4-2a 的位置 6 和位置 7）。另外，为了比较多期变形的变形样式并进一步获得老山坳剪切带的运动学特征。选择卷入老山坳剪切带变形的沉积岩的 2 个定向手标本以及变形花岗岩的 15 个磁组构样品被用于制作 XZ 剖面的薄片（平行线理及垂直面理）。考虑到向 NE-SW 方向缓倾的擦痕、矿物拉伸线理发育于一些样品之中，YZ 剖面的薄片（垂直于 NE-SW 线理及垂直于面理）同样也进行了磨制，这些 YZ 剖面的薄片垂直于老山坳剪切带的走向以及茶陵盆地的长轴延伸方向。

在未变形花岗岩的薄片中，钾长石和斜长石颗粒呈板状、自形（图 4-11a，b）。钾长石多见火焰状构造并显示出钠长石的出溶。斜长石双晶纹平直，并发育岩浆震荡环带。白云母和黑云母自形，解理面平直（图 4-11a，b）。石英多显示出波状消光，并发育了亚颗粒，另外一些他形石英颗粒充填在钾长石的空隙中。

相比于花岗岩的主体部分，沿着老山坳剪切带，岩石的显微构造特征完全不同。在显微镜下，矿物的脆性和韧性的变形特征均可被观察到。在邓阜仙复式岩体南缘因老山坳剪切带切割而发生变形的花岗岩中，可以观察到韧性变形或被改造成断层碎裂岩，或被裂隙叠加（图 4-11c）。在变形的二云母花岗岩（八团岩体）中，长石表现出波状消光，发育裂隙，且裂隙中充填石英。斜长石双晶纹发生弯折，这是典型的高温变形特征（图 4-11d；样品 LSA04；位置参照图 4-9）。石英颗粒也表现出波状消光，动态重结晶和亚颗粒化，亚颗粒边界呈缝合线状，并有交生现象，这些都指示了石英的变形以高温下的晶体边界迁移为机制（图 4-11e）。显微镜下云母表现为波状消光以及云母解理缝的弯折（图 4-11f）。

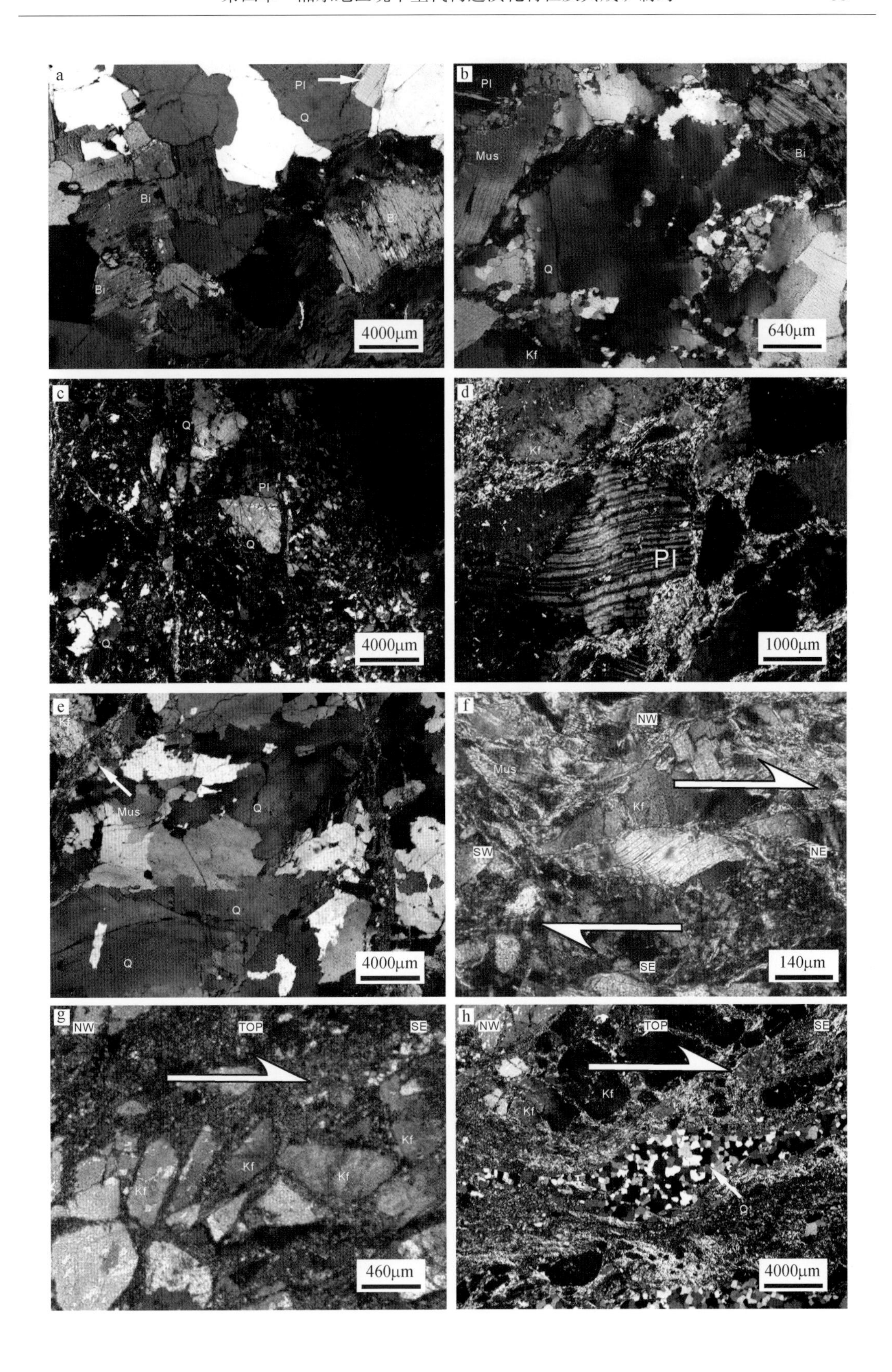
a
Pl
Q
Bi
Bi
Bi
4000μm
b
Pl
Mus
Bi
Q
Kf
640μm
c
Q
Pl
Q
Q
4000μm
d
Kf
Pl
1000μm
e
Kf
Mus
Q
Q
Q
4000μm
f
NW
Mus
Kf
SW
NE
SE
140μm
g
NW
TOP
SE
Kf
Kf
Kf
Kf
460μm
h
NW
TOP
SE
Kf
Kf
Q
4000μm

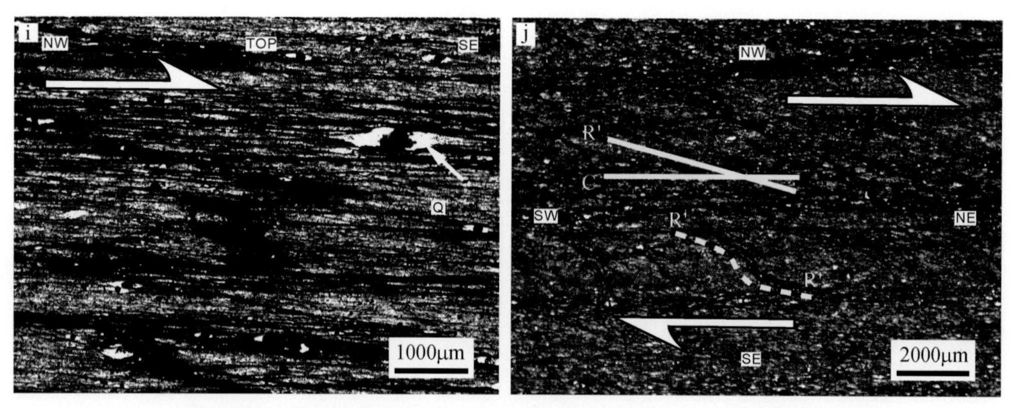

图 4-11　老山坳剪切带显微构造观察图（据 Wei et al.，2017）

所有照片的样品位置参见图 4-2a 中的位置序号；a. 汉背岩体中的黑云母自形且解理面平直（位置 7）；b. 八团岩体中的黑云母和白云母自形且解理面平直，斜长石双晶面也平直（位置 6）；c. 老山坳剪切带的断层角砾岩中的斜长石和石英显示棱角状结构（位置 4 附近）；d. 老山坳剪切带的韧性变形花岗岩中的斜长石的双晶面弯折指示了高温变形（位置 1 附近）；e. 石英颗粒发育缝合边显示边界迁移的变形机制（grain boundary migration mechanism）指示了高温下的变形（位置 1 附近）；f. “西格玛”状的白云母波状消光，指示了右行走滑的剪切指向（形成于 D_2 走滑事件；位置 1 附近）；g. 长石残斑构成“多米诺”构造指示顶部向南东的剪切指向（位置 1 附近）；h. 石英集合体呈“西格玛”状，指示顶部向 SE 的剪切指向（形成于 D_1 事件，位置 1 附近），石英在变形后经历了静态重结晶；i. 不透明矿物的不对称石英压力影指示顶部向南东的剪切指向（形成于 D_1 事件，位置 5 附近）；j. C 和 R 显微裂隙的关系指示右行走滑的剪切指向（形成于 D_2 事件；位置 5 附近）

Bi. 黑云母；Mus. 白云母；Kf. 钾长石；Pl. 斜长石；Q. 石英

在用具有 NW-SE 磁线理的磁组构定向岩心制作 XZ 剖面的定向薄片中，一些长石颗粒发生破碎并旋转，构成了“多米诺”构造，指示了顶部向 SE 的剪切指向（图 4-11g）。石英颗粒变形为“西格玛”状的残斑，尽管残斑内部发生了静态重结晶，但是其具有不对称拖尾的外形仍然指示顶部向 SE 的剪切指向（图 4-11h）。

对于发育缓倾的 NE-SW 磁线理的磁组构样品，在其沿 XZ 剖面（NE-SW 向）的定向薄片中，白云母变形成云母鱼，指示了沿 NE-SW 方向右行走滑的剪切（图 4-11f）。这暗示了在顶部 SE 方向剪切的变形事件之外，存在另一期的变形事件。另外，在这些发育 NE-SW 磁线理的磁组构样品中，沿 YZ 剖面（沿 NW-SE 方向）制作的定向薄片中未见剪切指向。

卷入老山坳剪切带变形中的侏罗系粉砂岩也可观察到剪切指向。在平行于 YZ 剖面（沿 NW-SE 方向定向，垂直于劈理面，且垂直于 NE-SW 的近水平擦痕）的定向薄片中，不对称的压力影指示了顶部向 SE 的剪切（图 4-11i，图 4-2a 中的位置 5）。另外，在同一露头沿 NE-SW 方向的 XZ 剖面（平行于擦痕且垂直于劈理面）定向薄片中，发育完好的 C 和 R′两组裂隙，这两组裂隙的几何关系指示了沿 NE-SW 方向的右行走滑运动（图 4-11j；图 4-2a 中位置 5 附近）。

第四节　湘东地区构造演化解析

一、多期构造事件与构造体制演化

老山坳剪切带变形内容丰富，包括花岗岩及其围岩的韧性和脆性变形、含矿石英脉的形成，以及盆地的张开（图4-12），尽管变形有其复杂性，本研究通过磁组构测试、变形样式对比、剪切指向观察以及截切关系分析等手段，较为系统地解析了老山坳剪切带的构造演化，并提出了三阶段变形历史（D_1、D_2、D_3变形事件）。另外，研究区同样也发育了大量寒武系到下侏罗统的区域褶皱，这些褶皱被老山坳剪切带切割，很明显是老山坳剪切带发育之前区域构造演化的产物，因而不在本研究讨论范畴之内。

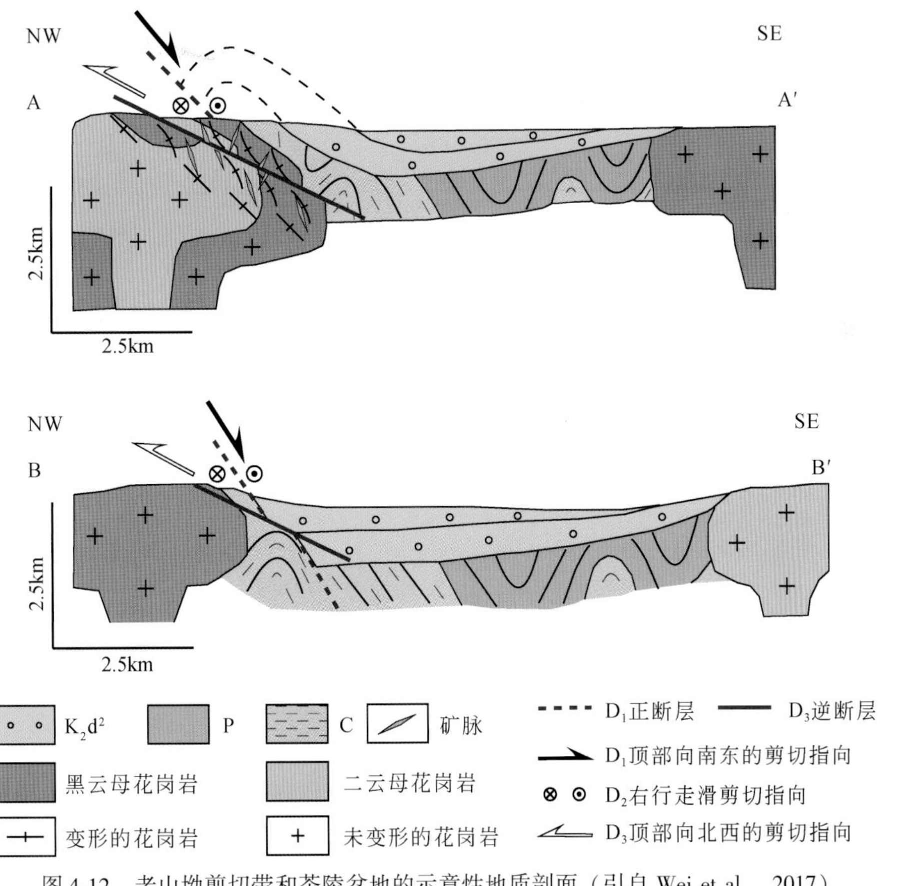

图4-12　老山坳剪切带和茶陵盆地的示意性地质剖面（引自 Wei et al.，2017）
剖面AA′和BB′的位置参见图4-2a

老山坳剪切带的D_1变形事件由于切割了邓阜仙复式岩体南缘，造成沿老山坳剪切带的黑云母花岗岩和二云母花岗岩发育透入性的韧性面理、湘东钨矿以及老山坳剪切带中的脆性变形和侏罗系粉砂岩中透入性的劈理发育。由于韧性变形和脆性变形都发现了大量相同的剪切指向，这暗示了韧性变形和脆性变形均发育于同一构造事件，变形条件逐渐由韧性向脆性演化的过程。在本研究中，多数韧性面理面或脆性断层面都倾向于 SE 侧，其倾角多近于 45°（图 4-4a）。在变形的花岗岩中，向 SE 侧倾伏的磁线理指示了一期 NW-SE 的拉伸事件，无论是宏观构造观察还是显微构造观察，沿着 XZ 剖面的剪切指向观察指出这期 NW-SE 的拉伸事件以顶部向 SE 的剪切为特征（图 4-3c 和图 4-11g，h）。在变形的侏罗系粉砂岩中，不对称压力影同样指示了顶部向南东的剪切（图 4-11i）。在脆性构造中，剪切指向主要由主断层面与伴生的 T 和 S 破裂之间的几何关系确定，结果表明在脆性构造中同样也发育顶部向 SE 的剪切指向（图 4-3g）。湘东钨矿矿田中广泛发育的矿脉多倾向于 NW 和 SE 方向，倾角陡立，这些矿脉同样也形成于 D_1 事件。考虑到剪切带主要倾向于 SE 方向，倾角多在 45°左右，这些矿脉正好与剪切带活动所形成的 R 和 R′破裂的几何位置重合（图 4-13a）。因为 R 和 R′破裂是张性破裂，可以认为矿脉充填了因老山坳剪切带 D_1 顶部向南运动时所张开的 R 和 R′破裂（图 4-13b）。另外 D_1 事件同样可以解释以老山坳剪切带为边界正断层的茶陵盆地的张开，以及盆地中充填的白垩系地层向 NW 方向倾伏的产状（图 4-3i 和图 4-14a）。

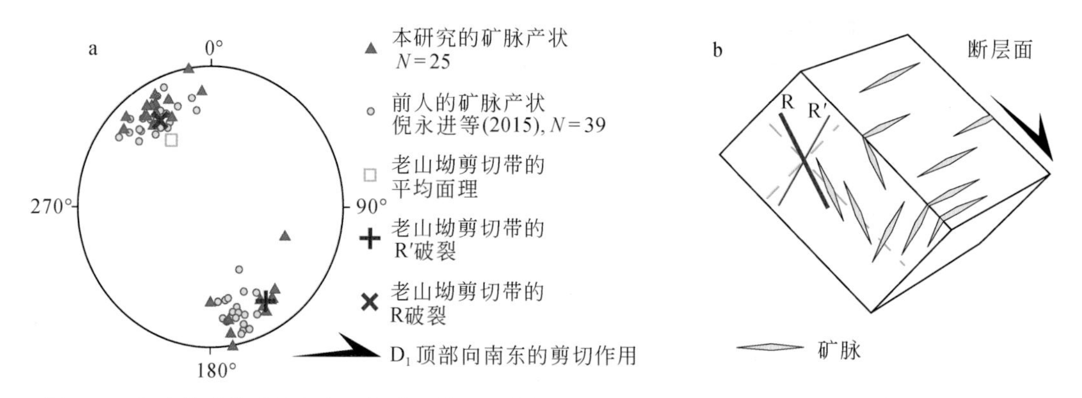

图 4-13 湘东钨矿的矿脉与老山坳剪切带的面状构造产状几何关系对比图（引自 Wei et al.，2017）

a. R 和 R′破裂与矿脉产状的一致性指示成矿热液被形成于 D_1 事件的这两组破裂所容纳（下半球等面积赤平投影图）；b. 矿脉形成的三维体视模型图

D_2 变形事件是一期 NE-SW 走向的右行走滑事件，该事件并未完全重置 D_1 事件的变形构造，而是在一些露头对其进行了改造。例如，湘东钨矿中形成于 D_1 的矿脉有些被 D_2 右行走滑断层错断并位移了 10cm 左右（图 4-3h 和图 4-14b）。在侏罗系粉砂岩的劈理面上，在 D_2 事件中发育了向 NE 倾伏的擦痕并伴生 R′破裂，R′破裂与劈理面的几何关系指示了右行走滑的剪切指向（图 4-11j）。在变形的花岗岩中，向 NE 或 SW 方向缓倾的磁线理可以被解释成在 D_2 事件中，由于 NE-SW 方向的走滑运动改造 D_1 变形所形成的，由于 D_1 事件中所形成的面理也为 NE-SW 走向，所以该面理被继承下来（图 4-10）。D_2 事件对 D_1 变形线理的改造可以由岩石变形过程中磁性矿物的旋转定向来实现，当然，磁性矿物在 D_2 事件中因重结晶而发生重新定向的可能性也不能被排除（图 4-2a 和图 4-10）。

D_3 是一期向 NW 运动的逆冲事件，在该事件中，湘东钨矿的变形花岗岩被剥露出地

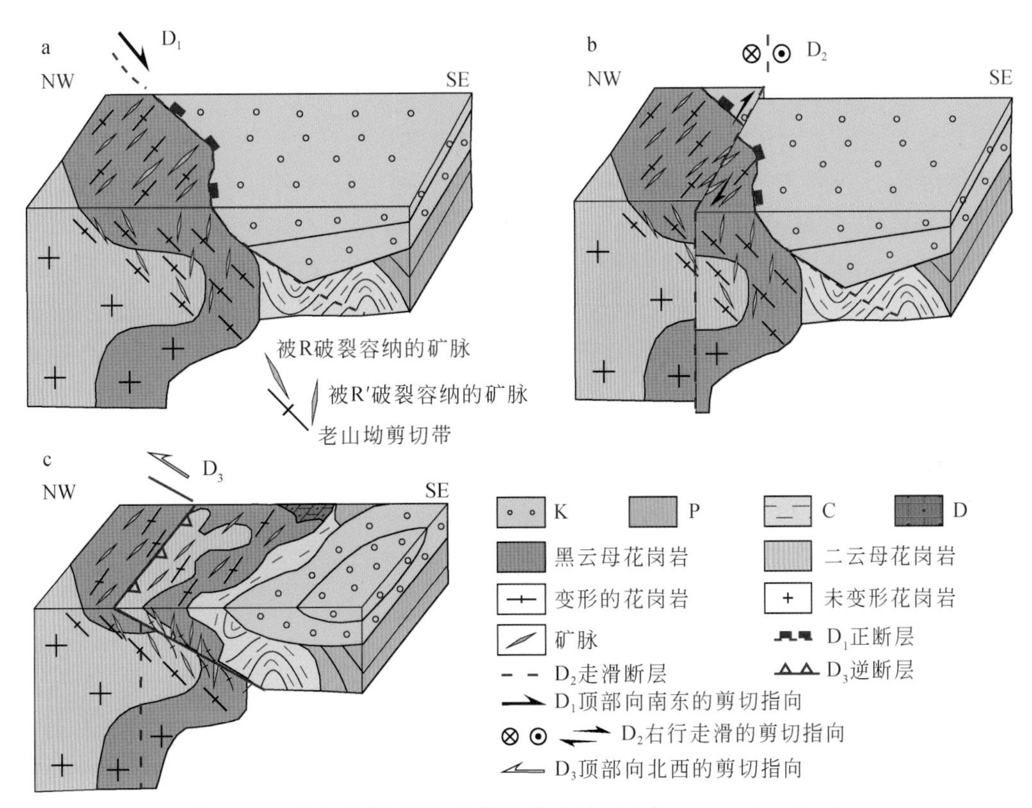

图 4-14　老山坳剪切带构造演化模式图（引自 Wei et al.，2017）

a. 在八团岩体侵位的同时，老山坳剪切带开始沿邓阜仙复式岩体的南缘发育正断层（D$_1$事件），顶部向南东的剪切作用导致邓阜仙复式岩体南缘发育韧性面理及茶陵盆地张开；D$_1$事件产生的 R 和 R′破裂容纳了八团岩体分异出的成矿热液。b. D$_2$事件的右行走滑运动改造了老山坳剪切带 D$_1$事件中变形构造，并错断位移了 D$_1$事件中形成的矿脉。c. D$_3$事件的顶部向北西的逆冲运动剥露矿床，但由于其非透入性，前两期的构造事件并未被重置

表，其上覆的白垩系也遭到了侵蚀而未被保存（图 4-14c；图 4-2a 中位置 1 附近），因而在湘东钨矿地区，不能见到半地堑盆地中地层的倾向与边界正断层的倾向正好相反的典型几何关系。D$_3$事件中所形成的向 SE 缓倾的剪切带在变形样式上与 D$_1$和 D$_2$完全不同。D$_3$事件的变形在露头上是非透入性的，主要以狭窄的韧性剪切带切割并弯折先存的 D$_1$和 D$_2$透入性的韧性面理为特征（图 4-3d，e）。另外，沿老山坳剪切带分布的向 SE 缓倾，并伴生向 SE 倾的 P 破裂，指示顶部向 NW 运动的脆性断层面也形成于 D$_3$事件（图 4-4b，c）。

二、D$_1$事件的开始、持续时间及其构造意义

对于老山坳剪切带而言，三期变形事件中，D$_1$变形事件无疑是最重要，因为在该期变形中，老山坳剪切带的几何形态被确定下来。考虑到老山坳剪切带同时也是茶陵–郴州–临武断裂的一部分，D$_1$事件开始的时间也代表了该古老断层在晚中生代被活化重新开始活动的时间，因而该时间的确定能够对晚中生代华南构造体制的演化提供一些启示。

一方面，考虑到一些典型的显微构造特征，如晶体内部的变形以及晶体颗粒的重结晶（图4-11d，e）、“拖尾”的形成（图4-11h），重结晶晶体颗粒集合体的定向排列（图4-2c～e），晶体颗粒的粒度减小（图4-11h）等现象，邓阜仙复式岩体南缘花岗岩的变形是发生在结晶之后的（Vernon，2000）。既然邓阜仙复式岩体中最年轻的岩体——八团岩体因为D_1事件发生的变形是在岩浆结晶之后，那么D_1事件应当不早于八团岩体的侵位，即154.4±2.2Ma（黄卉等，2013）。另一方面，需要注意的是湘东钨矿的矿脉依据其产状可以分为两组，分别向SE倾或向NW倾（图4-13a），矿脉的产状与老山坳剪切带D_1事件中所形成的R-R′破裂产状相吻合，这说明容纳成矿热液形成矿脉是形成于D_1事件的R-R′破裂（图4-13b）。因此D_1事件的开始又不晚于成矿时间，即152.4±3.3Ma（蔡杨等，2012）。D_1事件开始时间的上下限数据的一致性，说明D_1事件开始于晚侏罗世，D_1事件与八团岩体的侵位以及湘东钨矿的形成是同时的。

需要注意的是，在湘东钨矿观察到的韧性变形主要分布在晚侏罗世八团岩体以及三叠纪汉背岩体与八团岩体交界的地方（图4-2a中位置1和3之间），显微构造研究证实这些地方的韧性变形为高温变形（图4-11d，e）。在老山坳剪切带的其他远离八团岩体的地方（如图4-2a中位置4和5），韧性变形的强度有所下降，甚至仅发育脆性变形。例如，沿老山坳剪切带，汉背岩体远离八团岩体的地方仅发育裂隙与断层角砾岩（图4-2a中位置4附近）；另外，卷入老山坳剪切带变形的侏罗系粉砂岩，因为远离八团岩体，主要发育劈理，在显微构造观察中也仅以压力影为特征（图4-2a中位置5附近）。这种因与八团岩体远近不同所造成的变形样式的不同，说明了D_1事件中剪切带沿着八团岩体已经凝固的边缘发育时，八团岩体的未变形的核心此时还尚未冷却，依然可以对剪切带供热，以支持剪切带进行高温变形。这样的变形结构经常在同构造花岗岩中发育（Charles et al.，2011；Wei et al.，2016）。

八团同构造岩体侵位与老山坳剪切带D_1的NW-SE拉伸事件发育的同时性，说明晚侏罗世八团岩体侵位时，区域已受到NW-SE向伸展体制控制。该时期NW-SE向伸展体制在修水-永州断层中也有报道（图4-1b；Wei et al.，2016）。

老山坳剪切带同时也作为茶陵盆地的边界断层。野外观察发现白垩系倾向于NW，与老山坳剪切带的倾向相反；地层远离老山坳剪切带，倾角逐渐变缓（图4-2a）；同时，地层的单层厚度也逐渐变薄。考虑到D_1事件是一期始于晚侏罗世顶部向SE的剪切变形事件，我们所观察到的盆地与断层的几何学形态暗示了D_1事件的正断作用可能促使茶陵盆地的张开。因此，D_1事件可能持续到了白垩纪，而由于此时八团岩体已经冷却，在缺少相应温度条件下，此时的正断作用以脆性为特征（图4-14a）。本研究通过构造关系，确定了D_2走滑事件和D_3逆冲事件与D_1伸展事件之间的相对先后顺序，然而精确地确定D_2和D_3事件的时限需要在更多地区进行更深入研究。

长期以来，地学界广泛接受向NW俯冲的古太平洋板片控制了华南地区晚中生代构造体制的观点（Zhou and Li，2000，Li and Li，2007），然而古太平洋的俯冲对华南侏罗纪构造体制的具体影响仍存在着较多争议。尽管仍需要进一步的构造证据，该时期双峰式火山岩以及板内碱性岩浆的发育说明此时华南可能处于伸展构造体制的控制之下（Li et al.，2003；Wang et al.，2005；Zhou et al.，2006）。该伸展体制被前人解释为因古太平洋俯冲而引起的弧后伸展（Zhou and Li，2000），或者是古太平洋板块在俯冲之后发生沉没（foundering）而引起的伸展（Li and Li，2007）。另一些学者提出，有很多证据表明华南在侏罗纪时处于E-W或NW-SE向的挤压体制，该挤压体制可能与古太平洋向华南俯冲所带来的挤压应力有关（Li et al.，2012；Shi et al.，2015）。还有一些学者提出，松潘-甘孜与华南的陆内造山作用也可能是该挤压体制的原因（Lin et al.，2008）。需要注意的是，目前侏罗纪伸展的证据主要是基于对岩浆活动的研究，而岩浆活动主要发育在华南的东部（Li et al.，2003；Wang et al.，2005；Zhou et al.，2006），而挤压体制的证据主要基于盆地地层或变质岩的变形，它们主要分布在华南的西部（Yan et al.，2008；Lin et al.，2008；Li et al.，2012；Shi et al.，2013，2015）。华南中部地区老山坳剪切带的D_1伸展事件不仅提供了侏罗纪伸展事件的构造证据，同样也因其伸展属性，指示位于更西部的挤压体制不应当是由古太平洋板块俯冲引起（Li et al.，2012）。因为相比于华南西部地区，华南中部地区更靠近古太平洋的俯冲带，此处处于伸展体制控制之下，说明华南西部的挤压体制应当受到了更靠西部的构造事件的影响。

三、八团岩体侵位、老山坳剪切带发育以及湘东钨矿形成之间的关系

为了进一步明确八团花岗岩体侵位、老山坳剪切带发育以及湘东钨矿形成之间的关系，有必要回顾几个地质事实：地质年代学的研究指出矿床的形成年龄与八团岩体的侵位年龄是一致的；八团岩体富含W、Sn等成矿元素，而钨矿正是湘东钨矿矿脉中的主要矿石（蔡杨等，2010）；D_1伸展事件中形成的R和R′破裂容纳了湘东钨矿的矿脉（图2-13b和图4-14a）。

一般而言，在花岗岩体侵位的晚期，由于挥发分及不相容的成矿元素浓度在残留的岩浆中逐渐增高，最终形成了富含成矿元素的成矿热液。张性节理会像水泵一样将成矿热液吸入新形成的容纳空间中，并为成矿热液提供迁移及沉淀的空间。本研究中，在八团岩体侵位的最终阶段，富含W的岩浆可以演化成为含W的成矿热液，而与岩体侵位同时的D_1顶部向SE的剪切作用所形成的R和R′破裂则可容纳这些成矿热液，并使其形成矿脉。因此，同构造八团花岗岩体的侵位及其同时期的老山坳剪切带发育共同促使了湘东钨矿的形成。

正如本研究所展示的，变形所导致的张性破裂的形成在成矿过程中起到非常重要的作用。这种重要作用在其他矿床中也有报道。例如，在加拿大太古宙Abitibi绿岩带中，逆断层中的张性破裂也容纳了成矿热液并促使了矿床的形成（Boullier and Robert，1992）。在东Yakutia的Bazovskoe金矿中，容纳含金石英脉的空间也被报道为与逆冲断层的变形活动有关（Fridovsky et al.，2017）。

综上所述可得以下结论：①宏观和显微构造观察记录了老山坳剪切带的三期变形事件，分别为NW-SE拉张及顶部向SE运动的D_1伸展事件，NE-SW走向的D_2右行走滑事件，以及顶部向NW运动的D_3逆冲事件；②老山坳剪切带D_1伸展事件始于晚侏罗世，由于该剪切带是茶陵-郴州-临武断裂的北段，这说明该断裂在晚侏罗世时已经活化，并且与其相邻的修水-永州断裂一起指示了华南中部地区此时已处于伸展体制控制之下；③晚侏罗世湘东钨矿的形成同时受到同构造的八团岩体的成矿热液的补给，以及老山坳剪切带D_1伸展事件中形成的张性节理的共同促进作用。

第五节　湘东地区构造活动对成矿的制约

一、锡田矿区

锡田矿区已发现规模较大的钨锡多金属矿脉共20余条，主要矿化类型为矽卡岩型，其次为石英脉-云英岩型，矿体主要分布在垄上矿段、桐木山矿段和晒禾岭矿段（图3-2）。其中垄上矿段位于锡田岩体“哑铃柄”西部，以矽卡岩型矿化为主，其次为石英脉型，主要赋存在岩体与泥盆系的中统棋梓桥组和上统锡矿山组的碳酸盐岩接触带部位，在接触带外部发育锡铅锌多金属矿，内部接触带发育钨锡矿，这与热液矿床元素分布随温度变化的规律一致。晒禾岭矿段和桐木山矿段位于锡田岩体“哑铃柄”的东部，主要发育石英脉-云英岩型矿化，空间上一般分布于锡田复式岩体的晚三叠世花岗岩与晚侏罗世花岗岩的接触部位附近。本研究主要选取岩体两侧的垄上矿段和桐木山矿段进行剪切带的研究。

野外观察发现，锡田岩体西侧的垄上矿段发育顺层剪切带（图4-15a），在剪切带中心部位发育断层泥，断层泥中观察到云母、石英等矿物集合体拉伸现象（图4-15b），其长轴代表S面理方向，指示了上盘向SE方向的剪切运动。剪切带在地表主要表现为脆性变

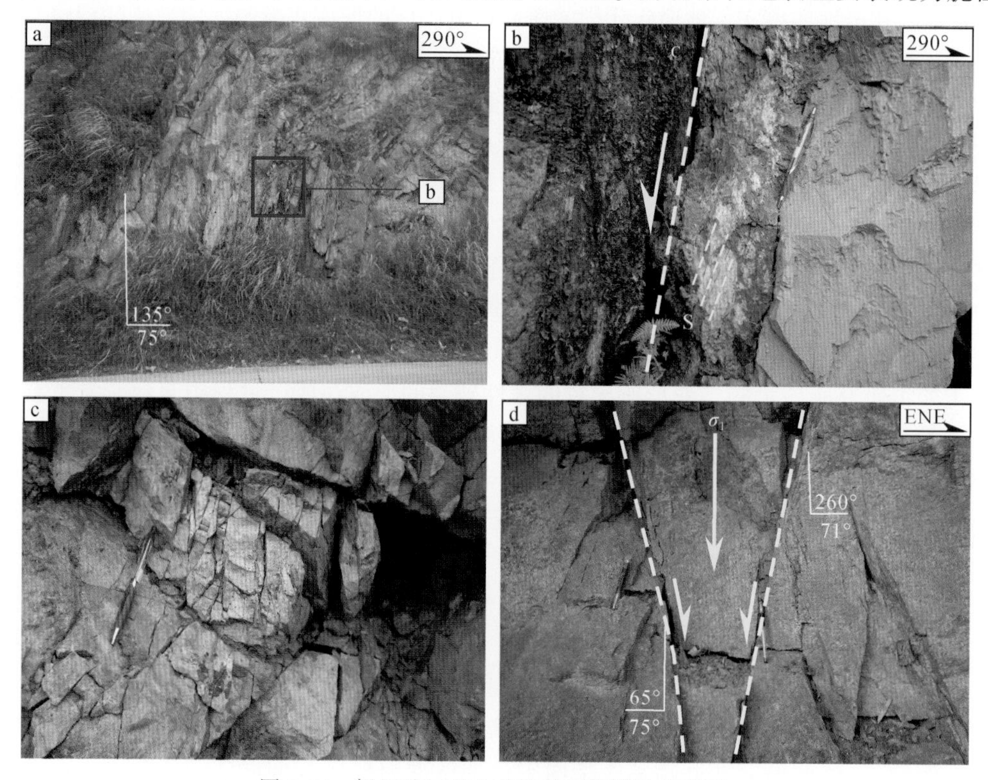

图4-15　锡田矿区垄上矿段剪切带野外观察图

a. 顺层的剪切带；b. 断层泥中拉伸的矿物集合体；c. 破碎带；d. 共轭剪破裂

形，发育小型的破碎带（图 4-15c），破碎带中可见一组明显的共轭剪破裂（图 4-15d），将岩石切割成菱形，两组共轭剪节理的锐夹角平分线代表最大主应力（σ_1）的方向，指示该地区经历了近 E-W 向的伸展作用。

在垄上矿段的地下开采巷道，发现较浅部位的矽卡岩型矿脉中剪切带倾向为 340°，倾角为 40°~50°，剪切带内破裂发育（图 4-16a~c），其中部分破裂与主剪切面（C）夹角接近 45°（图 4-16a），相当于里德尔剪切（图 4-16d）中的 T 破裂，另有部分破裂产状与主剪切面呈小角度（约 15°）相交（图 4-16c），按照库仑破裂准则，相当于 R 破裂，指示了上盘向 NW 方向的拆离。随着剪切作用和成矿作用的持续进行，这些破裂被热液充填形成矿脉（图 4-16a）。

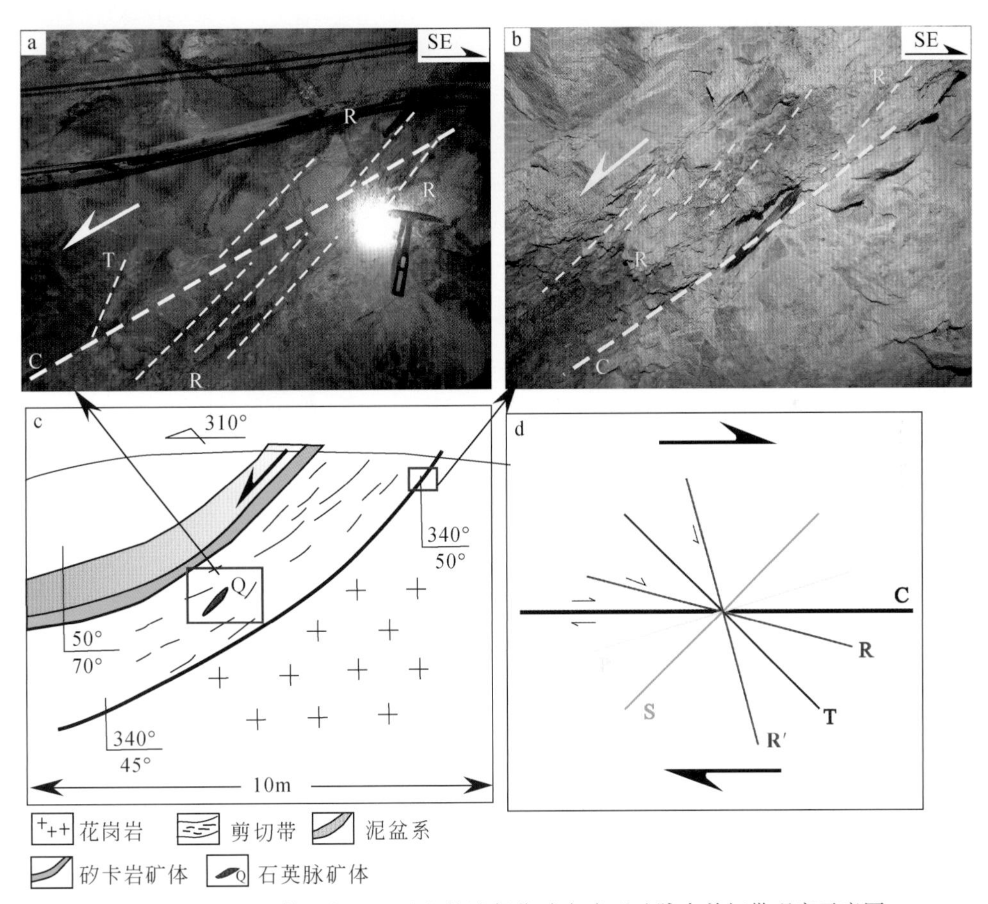

图 4-16 锡田岩体西侧垄上矿段较浅部位矽卡岩型矿脉中剪切带观察示意图

a. 细小石英脉呈 T 和 R 破裂；b. 剪切带中的 R 破裂；c. 素描图；d. 里德尔剪切破裂准则示意图

在垄上矿段较深部位的石英脉–云英岩型矿脉中的剪切带（产状 280°∠22°）内观察到，剪切带下盘发育一组密集的石英脉，脉体两端与主剪切面呈 45°夹角（图 4-17a），属于 T 破裂（黄色虚线），随着剪切作用的进行，早期 T 破裂发生逆时针旋转（红色虚线所示）。同时，主剪切面上发育一组 NW-SE 向的拉伸线理（图 4-17b），显示韧性变形的特征，且指示 NW-SE 向的剪切运动。结合上述剪切破裂的产状，反映此剪切带上盘向 NW

方向的拆离（图 4-17c）。整体而言，在锡田岩体西侧，剪切带从地表高角度（~75°）向深部逐渐过渡为低角度（40°~50°→22°），呈上陡下缓的“铲型”正断层，在地表及井下都能观察到一系列的脆韧性变形，具有典型拆离断层的特征。

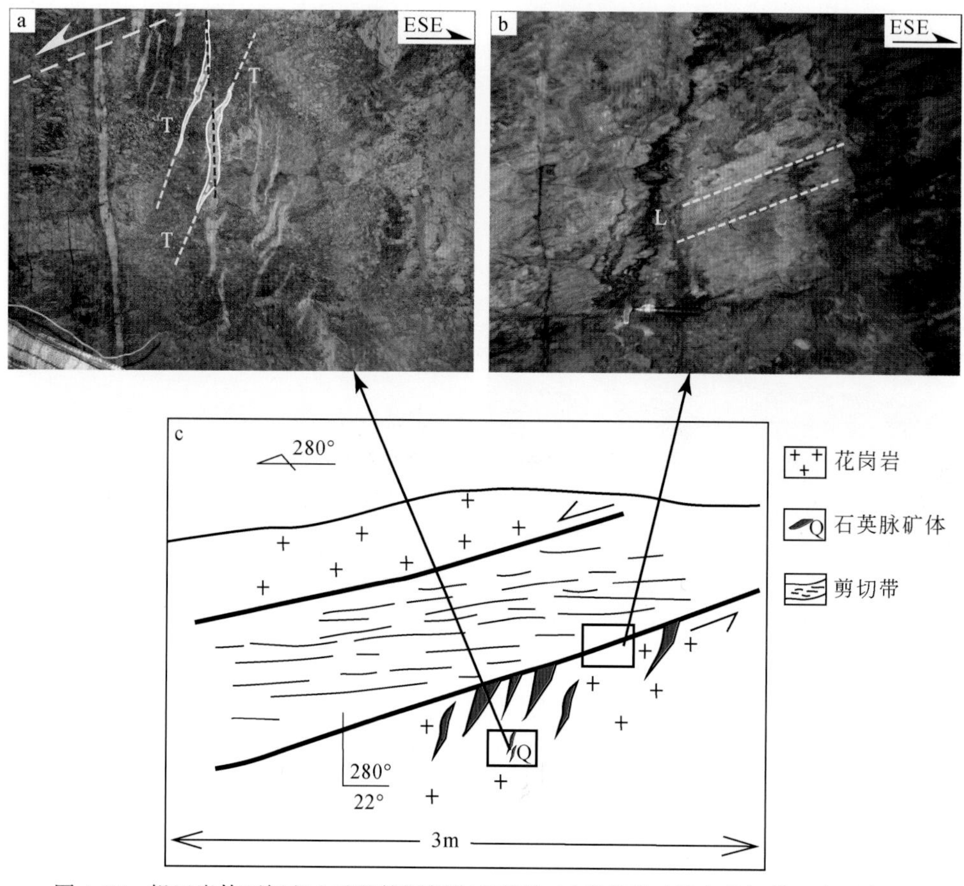

图 4-17　锡田岩体西侧垄上矿段较深部位石英脉-云英岩型矿脉中剪切带观察示意图

a. 细小石英脉呈 T 和 R′破裂展布；b. 主剪切面上 NW-SE 向拉伸线理（L）；c. 素描图

在锡田岩体东侧的桐木山矿段，矽卡岩主要发育在岩体与泥盆纪碳酸盐岩的接触部位，并且在两者接触部位发育剪切带。在桐木山矿段的荷树下一带可以观察到剪切带倾向 NE，与地层倾向相反（图 4-18a，c）。在剪切面上观察到矿物的定向排列，呈 SW-NE 向延伸，大致垂直于剪切带走向（图 4-18b），指示了上盘向 SE 的剪切运动。

桐木山矿段井下发育低角度（10°~20°）剪切带，带内发育一系列的石英脉矿体，呈透镜状（图 4-19a）或者一端开口较大（图 4-19b），破裂显示出张节理的特征；在剪切带内还观察到石英、云母类矿物拉伸弯曲形成 S 面理（图 4-19c），与主剪切面 C 的锐角方向指示了上盘向 NE 的剪切运动；主剪切面附近发育不对称旋转碎斑，尾部细长，根部弯曲，在与碎斑连接部位呈港湾状（图 4-19c），残斑的拖尾指示了上盘向 NE 的韧性剪切运动；在主剪切面 C 上还可以观察到矿物拉伸线理（图 4-19d），A 线理的出现指示了 NE-SW 向的剪切运动。线理、旋转碎斑和张节理等一系列的剪切指向标志表明，桐木山矿段

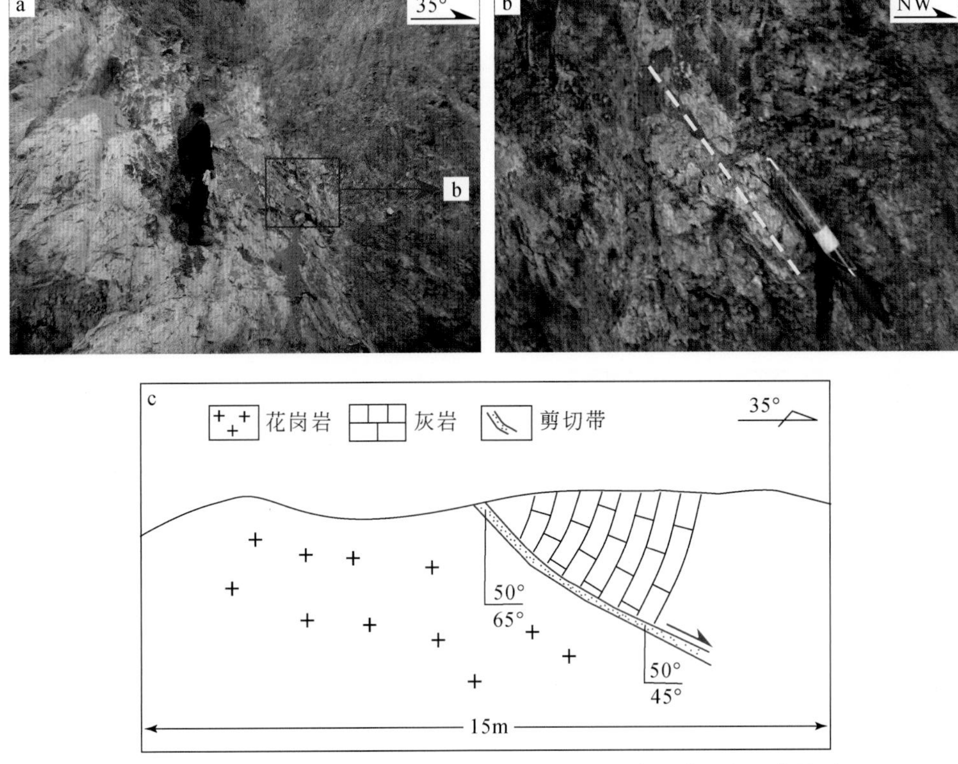

图 4-18　桐木山矿段荷树下一带岩体与围岩接触带野外观察及素描图
a. 荷树下矿段的矽卡岩；b. 剪切面上的矿物的定向排列；c. 素描图

与矿体密切相关的剪切带是上盘向 NE 的运动。

与锡田岩体西侧的剪切带特征类似，锡田岩体东侧的剪切带同样具有正断层性质，从浅部到深部，剪切带逐渐由高角度（50°～70°）过渡为低角度（10°～20°），脆韧性变形均较为发育，为典型拆离断层特征。

锡田矿区剪切带的构造特征表明，剪切带切过了锡田矿区的泥盆系地层，且沿着岩体的伸展方向分布在岩体两侧。野外构造观察分析显示，从地表到深部，锡田岩体两侧的剪切带都表现为逐渐从高角度过渡为低角度，脆韧性变形在不同深度均较为发育，具有拆离断层的特征。以上现象在构造几何学上表现出穹窿的特征，暗示了剪切带的形成和活动可能是由于岩体上升隆起引起的。锡田矿区的岩体侵位-构造-成矿特征，与南岭地区穹窿构造形成大量锡矿化的地质事实一致，表明成矿与岩体-构造作用密切相关，两者缺一不可（陈骏等，2014）。

值得注意的是，在桐木山矿段的荷树下一带，矽卡岩型矿床并未大量发育，这可能是由于部分地层产状与剪切带不一致，热液不能顺着岩体与围岩的接触界面大量进入，最后造成了成矿作用主要发生在岩体内部，从而形成石英脉-云英岩型矿体。此外，岩体东侧分布的少量矽卡岩型矿体，在野外观察到它与部分顺层剪切活动密切相关，暗示了矽卡岩型矿体的形成除了与构造活动关系紧密，与剪切面和围岩地层的产状也密切相关。

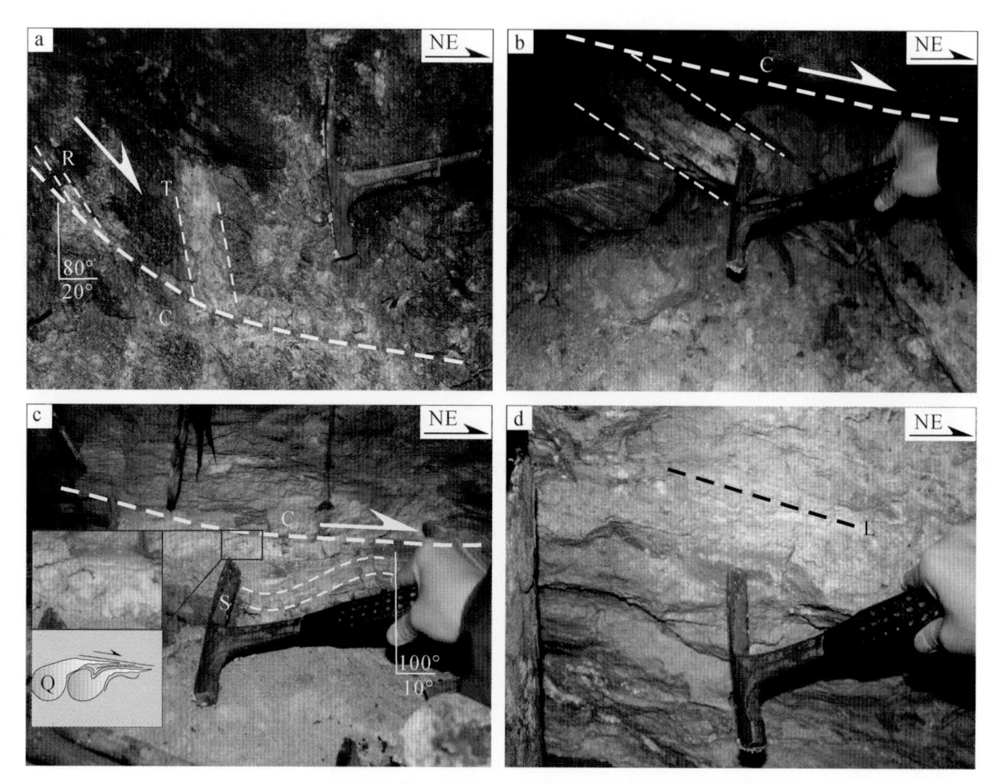

图 4-19　锡田岩体东侧桐木山矿段井下剪切带观察图

a、b. 剪切带中的石英脉；c. 剪切带中 S-C 组构及不对称旋转残斑；d. 主剪切面 C 上的线理（L）

二、邓阜仙矿区

邓阜仙矿区的矿化类型主要为石英脉型钨矿，分布在湘东钨矿一带，其石英脉成群分布。矿区北部分布有金竹垄蚀变花岗岩型铌钽矿，在岩体北部两期花岗岩的交汇部位可产出蚀变破碎带型的铅锌矿。此外，在北部与岩体接触的上泥盆统锡矿山组中还分布有较多的沉积变质型磁铁矿床（陈迪等，2014）。为与南部的锡田矿区进行钨锡多金属成矿作用的对比，本研究主要对矿区东南部发育的湘东钨矿进行研究，目前该矿区内已发现含矿石英脉的走向与老山坳断层的走向大体一致（如图 3-3），其中主要的金属矿物为黑钨矿、白钨矿和少量锡石，黑钨矿体主要分布在与断层方向一致的石英脉体中，而白钨矿则分布在石英脉和蚀变花岗岩体中（侯杰，2013）。

在湘东钨矿的地表露头可以观察到伸展活动的明显标志，硅化角砾岩沿着剪切带上盘分布，表现出脆性变形的特征，在剪切面上可以观察到矿物定向排列（图 4-20a），属于 A 线理，倾伏向 150°，指示了 NW-SE 的剪切运动。另外，剪切带内石英脉发生弯曲，形成褶皱，其轴面与压性 S 剪切面理方向一致（图 4-20b），指示了上盘向 SE 方向的拆离。野外构造特征表明，湘东钨矿受到 SE 向的拆离断层的控制。在湘东钨矿井下，石英脉矿体一般较为巨大，明显呈透镜状，具有张性特征，呈高角度向 SE 倾，可能对应着里德尔剪切破裂的R′破裂。与锡田矿区中的剪切带特征类似，湘东钨矿中的剪切带同样具有脆韧性变形，是典型的拆离断层。

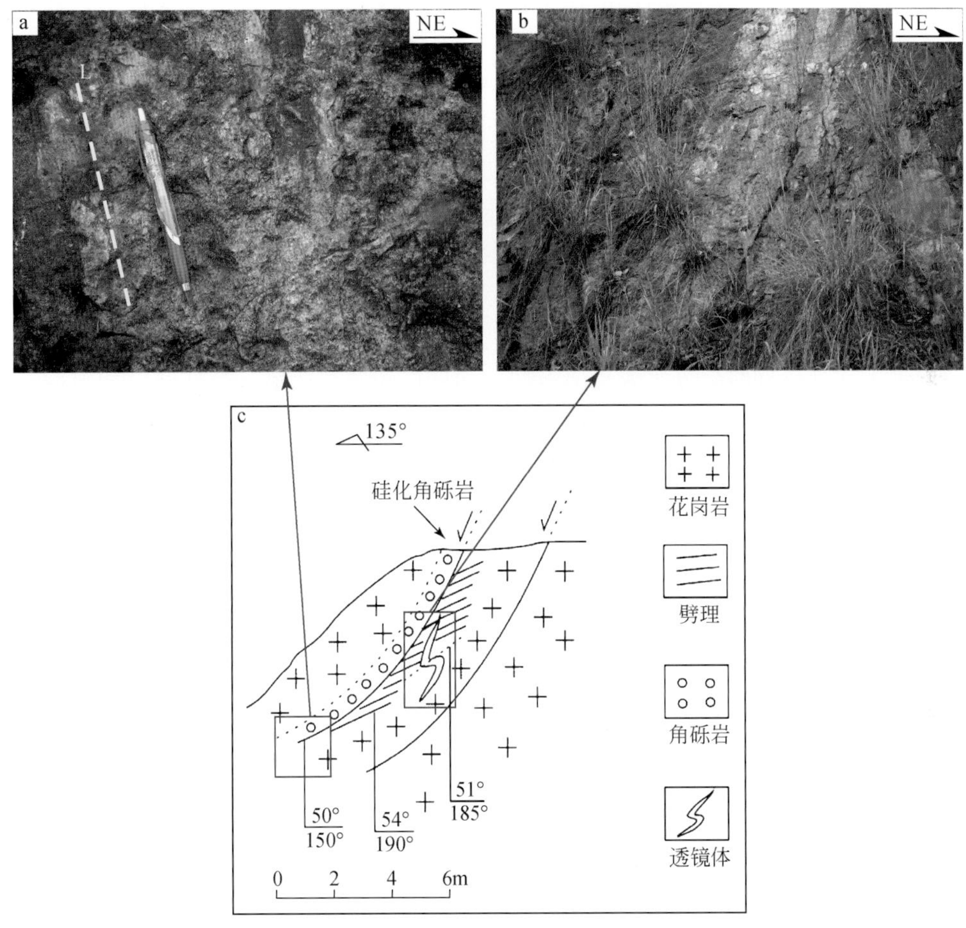

图4-20　湘东钨矿剪切带野外观察及素描图

a. A线理；b. 弯曲的石英脉；c. 素描图

对湘东钨矿宽度大于20cm的矿脉进行统计，结果表明矿脉可以分为倾向SE和NW的两组（图4-13a），将之与老山坳主剪切拆离带产状投图，发现两组矿脉分别对应于主剪切带拆离作用过程中派生的R和R′破裂（图4-13b）。说明成矿流体所需的结晶-沉淀-富集空间是由拆离剪切作用所形成的节理提供。同时，锡田岩体的矿脉与剪切带的关系也符合里德尔破裂准则。由此可见，伸展拆离作用所造成的节理不仅为岩浆侵位带来的成矿热液提供了容纳空间，更重要的是对成矿元素起到了进一步萃取沉淀的作用。

对矿体产出特征的研究表明，矿体的发育与分布严格受到剪切带活动的控制，矿体的形成主要由剪切作用所造成的R破裂经热液充填而成。其中矿化类型以矽卡岩型为主，主要发育在岩体与碳酸盐岩接触部位，云英岩-石英脉型则多数在岩体内部发育。结合前面的成矿年代学工作，发现不同的矿化类型与同期的岩浆活动关系紧密，更可能与岩浆活动引发的剪切活动有着直接的关系。综合湘东地区矿体的赋存特征及其与剪切带的关系，可以看出构造活动对成矿不仅起到控制作用，更是导致成矿的直接原因。矿体的形成不光需要成矿元素在岩浆热液中进行迁移富集，还需要从热液中沉淀出来。不同于富集过程，沉淀过程应当是高效的，否则长时间的作用容易发生元素的扩散，而不利于成矿。湘东地区矿体的产出主要对应于里德尔剪切中的 R 和 R′破裂，说明矿体的形成与剪切活动所造成的破裂密切相关。而断层阀模式（Sibson，1988）表明，剪切带在活动过程中脉体会发生周期性的张开闭合，造成流体的压力发生周期性的波动从而导致成矿元素的高效沉淀。宋超等（2016）通过对控制湘东钨矿的剪切带进行全面的研究，提出剪切带在韧性变形域中局部的应力集中会导致岩石发生脆性破裂，压力的骤降会使得流体发生沸腾作用，产生相的分离，致使化学平衡被打破，使得成矿元素析出；由于剪切带的进一步活动，应力的持续作用使得剪切带不断地破裂-愈合，使得成矿物质大量富集，逐渐形成矿床，这是剪切带成矿的重要方式之一。此外，Sibson（1977）提出的断层双层结构模式也表明剪切带在由地表向地下深处延伸时会分别表现出脆性、脆韧性和韧性变形，脆性部位和脆韧性转换部位由于应变速率较快，容易出现破裂而导致成矿元素的沉淀，进一步形成矿床。断层阀模式的多次“破裂-愈合-滑动”过程很好地解释了剪切带脉状矿床产生的原因，这个模式已经为许多断层、矿床和地震活动的成因提供了合理的解释（Boullier and Robert，1992；Nguyen et al.，1998；迟国祥和 Jayanta，2011；Lupi and Miller，2014）。但值得注意的是，它与本研究所述的成矿模式还是有所区别的：首先是构造应力场不同，断层阀模式是指在水平挤压力下高角度逆断层形成矿脉，而湘东钨矿成矿模式是在伸展体制下的拆离作用形成的；其次，断层阀指出成矿部位位于脆韧性转换带处，而湘东钨矿可在较深层次的韧性变形区域发生脆性破裂，且不仅限于脆韧性变形转换带或脆性域中，这可能与局部的高压流体作用有关（Boullier et al.，1992；宋超等，2016）。

综合本研究结果，湘东地区与成矿密切相关的岩体侵位和成矿作用均发生在燕山期，研究区中老山坳剪切带拆离作用发生的起始时间也限定在燕山期（宋超等，2016），说明岩体侵位、剪切带活动与成矿作用是同时发生的，岩体侵位引发了剪切活动，同时为成矿提供了物质来源，岩体与构造之间的耦合作用是成矿的关键。充足的成矿物质来源是形成大型矿床的物质基础，热液活动不仅能够促进成矿物质的活化和迁移，还影响岩石的变形机制，促进断层的形成发展。总而言之，剪切带中矿体的形成是岩浆作用与构造作用共同影响的结果。

参考文献

蔡杨，黄卉，谢旭 . 2010. 湖南邓阜仙钨矿地质及岩体地球化学特征 . 矿床地质，29（S1）：1067-1068.

蔡杨，陆建军，马东升，等 . 2013. 湖南邓阜仙印支晚期二云母花岗岩年代学、地球化学特征及其意义 . 岩石学报，29（12）：4215-4231.

蔡杨，马东升，陆建军，等 . 2012. 湖南邓阜仙钨矿辉钼矿铼-锇同位素定年及硫同位素地球化学研究 . 岩石学报，28（12）：3798-3808.

陈迪，陈友峰，倪艳军，等 . 2014. 湖南邓阜仙岩体外接触带 Pb、Sn 矿化特征及找矿意义 . 国土资源导刊，11（10）：84-90.

陈国达 . 1985. 成矿构造研究法（第二版）. 北京：地质出版社 .

陈骏，王汝成，朱金初，等 . 2014. 南岭多时代花岗岩的钨锡成矿作用 . 中国科学：地球科学，44（1）：

111-121.
迟国祥，Jayanta G. 2011. 加拿大 Abitibi 绿岩带 Donalda 金矿近水平含金石英脉的显微构造分析及其对成矿流体动力学的指示．地学前缘，18（5）：43-54.
储澄．1978. 湖南攸县，茶陵一带红色岩系．地层学杂志，2（2）：146-151.
高光明，戴塔根，彭恩生．1993. 滑脱拆离断层带中的构造成矿作用——以熊耳山北坡滑脱拆离断层带为例．地球物理学进展，8（4）：111-117.
高红湘．1975. 湖南茶陵盆地"红层"的划分．古脊椎动物与古人类，13（2）：89-95.
侯杰．2013. 湖南邓阜仙钨矿床深部成矿预测之我见．国土资源导刊，（10）：72-74.
湖南省地质矿产局．1987. 湖南省区域地质志．北京：地质出版社．
黄卉，马东升，陆建军，等．2013. 湘东邓阜仙二云母花岗岩锆石 U-Pb 年代学及地球化学研究．矿物学报，33（2）：245-255.
倪永进，单业华，伍式崇，等．2015. 湖南东南部湘东钨矿区老山坳断层性质的厘定及其对找矿的启示．大地构造与成矿学，39（3）：436-445.
齐金忠，戚学祥，陈方远．2005. 南苏鲁高压变质带南岗-高公岛韧性剪切带特征及 EBSD 石英组构分析．中国地质，32（2）：287-298.
邱骏挺，余心起，吴淦国，等．2011. 北武夷篁碧矿区逆冲推覆构造及其与钼、铅-锌成矿作用关系．地学前缘，18（5）：243-255.
宋超，卫巍，侯泉林，等．2016. 湘东湘东地区老山坳剪切带特征及其与湘东钨矿的关系．岩石学报，32（5）：1571-1580.
吴福元，孙德有，张广良，等．2000. 论燕山运动的深部地球动力学本质．高校地质学报，6（3）：379-388.
杨进辉，吴福元．2009. 华北东部三叠纪岩浆作用与克拉通破坏．中国科学（地球科学），39（7）：910-921.
杨金中，赵玉灵，沈远超，等．2000. 胶莱盆地东北缘与低角度拆离断层有关的金矿成矿作用——以山东海阳郭城金矿为例．黄金科学技术，8（4）：13-20.
张洪瑞，杨天南，侯增谦，等．2015. 青海南部东莫扎抓矿区挤压断层带结构及其对铅锌成矿的控制．矿床地质，34（2）：261-272.
张永北．1999. 龙陵-瑞丽走滑体系中段自相似结构与热液成矿定位．地质学报，73（4）：334-341.
Bouchez J L. 2000. Magnetic susceptibility anisotropy and fabrics in granites. Comptes Rendus De L Academie Des Sciences Serie Ii Fascicule a-Sciences De La Terre Et Des Planetes，330：1-14.
Bouchez J L，Gleizes G. 1995. Two-stage deformation of the Mont-Louis-Andorra granite pluton（Variscan Pyrenees）inferred from magnetic susceptibility anisotropy. Journal of the Geological Society，152（4）：669-679.
Boullier A M，Robert F. 1992. Palaeoseismic events recorded in Archaean gold-quartz vein networks，Val d'Or，Abitibi，Quebec，Canada. Jouranl of Structural geology，14：161-179.
Charles N，Gumiaux C，Augier R，et al. 2011. Metamorphic Core Complexes vs. synkinematic plutons in continental extension setting：insights from key structures（Shandong Province，eastern China）. Journal of Asian Earth Sciences，40（1）：261-278.
Chu Y，Faure M，Lin W，et al. 2012. Early Mesozoic tectonics of the South China Block：insights from the Xuefengshan intracontinental orogen. Journal of Asian Earth Sciences，61：199-220.
Deng J H，Yang X Y，Li S，et al. 2016. Partial melting of subducted paleo-Pacific plate during the early Cretaceous：constraint from adakitic rocks in the Shaxi porphyry Cu-Au deposit，Lower Yangtze River Belt.

Lithos, 262: 651-667.

Faure M, Lin W, Chu Y, et al. 2016. Triassic tectonics of the southern margin of the South China Block. Comptes Rendus Geoscience, 348: 5-14.

Ferre E C, Gebelin A, Till J L, et al. 2014. Deformation and magnetic fabrics in ductile shear zones: a review. Tectonophysics, 629: 179-188.

Fridovsky V Y, Polufuntikova L I, Goryachev N A, et al. 2017. Ore-controlling thrust faults at the Bazovskoe Gold-Ore Deposit (eastern Yakutia). Doklady Earth Sciences, 474 (2): 617-619.

Jelinek V. 1981. Characterization of the magnetic fabric of rocks. Tectonophysics, 79 (3): T63-T67.

Li J W, Zhou M F, Li X F, et al. 2001. The Hunan-Jiangxi strike-slip fault system in southern China: southern termination of the Tan-Lu Fault. Journal of Geodynamics, 32 (3): 333-354.

Li S Z, Santosh M, Zhao G C, et al. 2012. Intracontinental deformation in a frontier of super-convergence: a perspective on the tectonic milieu of the South China Block. Journal of Asian Earth Sciences, 49: 313-329.

Li S, Yang X Y, Huang Y, et al. 2014. Petrogenesis and mineralization of the Fenghuangshan skarn Cu-Au deposit, Tongling ore cluster field, lower Yangtze metallogenic belt. Ore Geology Reviews, 58: 148-162.

Li X H, Chen Z, Liu D Y, et al. 2003. Jurassic gabbro-granite-syenite suites from southern Jiangxi province, SE China: age, origin, and tectonic signifi cance. International Geology Review, 45 (10): 898-921.

Li Z X, Li X H. 2007. Formation of the 1300-km-wide intracontinental orogen and postorogenic magmatic province in Mesozoic South China: a flat-slab subduction model. Geology, 35 (2): 179-182.

Lin W, Wang Q C, Chen K. 2008. Phanerozoic tectonics of south China block: new insights from the polyphase deformation in the Yunkai massif. Tectonics, 27 (6): TC6004.

Lupi M, Miller S A. 2014. Short-lived tectonic switch mechanism for long-term pulses of volcanic activity after mega-thrust earthquakes. Solid Earth, 5 (1): 13.

Niu Y L. 2005. Generation and evolution of basaltic magmas: some basic concepts and a new view on the origin of Mesozoic-Cenozoic basaltic volcanism in eastern China. Geological Journal of China Universities, 11 (1): 9-46.

Nguyen P T, Harris L B, Powell C M, et al. 1998. Fault-valve behaviour in optimally oriented shear zones: an example at the Revenge gold mine, Kambalda, Western Australia. Journal of Structural Geology, 20 (12): 1625-1640.

Shi W, Dong S W, Li J H, et al. 2013. Formation of the Moping Dome in the Xuefengshan Orocline, central China and its tectonic significance. Acta Geologica Sinica, 87 (3): 720-729.

Shi W, Dong S W, Zhang Y Q, et al. 2015. The typical large-scale superposed folds in the central South China: implications for Mesozoic intracontinental deformation of the South China Block. Tectonophysics, 664: 50-66.

Sibson R H. 1977. Fault rocks and fault mechanisms. Journal of the Geological Society, 133 (3): 191-213.

Sibson R H, Robert F, Poulsen K H. 1988. High-angle reverse faults, fluid-pressure cycling, and mesothermal gold-quartz deposits. Geology, 16 (6): 551-555.

Sun W D, Ling M X, Ding X, et al. 2011. The genetic association between adakites and Cu-Au ore deposits. International Geology Review, 53 (5-6): 691-703.

Sun W D, Li C Y, Hao X L, et al. 2016. Oceanic anoxic events, subduction style and molybdenum mineralization. Solid Earth Sciences, 1 (2): 64-73.

Sun W D, Wang J T, Zhang L P, et al. 2017. The formation of porphyry copper deposits. Acta Geochimica, 36 (1): 9-15.

Tarling D H, Hrouda F. 1993. The magnetic anisotropy of rocks. London: Chapman & Hall.

Vernon R H. 2000. Review of microstructural evidence of magmatic and solid-state flow. Visual Geosciences, 5 (2): 1-23.

Wang Q, Li J W, Jian P, et al. 2005. Alkaline syenites in eastern Cathaysia (South China): link to Permian-Triassic transtension. Earth and Planetary Science Letters, 230: 339-354.

Wang Y, Fan W, Cawood P A, et al. 2008. Sr-Nd-Pb isotopic constraints on multiple mantle domains for Mesozoic mafic rocks beneath the South China Block hinterland. Lithos, 106 (3-4): 297-308.

Wei W, Chen Y, Faure M, et al. 2016. An early extensional event of the South China Block during the Late Mesozoic recorded by the emplacement of the Late Jurassic syntectonic Hengshan Composite Granitic Massif (Hunan, SE China). Tectonophysics, 672-673: 50-67.

Wei W, Song C, Hou Q L, et al. 2017. The Late Jurassic extensional event in the central part of the South China Block-evidence from the Laoshan'ao shear zone and Xiangdong Tungsten deposit (Hunan, SE China). International Geology Review, 60 (11-14): 1-21.

Xie J C, Yang X Y, Sun W D, et al. 2009. Geochronological and geochemical constraints on formation of the Tongling metal deposits, middle Yangtze metallogenic belt, east-central China. International Geology Review, 51 (5): 388-421.

Xie J C, Fang D, Xia D M, et al. 2017a. Petrogenesis and tectonic implications of late Mesozoic granitoids in southern Anhui Province, southeastern China. International Geology Review, 59 (14): 1804-1826.

Xie J C, Wang Y, Li Q Z, et al. 2017b. Early Cretaceous adakitic rocks in the Anqing region, southeastern China: constraints on petrogenesis and metallogenic significance. International Geology Review, 60 (11-14): 1435-1452.

Yan J, Chen J F, Xu X S. 2008. Geochemistry of Cretaceous mafic rocks from the lower Yangtze region, eastern China: characteristics and evolution of the lithospheric mantle. Journal of Asian Earth Sciences, 33 (3): 177-193.

Yang X Y, Lee I S. 2005. Geochemistry and metallogenesis in the lower part of the Yangtze metallogenic valley: a case study of the Shaxi-Changpushan porphyry Cu-Au deposit and a review of the adjacent Cu-Au deposits. Neues Jahrbuch Fur Mineralogie-Abhandlungen, 181 (3): 223-243.

Yang X Y, Lee I S. 2011. Review of the stable isotope geochemistry of Mesozoic igneous rocks and Cu-Au deposits along the middle-lower Yangtze metallogenic belt, China. International Geology Review, 53 (5-6): 741-757.

Zaw K, Peters S G, Cromie P, et al. 2007. Nature, diversity of deposit types and metallogenic relations of South China. Ore Geology Reviews, 31 (1-4): 3-47.

Zhang Z, Wang Y. 2007. Crustal structure and contact relationship revealed from deep seismic sounding data in South China. Physics of the Earth and Planetary Interiors, 165 (1): 114-126.

Zhou X M, Li W X. 2000. Origin of Late Mesozoic igneous rocks in Southeastern China: implications for lithosphere subduction and underplating of mafic magmas. Tectonophysics, 326 (3-4): 269-287.

Zhou X M, Sun T, Shen W Z, et al. 2006. Petrogenesis of Mesozoic granitoids and volcanic rocks in South China: a response to tectonic evolution. Episodes, 29 (1): 26-33.

第五章　胶东地区中生代金矿床的构造背景

晚中生代以来华北克拉通东部经历了明显的岩石圈减薄（Wu et al.，2005），伴随着强烈的岩浆活动以及地壳拉张变形，形成了一系列的变质核杂岩、拆离断层等伸展构造和大规模的金矿化。胶东半岛位于华北克拉通东南缘，是指山东省郯庐断裂以东、以半岛突出于渤海和黄海之间的地区，胶东地区中生代经历了扬子板块与华北板块之间的碰撞造山，以及古太平洋板块的俯冲，壳幔作用广泛发育。

胶东地区是一个由前寒武纪基底岩石和超高压变质岩块组成、中生代构造–岩浆发育的内生热液金矿矿集区，主要包括北部的胶北隆起，中部的胶莱盆地和苏鲁高压–超高压变质带（Tan et al.，2012；Guo et al.，2013；Deng et al.，2015）。其中胶北隆起主要出露前寒武纪变质岩和中生代花岗岩，赋存了胶东地区 90% 以上的金矿床（杨立强等，2014），胶莱盆地则发育中侏罗世–白垩纪陆相火山岩，苏鲁高压–超高压变质带以新元古代花岗片麻岩和中生代花岗岩为主，其中发育大量榴辉岩包体、斜长角闪岩和少量超基性岩。伴随中生代强烈的构造、岩浆活动，胶东地区产出了一系列大型-超大型金矿，已探明的金资源储量 5000 余吨，特大金矿床 7 处，大型金矿床 10 余处，占全国资源储量的 1/3，是中国最重要的金矿集中区之一（图 5-1）。

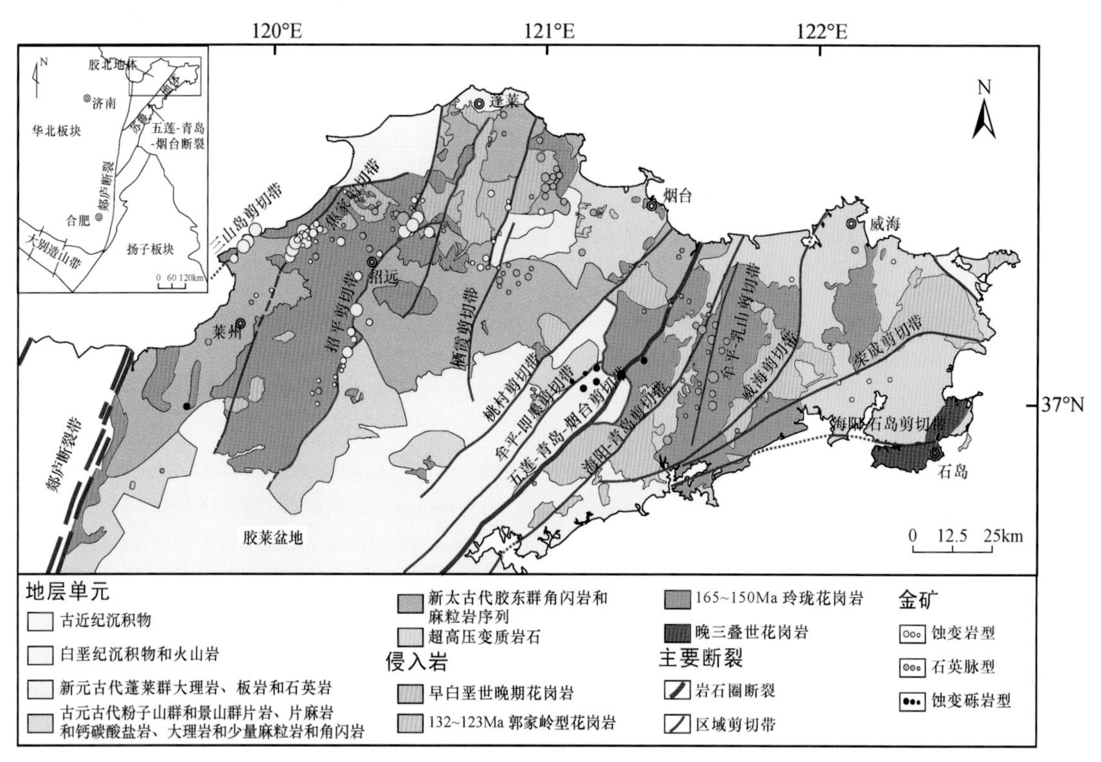

图 5-1　胶东地区大地构造位置及金矿分布地质简图（据杨立强等，2014）

第一节　胶东地区中生代构造成矿事件的基本地质现象

一、苏鲁高压-超高压变质带

苏鲁造山带呈近 NE-SW 向分布，是大别造山带的东延部分，被郯庐断裂错断，并向北平移了约 500km，是华南陆块在三叠纪与华北板块汇聚形成（朱光等，2004；周建波等，2016）。苏鲁造山带北以五莲-青岛-烟台断裂为界，与胶莱盆地相邻，南以嘉山-响水断裂为界与华南陆块相连，西以郯庐断裂为界与华北陆块相隔，东边可延伸至朝鲜半岛（许志琴等，2003；翟明国和彭澎，2007；武昱东和侯泉林，2016；侯泉林等，2008）。苏鲁与大别造山带相似，发育不同的变质相带，造山带南部中心为中温超高压变质带，以南是张八岭低温/高压变质带，以北是五莲低温低压变质带；造山带北部整体为高温/超高压变质带，与北大别类似（Zheng et al.，2005；Zheng，2012）。

大别-苏鲁造山带是世界上规模最大的，出露最好的超高压变质带之一（Zheng et al.，2005；Zheng，2012）。Ye 等（2000）在青岛仰口地区发现了榴辉岩中的石榴子石出溶单斜辉石、金红石和磷灰石等矿物，提出陆壳物质发生了深俯冲，并一同经历了超高压变质作用。苏鲁造山带中发育的变质岩主要有两种类型，一种是变沉积岩系，主要为大理岩、石英岩等副片麻岩，大量块状的榴辉岩和柯石英矿物出露其中（Zheng et al.，2008）；另一种为各种花岗片麻岩，少量的榴辉岩和超镁铁质岩石以透镜体和岩块形式出露其中（Cong and Wang，1999）。年代学数据表明，苏鲁造山带发生超高压变质事件的年龄为 240～225Ma（Liu，2005；Wu et al.，2006），片麻岩和榴辉岩中锆石环带 SHRIMP U-Pb 定年结果表明，俯冲物质主要为扬子陆块北缘新元古代（780～740Ma）裂谷岩浆活动产物，与 Rodinia 超大陆裂解时间大体一致（Zheng et al.，2008）。

苏鲁高压-超高压变质带的折返构造是由韧性剪切叠覆构造岩片组成，许志琴等（2003）根据剪切叠覆岩片的组成及剪切岩片之间的界线将苏鲁高压-超高压变质带由南到北分为 4 个部分：①南苏鲁高压低温变质岩剪切叠覆岩片，岩石普遍遭受强烈剪切应变，发育 NWW-SEE 向拉伸线理；②南苏鲁高压中温变质岩剪切叠覆岩片；③北苏鲁超高压变质表壳岩剪切叠覆岩片，岩片面理及岩片边界韧性剪切带均向 SE-SEE 倾斜，拉伸线理为 NWW-SEE 至 NW-SE 向；④北苏鲁超高压花岗变质岩剪切叠覆岩片，该地区构造受后期中生代花岗岩影响，使得变形构造复杂化，但总体仍然发育 NWW-SEE 及 NW-SE 向拉伸线理，与其他剪切叠覆岩片一致。根据折返板片中保存的自上而下的变质岩石单元序列与剪切叠覆岩片的物质组成序列基本一致，认为苏鲁高压-超高压变质板片是在“挤出”机制下折返就位（许志琴等，2003）。徐佩芬等（1999）、Xu 等（2000）采用改进的地震层析成像方法得到了大别苏鲁三维 P 波速度纵剖面图像若干幅，苏鲁深部显示出“鳄鱼”状速度结构样式，这预示着苏鲁高压-超高压变质带可能发生过与薄皮构造机制类似的构造过程。

二、胶莱盆地白垩纪沉积响应

胶莱盆地夹在胶北隆起和苏鲁造山带之间，其基底为前寒武纪变质岩系，包括太古宇胶东群，古元古界荆山群、粉子山群及新元古界蓬莱群，具有华北克拉通的属性（戴俊生等，1995；张岳桥等，2008）。部分学者认为其基底以牟平-即墨断裂为界，分为华北克拉通和扬子克拉通（Tang et al.，2008）。

胶莱盆地的沉积盖层主要为白垩系一套陆相碎屑岩-火山岩沉积，自下而上依次为下白垩统莱阳群、青山群和上白垩统王氏群（唐华凤等，2006；李双应等，2008）。莱阳群不整合覆盖在基底之上，以灰绿色砾岩、灰紫色-黄绿色砂岩-粉砂岩、泥岩为主，为河流-湖泊相沉积；青山群为一套中基性火山岩、酸性火山岩及火山碎屑岩；王氏群主要由红色砂岩、粉砂岩等碎屑岩组成（彭楠等，2015）。

莱阳群下部玄武岩夹层中的角闪石和锆石测年结果显示，其沉积年龄为135～125Ma（张田和张岳桥，2008）。在盆地东北缘以冲-洪积扇为特征，向西逐渐过渡为浅湖相沉积（夏增明等，2016）。地层产状及物源分析表明，胶莱盆地此时的沉积物源主要来自于北部，认为此时盆地表现为受拆离断层活动控制的半地堑状伸展断陷盆地（彭楠等，2015；夏增明等，2016）。

胶莱盆地经历了复杂的地质过程，其形成与动力学机制长期存在争议，早期研究阶段，漆家福等（1995）认为该盆地受控于郯庐断裂和五莲-即墨-牟平断裂，是在两者的联合作用下由NE向伸展产生的裂陷盆地。随着研究的深入，对于盆地沉积序列、沉积特征、构造样式等认识也在逐渐深入，有学者根据盆地形态以及断裂延伸方向，与Basile和Brun（1999）的实验结果对比分析，认为该盆地为两条主剪切断裂的右行走滑拉分（廖远涛，2002）。张岳桥等（2008）认为这一套巨厚多期次的火山-沉积建造，为伸展断陷盆地，深部受控于两个拆离构造系统，一个发育在盆地南部，缓倾于苏鲁造山带之下；另一个由一系列北倾的犁式正断层组成，分布于盆地北部。综合火山岩同位素年代学结果，将盆地演化分为两期，早期NW-SE向伸展发生伸展断陷，晚期W-E向伸展发生火山裂谷活动（李金良等，2007；张岳桥等，2008）。盆地自白垩纪以来遭受了多次构造运动，与华北克拉通岩石圈减薄密切相关（任凤楼等，2008；张岳桥等，2008）。近年来，越来越多的研究表明胶莱盆地与胶东半岛内的变质核杂岩关系密切，同属于受太平洋控制的大尺度的伸展作用区域（周建波等，2013；Zhu et al.，2012；Yang et al.，2014）。

三、伸展构造

胶东半岛在晚中生代发育大量的伸展构造，除了胶莱盆地的沉积响应，还有一系列同时代的穹窿状构造、变质核杂岩和拆离断层等（孙丰月，1995；Charles et al.，2011；林伟等，2013）。穹窿状构造整体表现为椭圆状，长轴沿NE-SW向分布，其核部岩石通常为太古宙—古元古代片麻岩和石英片岩及片麻状花岗岩（林伟等，2013）。作为岩浆活动十分剧烈的地区，这些穹窿核部通常伴随有晚中生代岩浆岩侵入或本身就为同构造花岗岩，这些岩浆岩表现为边缘存在明显的面理化，而岩体核部则面理化较弱或没有变形（翟明国等，2004；Charles et al.，2011；林伟等，2013）。低角度糜棱岩带分布在穹窿周围或者一侧，这些糜棱岩带通常有十几米厚，局部可以达到千米级别（Hacker et al.，2000；Lin et al.，2008；Charles et al.，2011）。

变质核杂岩是岩石圈拉伸减薄作用下重要的构造形式之一（Davis and Coney，1979；Davis et al，2002）。华北克拉通具有典型的变质核杂岩，如燕山地区的云蒙山变质核杂岩和辽东半岛地区的辽西变质核杂岩（张进江和郑亚东，1998；郑亚东等，2000；Darby et al.，2004；Liu et al.，2005）。根据岩石圈壳-幔耦合关系，华北克拉通东部在晚中生代时期壳幔发生了解耦，表现出分层拆离的特点（Jackson，2002；刘俊来等，2009）。胶东地区作为华北克拉通的一部分，近年来发现的鹊山变质核杂岩、五莲变质核杂岩、玲珑和郭家岭变质核杂岩同样具有类似的特点（Faure et al.，2001；Lin et al.，2008；张岳桥，2012），不同变质核杂岩的拆离断层带在发育深度上有所不同，越来越多的年代学数据表明这些变质核杂岩的形成时间多数集中在130～110Ma，指示了胶东半岛在晚中生代时期遭受了强烈的岩石圈伸展减薄（Lin et al.，2008；Charles et al.，2011）。夏增明等（2016）通过详细的研究，发现鹊山变质核杂岩具有典型的科迪勒拉变质核杂岩的三层结构：上盘为早白垩世上叠盆地及其元古宙基底组成，下盘为太古宙深变质核杂岩与中生代侵入体，表现为穹状隆起，在NW-SE区域伸展作用下，发育于中-下地壳，之后经过中-上地壳，最后到达地壳，经历了递进剥露过程。玲珑和郭家岭花岗岩体的磁化率各向异性表明，其核部在早白垩世早期经历了NW-SE向的伸展过程（Charles，2011）。

胶东地区发育着大量的NE-NNE向剪切带，严格控制着金矿床的分布及发育，这些剪切带均具有NW-SE向拉伸的特点，但由于该区经历了华南华北板块的碰撞、华北克拉通减薄及太平洋板块俯冲等，其表现形式复杂，识别与成矿期紧密相关的构造运动特征对于研究金矿的成因至关重要，具体讨论见第七章。

四、岩浆活动

胶东地区中生代以来岩浆活动剧烈，具体可以分为三个阶段，分别为晚三叠世、晚侏罗世和早白垩世（Zhao and Zheng，2009）。晚三叠世侵入岩（225～205Ma）主要出现在苏鲁造山带的东部（郭敬辉等，2005；Yang et al.，2005），大多是富钾型岩体，以胶东半岛的甲子山岩体为代表（郭敬辉等，2005），对应于辽南地区的双峰式侵入岩系列，吴福元等（2005）认为这一期岩浆事件标志着华北克拉通破坏的开始。晚侏罗世花岗岩发育在胶东地区北部，普遍具有高SiO_2，A/CNK接近或大于1，富集轻稀土，亏损Nb、Ta、Zr、Hf的地球化学特征。郭敬辉等（2005）对胶东东部昆嵛山花岗岩的研究表明，昆嵛山花岗岩形成时代为140Ma，可能源自碰撞加厚的大陆地壳的低程度部分熔融，是典型的碰撞后花岗岩类。Hou等（2007）认为胶东侏罗纪花岗岩具有胶北太古宙基底、胶东元古宙基底和晚三叠世碱性岩混合的特征。根据锆石Hf同位素特征，Zhang等（2002）认为晚侏罗世花岗岩可能起源于造山带根部。随着研究深入，部分学者认为在地壳加厚基础上，伊泽纳吉（Izanagi）板块的后撤会导致加厚山根垮塌，上涌软流圈地幔加热华北基底、华南基底、三叠纪碰撞相关的碱性岩和超高压变质岩，四者的重熔形成玲珑花岗岩（Ma et al., 2013）。

胶东地区在白垩世发育大量的岩浆活动，前人研究表明早白垩世岩浆活动可以分为两期，早期岩浆活动为 143 ~ 130Ma，形成的岩体存在不同程度变形；晚期岩浆活动为 130 ~ 120Ma，形成的岩体具有弱的或者缺乏构造变形，认为这两期岩浆活动可以对应于大别造山带的两期混合岩化作用（Wu et al., 2005；Xie et al., 2006；Xu et al., 2007）。同时，白垩纪火山活动强烈，如胶东地区莒南玄武质火山砾岩形成时代为 ~ 67Ma（Ying et al., 2006）。白垩纪是中国东部主要的成矿期，在此时期整个中国东部处于强烈的伸展环境，幔源岩浆和壳源岩浆发育，是华北克拉通乃至中国东部岩石圈破坏的重要阶段之一，其动力学背景吸引着大量学者的不断深入研究（许文良等，2004；翟明国等，2004；朱日祥等，2015）。

第二节　胶东地区中生代构造成矿事件的地球动力学模型

关于胶东矿集区成矿的构造背景，存在较大争议。Groves 等（1998）认为胶东矿集区的矿床地质和地球化学特征与世界造山型金矿基本一致，这类金矿床共同的特点是：赋存在不同变形、变质程度的岩石中；在热液矿物中硫化物含量相对少；围岩蚀变矿物以碳酸盐-硫化物±绢云母±绿泥石为主；成矿流体富含 CO_2，其 $\delta^{18}O$ 多集中在 5‰ ~ 10‰；主要形成于挤压-伸展转换的动力学背景下。被 Kerrich 等（2000）和 Goldfarb 等（2001, 2007）进一步将胶东矿集区划为造山型金矿省，并得到很多学者的（如 Groves and Santosh, 2016）支持。陈衍景等（2004）认为中生代华北与华南板块的碰撞造山作用是导致胶东矿集区形成的主导因素，成矿作用符合 CMF（continental collision orogeny, metallogeny and fluid flow）模式。杨立强等（2014）将胶东金矿床成矿地质特征与典型造山型金矿床及与侵入岩有关的金矿床进行对比后，发现胶东金矿床形成于太平洋板块俯冲的弧后伸展环境，其成矿构造背景、矿床分布、矿化类型、蚀变组合、矿物组成等均与造山型金矿明显不同，提出胶东金矿床应属于独特的“胶东型”金矿床，并指出古太平洋 Izanagi 俯冲板片的回转作用可能是引起区域前寒武纪变质基底岩石中成矿物质大规模活化再造的主要驱动机制。

翟明国等（2004）认为胶东地区金矿与华北克拉通其他金矿一样，具有一致的成矿物质来源、成矿方式、矿产类型、成矿围岩和成矿年龄，其大规模成矿的动力学过程受华北东部中生代构造体制转折的制约，是地幔上涌、地幔和下地壳发生置换引起的岩浆-流体-成矿作用，不同于经典的造山型金矿，属于陆内非造山型金成矿作用。朱日祥等（2015）指出，造山型金矿实际是指赋存在造山带中的热液金矿床，其成矿过程未必与克拉通化过程中的增生/碰撞造山作用有关，并且胶东金矿与造山型金矿的本质区别在于胶东金矿的成矿构造背景属于伸展环境以及成矿流体来源主要与来自克拉通破坏相关的岩浆活动，胶东金矿是在华北克拉通发生大规模破坏的背景下形成的，属克拉通破坏型金矿。越来越多的研究表明胶东地区金矿床的形成与华北克拉通破坏具有密不可分的关系（Deng et al., 2015；Zhu et al., 2015）。

华北克拉通破坏这一事实得到了广泛的认识，但其背后的动力学机制仍然存在一定争议，部分学者认为是热化学侵蚀作用为主（徐义刚，1999；郑建平和Orei，1999；韩宝福等，2004；郑建平等，2007；徐义刚等，2009）；部分学者提出其破坏机制主要是由于熔体-橄榄岩的相互作用（Zhang et al.，2002；Tang et al.，2008）；部分学者提出拆沉机制（吴福元等，2000，2005；Yang et al.，2005；Wu et al.，2005，2006；Deng et al.，2015；杨进辉和吴福元，2009）；Niu（2005）提出了岩石圈地幔的水化模型。

为了获得华北东部中生代构造体制及其与同时期成矿作用的信息，本研究选取胶东地区与金矿密切相关的剪切带进行研究，以回答以下几个问题：①根据胶东地区剪切带与金矿床分布可知，金矿床的发育明显受到剪切带的影响，剪切带如何控制矿床的形成？②破碎带蚀变岩型矿化与石英脉型矿化的成矿机制是否相同？③剪切带型金矿中，在构造作用、岩浆作用和流体作用下，促使金发生成矿作用的主要因素是什么？④是否可以用研究出的金矿成矿模式来指导其他贵金属矿床勘查？

参考文献

陈衍景，Pirajno F，赖勇，等.2004. 胶东矿集区大规模成矿时间和构造环境. 岩石学报，20（4）：907-922.

戴俊生，陆克政，宋全友，等.1995. 胶莱盆地的运动学特征. 中国石油大学学报（自然科学版），（2）：1-6.

郭敬辉，陈福坤，张晓曼，等.2005. 苏鲁超高压带北部中生代岩浆侵入活动与同碰撞—碰撞后构造过程：锆石U-Pb年代学. 岩石学报，21（4）：1281-1301.

韩宝福，加加美宽雄，李惠民.2004. 河北平泉光头山碱性花岗岩的时代、Nd-Sr同位素特征及其对华北早中生代壳幔相互作用的意义. 岩石学报，20（6）：1375-1388.

侯泉林，武昱东，吴福元，等.2008. 大别-苏鲁造山带在朝鲜半岛可能的构造表现. 地质通报，27（10）：1659-1666.

李金良，张岳桥，柳宗泉，等.2007. 胶莱盆地沉积-沉降史分析与构造演化. 中国地质，34（2）：240-250.

李双应，孟庆任，李任伟，等.2008. 山东胶莱盆地下白垩统莱阳组物质组分特征及其对源区的制约. 岩石学报，24（10）：2395-2406.

廖远涛.2002. 胶莱盆地的盆地样式及构造演化. 新疆石油地质，23（4）：345-347.

林伟，王军，刘飞，等.2013. 华北克拉通及邻区晚中生代伸展构造及其动力学背景的讨论. 岩石学报，29（5）：1791-1810.

刘俊来，纪沫，夏浩然，等.2009. 华北克拉通晚中生代壳-幔拆离作用：岩石流变学约束. 岩石学报，25（8）：1819-1829.

彭楠，柳永清，旷红伟，等.2015. 胶莱盆地早白垩世莱阳群沉积物源及地质意义. 中国地质，42（6）：1793-1810.

漆家福，张一伟，陆克政，等.1995. 渤海湾新生代裂陷盆地的伸展模式及其动力学过程. 石油实验地质，17（4）：316-323.

任凤楼，柳忠泉，邱连贵，等.2008. 胶莱盆地莱阳期原型盆地恢复. 沉积学报，26（2）：221-233.

孙丰月.1995. 太古代脉状金矿研究的某些新进展. 地质科技情报，3：61-66.

唐华风，程日辉，王璞珺，等.2006. 走滑拉分盆地层序构成特征——以胶莱盆地莱阳群为例. 沉积与特提斯地质，26（3）：31-36.
吴福元，杨进辉，柳小明．2005．辽东半岛中生代花岗质岩浆作用的年代学格架．高校地质学报，3：105-107.
武昱东，侯泉林．2016．大别-苏鲁造山带在朝鲜半岛的延伸方式——基于$^{40}Ar/^{39}Ar$构造年代学的约束．岩石学报，32（10）：3187-3204.
夏增明，刘俊来，倪金龙，等．2016．胶东东部鹊山变质核杂岩结构、演化及区域构造意义．中国科学：地球科学，46（3）：356-373.
徐佩芬，孙若昧，刘福田，等．1999．扬子板块俯冲、断离的地震层析成象证据．科学通报，44（15）：1658-1661.
徐义刚．1999．上地幔橄榄岩粒间组分的微量元素特征及其成因探讨．科学通报，44（15）：1670-1675.
徐义刚，李洪颜，庞崇进，等．2009．论华北克拉通破坏的时限．科学通报，54（14）：1974-1989.
许文良，王清海，王冬艳，等．2004．华北克拉通东部中生代岩石圈减薄的过程与机制：中生代火成岩和深源捕虏体证据．地学前缘，11（3）：309-317.
许志琴，张泽明，刘福来，等．2003．苏鲁高压-超高压变质带的折返构造及折返机制．地质学报，77（4）：433-450.
杨立强，邓军，王中亮，等．2014．胶东中生代金成矿系统．岩石学报，30（9）：2447-2467.
翟明国，彭澎．2007．华北克拉通古元古代构造事件．岩石学报，23（11）：2665-2682.
翟明国，范宏瑞，杨进辉，等．2004．非造山带型金矿——胶东型金矿的陆内成矿作用．地学前缘，11（1）：85-98.
张进江，郑亚东．1998．变质核杂岩与岩浆作用成因关系综述．地质科技情报，1：19-25.
张田，张岳桥．2008．胶北隆起晚中生代构造-岩浆演化历史．地质学报，82（9）：1210-1228.
张岳桥．2012．华南中生代大地构造研究新进展．地球学报，33（3）：257-279.
张岳桥，李金良，张田，等．2008．胶莱盆地及其邻区白垩纪-古新世沉积构造演化历史及其区域动力学意义．地质学报，82（9）：1229-1257.
郑建平，Orei. 1999．华北地台东部古生代与新生代岩石圈地幔特征及其演化．地质学报，73（1）：47-56.
郑建平，路凤香，余淳梅，等．2007．华北克拉通破坏的物理、化学过程：地幔橄榄岩证据．矿物岩石地球化学通报，26（4）：327-335.
郑亚东，Davis G A，王琮，等．2000．燕山带中生代主要构造事件与板块构造背景问题．地质学报，74（4）：289-302.
周建波，曾维顺，曹嘉麟，等．2013．苏鲁造山带的构造格局与演化：来自苏鲁超高压带浅变质岩的制约．科学通报，58（23）：2338-2343.
周建波，石爱国，景妍．2016．东北地块群：构造演化与古大陆重建．吉林大学学报（地球科学版），46（4）：1042-1055.
朱光，刘国生，Dunlap W J，等．2004．郯庐断裂带同造山走滑运动的$^{40}Ar/^{39}Ar$年代学证据．科学通报，49（2）：190-198.
朱日祥，范宏瑞，李建威，等．2015．克拉通破坏型金矿床．中国科学：地球科学，45（8）：1153-1168.
Basile C，Brun J P. 1999. Transtensional faulting patterns ranging from pull-apart basins to transform continental margins：an experimental investigation. Journal of Structural Geology，21（1）：23-37.
Charles N，Gumiaux C，Augier R，et al. 2011. Metamorphic Core Complexes vs. synkinematic plutons in continental extension setting：insights from key structures（Shandong Province，eastern China）. Journal of Asian Earth Sciences，40（1）：261-278.

Cong B, Wang Q. 1999. The Dabie- Sulu UHP rocks belt: review and prospect. Chinese Science Bulletin, 44: 1074.

Darby B J, Davis G A, Hui Z X, et al. 2004. The newly discovered Waziyu metamorphic core complex, Yiwulü Shan, western Liaoning Province, North China. Earth Science Frontiers, 11 (3): 145-155.

Davis G A, Darby B J, Yadong Z, et al. 2002. Geometric and temporal evolution of an extensional detachment fault, Hohhot metamorphic core complex, Inner Mongolia, China. Geology, 30 (11): 1003.

Davis G H, Coney P J. 1979. Geologic development of the Cordilleran metamorphic core complexes. Geology, 7 (3): 120.

Deng J, Wang C M, Bagas L, et al. 2015. Cretaceous-Cenozoic tectonic history of the Jiaojia Fault and gold minerazlization in the Jiaodong Peninsula, China: constraints from zircon U-Pb, illite K-Ar, and apatite fission track thermochronometry. Mineralium Deposita, 50 (8): 987-1006.

Faure M, Lin W, Nicole L B. 2001. Where is the North China-South China block boundary in eastern China?. Geology, 29 (2): 119.

Goldfarb R J, Groves D I, Gardoll S. 2001. Orogenic gold and geologic time: a global synthesis. Ore Geology Reviews, 18 (1-2): 1-75.

Goldfarb R J, Hart C, David G, et al. 2007. East Asian gold: deciphering the anomaly of Phanerozoic gold in Precambrian cratons. Economic Geology, 102 (3): 341-345.

Groves D I, Santosh M. 2016. The giant Jiaodong gold province: the key to a unified model for orogenic gold deposits?. Geoscience Frontiers, 7 (3): 409-417.

Groves D I, Goldfarb R J, Gebre-Mariam M, et al. 1998. Orogenic gold deposits: a proposed classification in the context of their crustal distribution and relationship to other gold deposit types. Ore Geology Reviews, 13 (1-5): 7-27.

Guo P, Santosh M, Li S R. 2013. Geodynamics of gold metallogeny in the Shandong Province, NE China: an integrated geological, geophysical and geochemical perspective. Gondwana Research, 24 (3-4): 1172-1202.

Hacker B R, Ratschbacher L, Webb L, et al. 2000. Exhumation of ultrahigh-pressure continental crust in east central China: Late Triassic- Early Jurassic tectonic unroofing. Journal of Geophysical Research, 105 (B6): 13339.

Hou M L, Jiang Y H, Jiang S Y, et al. 2007. Contrasting origins of late Mesozoic adakitic granitoids from the northwestern Jiaodong Peninsula, east China: implications for crustal thickening to delamination. Geological Magazine, 144 (4): 619-631.

Jackson J. 2002. Faulting, flow, and the strength of the continental lithosphere. International Geology Review, 44 (1): 39-61.

Kerrich R, Goldfarb R, Groves D, et al. 2000. The characteristics, origins, and geodynamic settings of supergiant gold metallogenic provinces. Science in China Series D: Earth Sciences, 43 (s1): 1-68.

Lin W, Faure M, Monie P, et al. 2008. Mesozoic extensional tectonics in eastern Asia: the South Liaodong Peninsula metamorphic core complex (NE China). The Journal of Geology, 116 (2): 134-154.

Liu J, Davis G A, Lin Z, et al. 2005. The Liaonan metamorphic core complex, southeastern Liaoning Province, North China: a likely contributor to Cretaceous rotation of eastern Liaoning, Korea and contiguous areas. Tectonophysics, 407 (1): 65-80.

Liu F. 2005. U-Pb SHRIMP ages recorded in the coesite-bearing zircon domains of paragneisses in the southwestern Sulu terrane, eastern China: new interpretation. American Mineralogist, 90 (5-6): 790-800.

Ma L, Jiang S Y, Dai B Z, et al. 2013. Multiple sources for the origin of Late Jurassic Linglong adakitic granite in the Shandong Peninsula, eastern China: zircon U-Pb geochronological, geochemical and Sr-Nd-Hf isotopic evidence. Lithos, 162: 251-263.

Tan J, Wei J H, Audetat A, et al. 2012. Source of metals in the Guocheng gold deposit, Jiaodong Peninsula, North China Craton: link to Early Cretaceous mafic magmatism originating from Paleoproterozoic. Ore Geology Reviews, 48: 70-87.

Tang Y J, Zhang H F, Ying J F, et al. 2008. Refertilization of ancient lithospheric mantle beneath the central North China Craton: evidence from petrology and geochemistry of peridotite xenoliths. Lithos, 101 (3-4): 435-452.

Wu F Y, Lin J Q, Wilde S A, et al. 2005. Nature and significance of the Early Cretaceous giant igneous event in eastern China. Earth and Planetary Science Letters, 233 (1): 103-119.

Wu Y B, Zheng Y F, Zhao Z F, et al. 2006. U-Pb, Hf and O isotope evidence for two episodes of fluid-assisted zircon growth in marble-hosted eclogites from the Dabie orogen. Geochimica et Cosmochimica Acta, 70 (14): 3743-3761.

Xie Z, Zheng Y F, Zhao Z F, et al. 2006. Mineral isotope evidence for the contemporaneous process of Mesozoic granite emplacement and gneiss metamorphism in the Dabie orogen. Chemical Geology, 231 (3): 214-235.

Xu H, Ma C, Ye K. 2007. Early cretaceous granitoids and their implications for the collapse of the Dabie orogen, eastern China: SHRIMP zircon U-Pb dating and geochemistry. Chemical Geology, 240 (3): 238-259.

Xu P F, Liu F T, Wang Q C, et al. 2000. Seismic Tomography Beneath the Dabie-Sulu Col-Lision Orogeny-3-D Velocity Structures of Litho-sphere. Chinese Journal of Geophysics, 43 (3): 407-415.

Yang J H, Chung S L, Wilde S A, et al. 2005. Petrogenesis of post-orogenic syenites in the Sulu Orogenic Belt, East China: geochronological, geochemical and Nd-Sr isotopic evidence. Chemical Geology, 214 (1-2): 1-125.

Yang L, Deng J, Wang Z, et al. 2014. Structural control of the Linglong metamorphic core complex on gold mineralization of the Jiaodong Peninsula, East China: low temperature thermochronologic constraints. Acta Geologica Sinica, 88 (s2): 1708-1709.

Ye K, Cong B L, Ye D N. 2000. The possible subduction of continental material to depths greater than 200 km. Nature, 407 (6805): 734-736.

Ying J, Zhang H, Kita N, et al. 2006. Nature and evolution of Late Cretaceous lithospheric mantle beneath the eastern North China Craton: constraints from petrology and geochemistry of peridotitic xenoliths from Jünan, Shandong Province, China. Earth and Planetary Science Letters, 244 (3-4): 622-638.

Zhang H F, Sun M, Zhou X H, et al. 2002. Mesozoic lithosphere destruction beneath the North China Craton: Evidence from major-, trace- element and Sr-Nd-Pb isotope studies of Fangcheng basalts. Contributions to Mineralogy & Petrology, 144 (2): 241-254.

Zhao Z F, Zheng Y F. 2009. Remelting of subducted continental lithosphere: petrogenesis of Mesozoic magmatic rocks in the Dabie-Sulu orogenic belt. Science in China Series D: Earth Sciences, 52 (9): 1295-1318.

Zheng Y F. 2012. Metamorphic chemical geodynamics in continental subduction zones. Chemical Geology, 328: 5-48.

Zheng Y F, Zhou J B, Wu Y B, et al. 2005. Low-grade metamorphic rocks in the Dabie-Sulu Orogenic Belt: a passive-margin accretionary wedge deformed during continent subduction. International Geology Review, 47 (8): 851-871.

Zheng Y F, Gong B, Zhao Z F, et al. 2008. Zircon U-Pb age and O isotope evidence for Neoproterozoic low-^{18}O

magmatism during supercontinental rifting in South China：implications for the snowball earth event. American Journal of Science，308（4）：484-516.

Zhu G，Jiang D，Zhang B，et al. 2012. Destruction of the eastern North China Craton in a backarc setting：evidence from crustal deformation kinematics. Gondwana Research，22（1）：86-103.

Zhu R X，Fan H R，Li J W，et al. 2015. Decratonic gold deposits. Science China Earth Sciences，8（9）：1523-1537.

第六章　胶东地区中生代花岗岩的成因及其成矿制约

在全球金矿中，胶东金矿成矿作用独具特色（Groves and Santosh，2016）。胶东地区金矿成矿受剪切带和中生代花岗岩及其岩浆期后热液控制，矿体一般产出于靠近剪切带的黄铁绢英岩化带（吕古贤等，2016）。胶东矿集区广泛出露中生代花岗岩，其在时空分布上与大规模金矿爆发密切相关，成矿作用主要发生在中生代，集中于128～115 Ma（王义天等，2004；陈衍景等，2004；Yang et al.，2014）。此外，在胶东各类型金矿床的成矿作用过程中均发现有地幔流体的参与，与其背后的成矿构造背景和成矿模式密切相关（毛景文等，2005）。

第一节　区域地质背景

一、区域地层概况

胶东地区出露地层主要为新太古界胶东群，古元古界荆山群、粉子山群和芝罘群，新元古界蓬莱群，中生界侏罗系和白垩系等（表6-1）。

表6-1　胶东地区地层基本特征简表（据杨忠芳等，1998；万多，2014）

<table>
<tr><th>界</th><th>系</th><th>统</th><th>群</th><th>岩石地层单位</th><th>符号</th><th>厚度/m</th><th>岩性</th></tr>
<tr><td rowspan="5">新生界</td><td rowspan="3">第四系</td><td rowspan="3">全新统</td><td rowspan="3"></td><td>沂河组</td><td rowspan="3"></td><td rowspan="3"></td><td rowspan="3">冲积物及残、坡积物</td></tr>
<tr><td>临沂组</td></tr>
<tr><td>山前组</td></tr>
<tr><td>新近系</td><td>上新统</td><td></td><td>五里桥组</td><td></td><td></td><td>橄榄霞石岩、砾岩、砂砾岩、玄武岩</td></tr>
<tr><td>古近系</td><td>始新统</td><td></td><td>黄县组</td><td></td><td></td><td>上部灰绿色细砂岩、黏土岩夹砂砾岩；下部黑色碳质泥岩夹页岩，含煤</td></tr>
<tr><td rowspan="4">中生界</td><td rowspan="3">白垩系</td><td>上统</td><td></td><td>王氏组</td><td></td><td>3624</td><td>紫红色中粗粒碎屑岩、砂砾岩、泥质粉砂岩</td></tr>
<tr><td rowspan="2">下统</td><td></td><td>青山组</td><td></td><td>1100</td><td>安山岩、流纹岩、玄武岩、火山碎屑岩、集块岩、角砾岩、凝灰岩</td></tr>
<tr><td></td><td>莱阳组</td><td></td><td>1626</td><td>砂岩、砂砾岩、粉砂岩、页岩、含碳质灰岩</td></tr>
<tr><td>侏罗系</td><td>中上统</td><td></td><td>瓦屋夼组</td><td></td><td>102</td><td>深色调的细碎屑岩、页岩、粉砂岩</td></tr>
</table>

续表

界	系	统	群	岩石地层单位	符号	厚度/m	岩性
新元古界			蓬莱群	香夼组	Pt_3px	648	中厚至厚层灰岩、页岩、粉砂岩
				南辛庄组	Pt_3ph	1140	中厚至厚层灰岩，偶见板岩
				铺子夼组	Pt_3pf	685	千枚岩、板岩夹灰岩
				豹山口组	Pt_3pb	708	石英大理岩、白云石大理岩、千枚岩
古元古界			芝罘群				厚层石英岩、含镜铁石英岩、含镜铁白云母斜长片麻岩
			粉子山群	岗嵛组	Pt_3f_5	94.5	石榴子石矽线石黑云母片岩、黑云变粒岩
				巨屯组	Pt_3f_4	107	千枚岩、板岩夹灰岩
				张格庄组	Pt_3f_3	1077	透辉白云大理岩、菱铁矿大理岩夹滑石片岩、黑云变粒岩
				祝家夼组	Pt_3f_2	2408	黑云变粒岩、变粒岩夹大理岩
				小魏家组	Pt_3f_1	2053	斜长角闪岩、黑云变粒岩、黑云斜长片麻岩
			荆山群	陡崖组	Pt_3jd	416.9	上段：石榴黑云片岩夹黑云变粒岩及石英砂岩； 下段：片麻岩及大理岩
				野头组	Pt_3jy	1350.7	上段：大理岩夹片麻岩及斜长角闪岩； 下段：变粒岩、斜长角闪岩
				禄格庄组	Pt_3jl	1520.7	上段：大理岩夹片麻岩及斜长角闪岩； 下段：黑云片岩、片麻岩及变粒岩
新太古界			胶东群	林家寨组	Arjl	1579.8	上段：变粒岩夹斜长角闪岩及浅粒岩； 下段：变粒岩及斜长角闪岩
				齐山组	Arjq	2984.7	上段：黑云变粒岩、斜长片麻岩夹角闪岩； 下段：斜长角闪岩、黑云变粒岩及石墨片麻岩
				英庄夼组	Arjy	819.5	黑云变粒岩、片麻岩及斜长角闪岩
				唐家庄组	Arjt	1533.7	二辉麻粒岩、黑云变粒岩及斜长角闪岩

1. 胶东群

胶东群在胶东西部为近 EW 向，在东部呈 NE 向，主要分布在胶东隆起区的中部。出露面积约 5520km^2，约占地层总面积的 37%，厚度在 8000m 以上。胶东群主要岩性有斜长角闪岩、黑云变粒岩、片麻岩和片岩等。下部主要为黑云变粒岩，向上变为条带状、条纹状斜长片麻岩和黑云变粒岩，斑点状、厚层状斜长角闪岩，上部为斜长角闪岩、黑云变粒岩等。胶东群普遍遭受麻粒岩相-角闪岩相变质作用，从北向南变质作用增强，从绿片岩相，经低角闪岩相变为高角闪岩相，局部为麻粒岩相，多呈残块状零星分布于太古宙 TTG 岩系之中。胶东群原岩为基性-中酸性海底火山岩，火山碎屑岩夹海相泥质碳酸盐岩（万多，2014）。

胶东群自下而上分为四个组，即唐家庄组、英庄夼组、齐山组和林家寨组。唐家庄组由角闪紫苏变粒岩、黑云斜长角闪片麻岩、黑云角闪二辉麻粒岩、黑云变粒岩夹片麻岩等组成；英庄夼组由混合质黑云变粒岩、黑云斜长片麻岩等组成；齐山组由黑云片岩、黑云斜长片麻岩、黑云变粒岩、斑点状斜长角闪岩等组成；林家寨组由斜长角闪岩、黑云变粒岩、变粒岩、黑云角闪片岩，夹斜长角闪岩组成（万多，2014）。李兆龙和杨敏之（1993）研究认为，胶东群的原岩自下而上依次为超镁铁质岩石-拉斑玄武岩-碱性玄武岩-中基性火山岩-中酸性火山岩、沉积岩，并认为早期形成于洋中脊环境，中晚期为岛弧火山环境。

2. 荆山群

荆山群主要出露在胶东地区的南部和东南部，走向与胶东群一致，两者多为断层接触，面积1000km^2以上。荆山群自下而上分为三个组，分别为禄格庄组、野头组和陡崖组，其主要岩性为石榴子石矽线石黑云片岩、片麻岩、橄榄蛇纹大理岩、白云石大理岩、透辉变粒岩、黑云变粒岩、方柱石透灰岩、斜长透灰岩、石墨透灰变粒岩、长石石英岩等，为一套局部可达麻粒岩相的中深变质岩系。原岩为一套多旋回的富铝质泥砂岩、钙镁质碳酸盐岩建造，夹多层基性-中酸性火山岩（万多，2014）。李兆龙和杨敏之（1993）研究认为荆山群的岩石形成于岛弧环境。

3. 粉子山群

粉子山群主要分布在胶东地区北部，与胶东群呈假整合接触，占地层总面积60%左右，出露面积约927km^2，厚度约7000m。与胶东群相比，粉子山群变质程度较低，属低角闪岩相和绿片岩相，局部可见高角闪岩相。粉子山群自下而上可分为五个组，分别是小魏家组、祝家夼组、张格庄组、巨屯组和岗嵛组。其岩性主要为斜长角闪岩、黑云变粒岩、透辉白云石大理岩、石墨透闪二长片岩、石墨变粒岩等。其原岩总体上为一套超基性-基性-中酸性火山岩及碳酸盐、黏土沉积及碎屑沉积建造（万多，2014）。

4. 蓬莱群

主要分布在蓬莱及栖霞的臧家庄、南庄及豹山口一带，呈东西向展布，不整合于粉子山群之上，出露面积约为238km^2，厚约3200m。自下而上可分为豹山口组、铺子夼组、南辛庄组和香夼组，主要岩性为一套变质-未变质的沉积岩，包括石英岩、大理岩、泥灰岩、板岩及千枚岩等。在蓬莱群顶部发现有藻类、叠层石及微古生物化石，其形成年龄为新元古代（杨忠芳等，1998；万多，2014）。

5. 中生代地层

中生代地层主要是一套断陷盆地中的陆相碎屑沉积及大量的中酸性火山喷发沉积，分布在胶莱凹陷中，总厚度约6000m。其中侏罗系约占地层总面积的11%，出露面积约1600km^2；白垩系约占地层总面积的12%左右，出露面积约1700km^2。主要岩性为基性-酸性火山岩（万多，2014）。

6. 新生代地层

古近系-新近系主要分布在黄县盆地中，底部为陆相含煤碎屑岩建造，上部为河流相碎屑沉积岩及玄武岩。

第四系为玄武岩及冲击残坡积物，分布广泛。主要由松散沉积物组成，可分为三组，分别是山前组、临沂组和沂河组：山前组由分布在山间谷地的残坡积物组成；临沂组为分布在现代河流一级阶地上的黏土质沉积物；沂河组则沿现代河床分布，属河床相、河漫滩相沉积物（杨忠芳等，1998；万多，2014）。

二、区域构造系统

胶东地区区域构造主要是EW、NE-NNE和NW-NNW向的构造系统，胶东金矿成矿作用主要受控于NE-NNE向断裂构造。

1. EW向构造

EW向构造主要是古老基底褶皱及与之伴生的断裂构造，共同组成东西向褶皱带（图6-1）。其形成与早中生代华北板块与扬子板块陆陆碰撞造成的南北向挤压作用有关，与大别-苏鲁超高压变质岩同时形成。栖霞复式褶皱是东西向构造的主体。由于受后期构造的切割和岩浆岩的侵入，形态不完整，总体呈陡倾紧闭线性褶皱，褶皱轴面呈波状弯曲，总体产状南翼倾向南，倾角较缓；北翼倾向北，倾角较陡。复式褶皱两翼广泛发育剪切带，一般剪切带长几十千米，宽10～300m，走向近EW，倾角大于45°～60°，显压性、压扭性特征（邓军等，2010）。与褶皱伴生的东西向断层保存相对较差，多受后期断裂活动改造，被改造的东西向构造控制了区域东西向晚侏罗世岩体的产出，金矿床主要分布在EW向与NNE向构造交汇部位（图6-1，杨立强等，2014）。

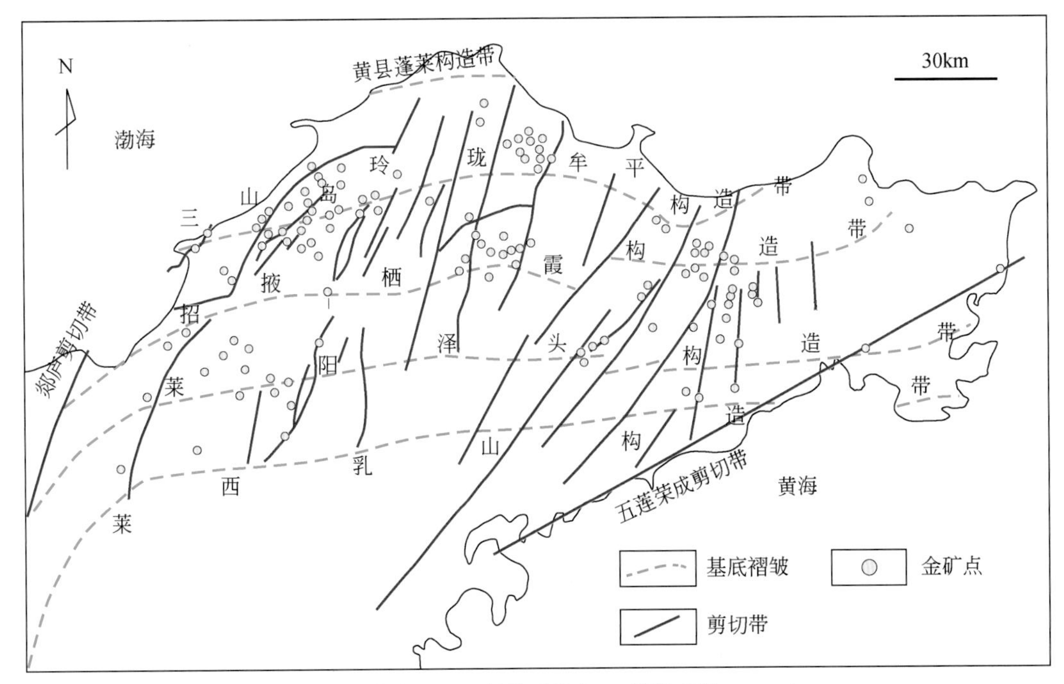

图6-1　胶东地区区域构造格架（据郭春影，2009）

2. NE-NNE 向构造

NE-NNE 向构造是区内主要的控矿构造（图 6-1），前人研究多认为其为郯庐断裂带的次级断裂，与中生代古太平洋 Izanaji 板块的俯冲、回转和后撤有关（Zhu et al., 2010；杨立强等，2014；朱日祥等，2015）。NE-NNE 向构造以约 35km 的间隔彼此平行分布于胶东半岛，自西向东分别是三山岛、焦家、招平、栖霞、牟平–即墨和牟平–乳山剪切带，胶东地区几乎所有的金矿床都集中在这些剪切带上，其具体特征详见第七章第一节。

3. NW-NNW 向构造

NW-NNW 向构造主要分布于胶西北地区（图 6-1），总体展布方向为 300°～330°，倾向 NE 或 SW，倾角 60°～80°，沿构造走向及倾向有明显的摆动特点。断裂带中构造岩发育，主要由碎裂岩、角砾岩、断层泥等组成，不同地段构造岩的发育程度不同。断裂带主要表现为左行压扭性质，切割含矿蚀变带。金矿区内常发育 NW 向断裂，规模较小，一般为成矿后断裂（邓军等，2010；杨立强等，2014）。

三、区域岩浆矿床分布

胶东地区广泛分布不同时代的岩浆岩，尤其中生代岩浆活动强烈，许多大型–超大型金矿床都是以中生代岩浆岩为赋矿围岩，前人研究表明该区燕山期至少经历了三次岩浆活动，形成了玲珑黑云母花岗岩、郭家岭花岗闪长岩和伟德山花岗闪长岩三套岩石组合（李洪奎等，2011）。自西向东，胶东矿集区产出的金矿可分为三个成矿带（图 6-2），它们分

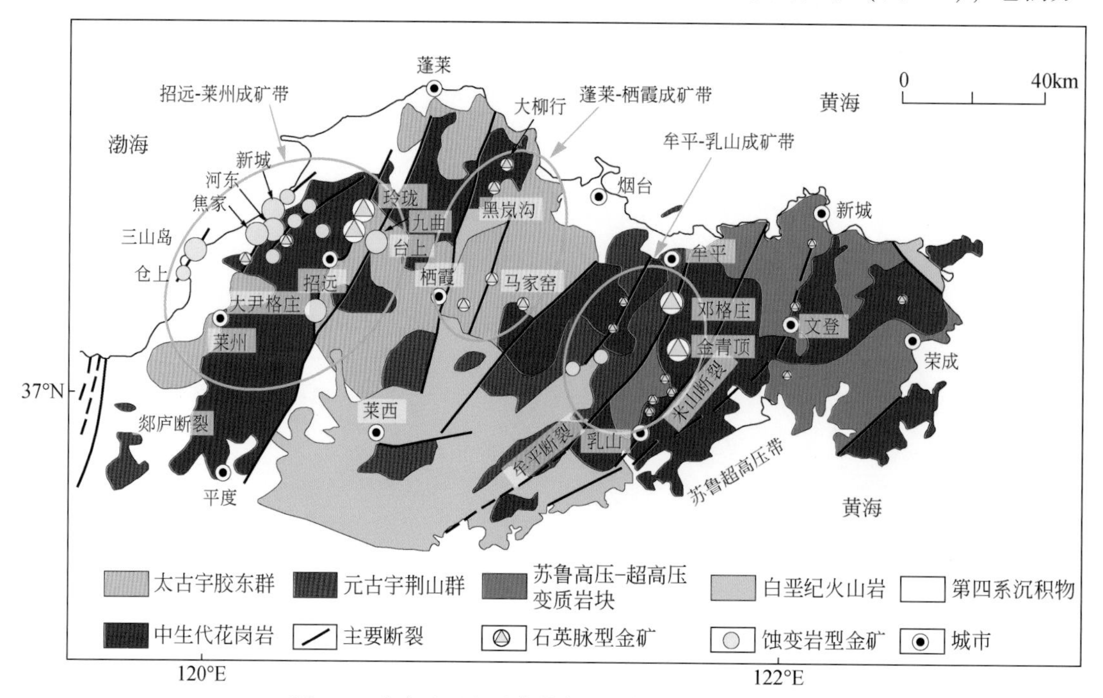

图 6-2　胶东地区金矿床分布图（据李晓春，2012）

别为招远-莱州-平度、蓬莱-栖霞和牟平-乳山成矿带，各成矿带之间多以侏罗纪-白垩纪火山-沉积盆地相隔。矿集区的东部以米山断裂为界，在米山断裂以东，虽然在文登-荣成等地花岗岩中有零星的金矿化，但基本未发现有规模的金矿床（朱日祥等，2015）。

第二节　胶东地区中生代的成岩成矿时代

一、胶东地区中生代花岗岩体的成岩时代

胶东地区在晚中生代主要经历了三期岩浆活动，产出了大量与金矿时空密切相关的岩体，本节选取典型岩体进行介绍。

玲珑岩体广泛分布在胶西北地区（图6-3），以招远市为中心，北至玲珑矿田以北，南至平度市，总体呈NNE向展布，南北长约100km，东西宽约35km。按照岩相特征可分为片麻状花岗岩和中粗粒花岗岩，前者与前寒武纪变质岩多呈渐变接触关系，后者与前寒武纪变质岩则多呈突变接触关系，岩体中亦常见前寒武纪变质岩残块或包体。郭家岭岩体主要位于招

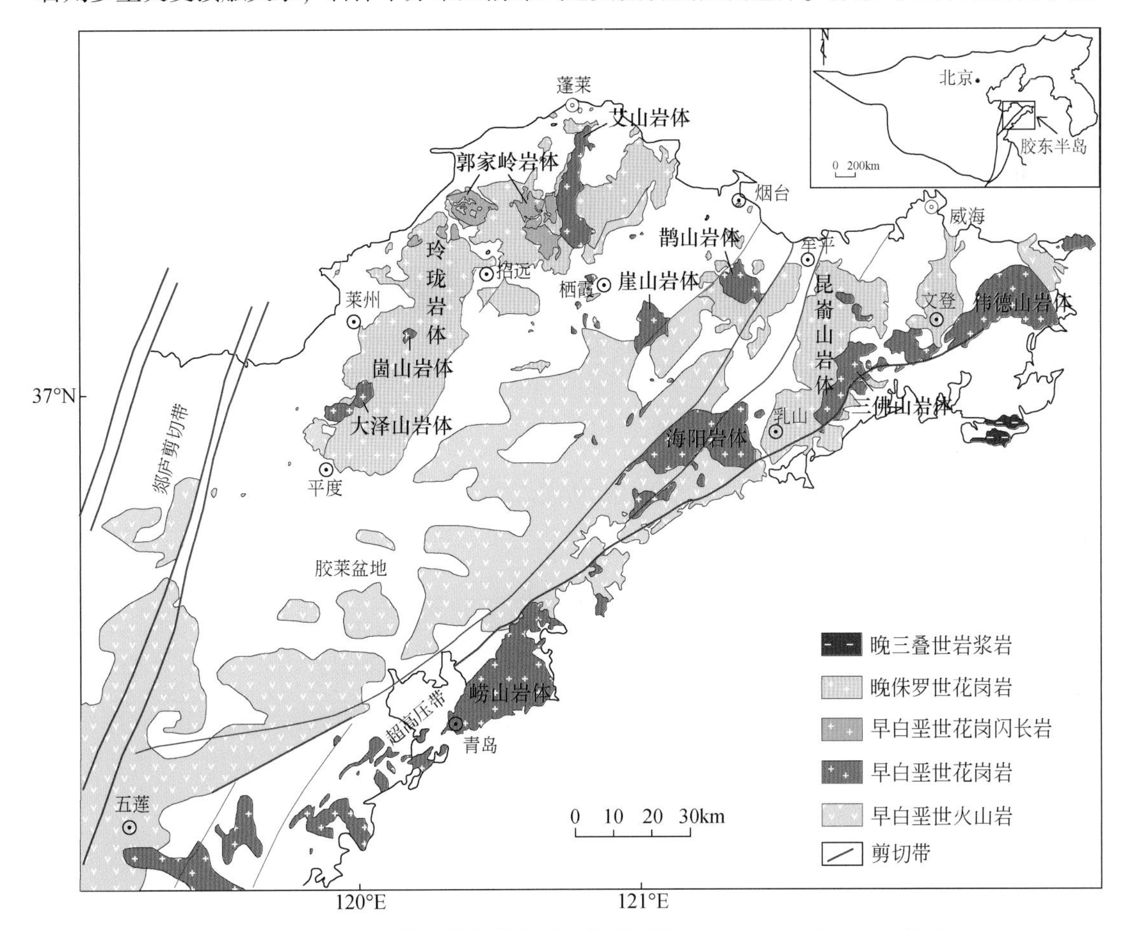

图6-3　胶东地区中生代岩浆岩分布图（据邓军等，2010；李晓春，2012修改）

莱金矿成矿带上（图6-3），主要分布于莱州、栖霞、蓬莱地区，包括三山岛岩体、新城岩体、上庄岩体、北截岩体、丛家岩体和郭家岭岩体，自西向东成分具有由花岗岩-花岗闪长岩-碱性岩变化的特征（关康等，1998；杨立强等，2014）。根据前人资料统计，玲珑岩体主要形成于160～140Ma期间，在132～126Ma期间被郭家岭岩体侵入（图6-4）。

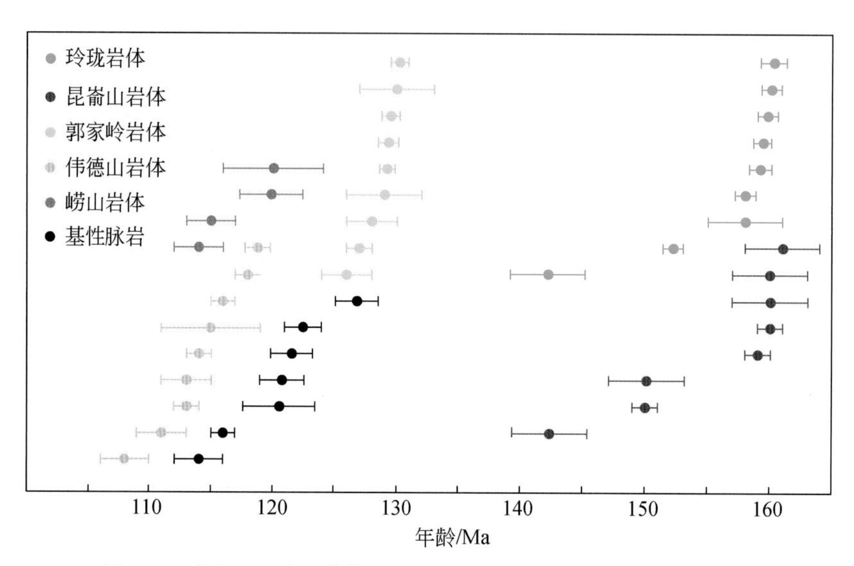

图6-4　胶东地区中生代侵入岩年龄分布图（数据来源见表6-3）

昆嵛山岩体分布于牟平、乳山、文登境内（图6-3），是胶东地区东部牟平-乳山成矿带出露面积最大的岩体，与古元古界荆山群变质岩及超高压变质岩块呈侵入接触关系。在接触带局部可见岩体呈岩枝状穿切围岩，界限分明。岩体内亦多处存在围岩捕虏体，有接触热变质现象存在（表6-2；胡芳芳，2006）。昆嵛山岩体是一个多期次侵入的复式岩体，其岩石类型、结构构造、期次划分争议较大，岩浆活动主要集中在160～140Ma（参考文献见表6-3）。胡芳芳（2006）认为昆嵛山地区中生代存在2期3类岩浆活动（表6-2）：其主体为晚侏罗世，次为早白垩世（115～111Ma）。

表6-2　胶东昆嵛山地区中生代岩浆演化序列（据胡芳芳，2006）

侵入时代	岩体	岩石类型	锆石U-Pb年龄/Ma
晚侏罗世	垛崮山	花岗闪长岩	161±1
	瓦善	二长花岗岩	138～146
	五爪山	中细粒二长花岗岩	160±3
早白垩世	基性脉岩		115±4
	六度寺	辉石闪长岩	113±2
		闪长质包体及其寄主石英二长岩	114±1
	三佛山	斑状中粗粒钾长花岗岩	111±3
	下马山	晶洞钾长花岗岩	111±2

伟德山岩体广泛分布于鲁东地区，总体呈 NE 向展布（图 6-3），常构成规模较大的复式岩体，著名的有伟德山岩体、院格庄岩体、南宿岩体、牙山岩体、艾山岩体、三佛山岩体、海阳岩体等，这些岩体统称为伟德山岩体。岩性为花岗闪长岩-花岗岩组合（宋明春，2008）。崂山岩体主要分布在鲁东沿海一带的荣成龙须岛、海阳招虎山、青岛崂山、胶南珠山、五莲山、九仙山及日照会稽山等地（图 6-3），岩体呈复式岩基、岩株产出，明显受 NE 向构造控制，主要由二长花岗岩、正长花岗岩、碱长花岗岩组成，自早到晚存在明显的富钾演化特征（王世进等，2010）。伟德山岩体与崂山岩体主要分布在鲁东一带，形成时代较晚（110～100Ma，图 6-4），与幔源活动关系更为紧密（王世进等，2010）。

胶东地区基性岩脉分布广泛，包括闪长玢岩、闪长岩、辉长闪长岩、煌斑岩、花岗斑岩、石英二长斑岩等，其形成年龄主要是早白垩世（125～110Ma，参考文献见表 6-3），也有少部分基性脉岩形成于晚白垩世（95～87Ma，参考文献见表 6-3）。

表 6-3　胶东地区中生代侵入岩成岩时代及性质统计表

岩体	成岩时代/Ma	岩体性质	数据来源
玲珑花岗岩	159.2±0.9①、159.4±0.7①、160.3±1①、159.8±0.8①、160.1±0.8①、152.2±0.8①、142.2±3②、158±3②、158±0.8③	准铝质或过铝质 I 型花岗岩	①胡芳芳等，2007；②于学峰等，2012；③林博磊和李碧乐，2013
昆嵛山花岗岩	150±1①、150±3①、160±3①、160±1①、159±1①、161±3②、142±3②、160±3③	壳源花岗质岩石	①胡芳芳等，2007；②郭敬辉等，2005；③于学峰等，2012
郭家岭花岗岩	128±2①、126±2①、129±3①、130±3①、129.2±0.6②、130.2±0.7②、129.5±0.7②、129.3±0.8②、127±1③	准铝质或过铝质 I 型花岗岩	①关康等，1998；②胡芳芳等，2007；③李洪奎等，2017
伟德山花岗岩	114±1①、115±4①、111±2①、118.8±1①、118±1②、116±1②、113±2②、113±1③、108±2③	壳幔混合型花岗岩	①胡芳芳等，2007；②Goss et al.，2010；③郭敬辉等，2005
崂山花岗岩	114±2①、119.8±2.5①、120±4①、115±2②	碱质 A 型花岗岩	①王世进等，2010；②Goss et al.，2010
基性脉岩	114±2①、116±1①、122.5±1.5②、126.9±1.7②、120.8±1.8③、121.6±1.7③、120.6±2.9③	煌斑岩、闪长玢岩、辉绿岩等	①Tan et al.，2008；②Liu et al.，2009；③Ma et al.，2014

二、胶东地区金矿床的矿化类型及成矿时代

胶东金矿床具有多期次多阶段叠加富集的特点，根据矿脉穿插关系与矿物共生组合，

对其成矿阶段进行划分，目前较为统一的观点为：（Ⅰ）乳白色石英-（少）黄铁矿阶段；（Ⅱ）含金黄铁矿-石英阶段；（Ⅲ）含金多金属硫化物-石英阶段；（Ⅳ）石英-碳酸盐阶段，金成矿以Ⅱ、Ⅲ阶段为主（范宏瑞等，2005）。根据矿化类型的不同，主要分为破碎带蚀变岩型、石英脉型、蚀变砾岩型、次火山岩型和多金属硫化物型，其中以前三种最为重要（杨立强等，2014）。

胶东地区蚀变岩型金矿主要分布在三山岛、焦家、新城、大尹格庄等矿床（图6-2和表6-4）。矿体形态和规模都严格受到断裂破碎带的控制。矿体多赋存于缓倾斜的韧-脆性和脆性断裂带中，以浸染状或细网脉浸染状矿化为特征（朱日祥等，2015）。在赋存蚀变岩型矿床的断裂带内，均发育一条较平直光滑的主裂面，矿体主要产于主裂面的下盘，矿体规模大，矿化连续稳定，矿体长度可达1000～1200m，延伸长达800～1500m（宋明春等，2014）。从主裂面向下盘外侧，蚀变和变形具有较好的分带现象（图6-5，李晓春，2012）：①断层泥带：该带紧临主裂面产出，宽为10～50cm，主要为黑色、灰白色或黄褐色断层泥，主要成分为黏土矿物，另有围岩花岗岩的角砾。该带一般不具工业矿化，局部见有矿体的角砾。②黄铁绢英岩带：该带一般几米宽，局部可达十几米，主要由石英、绢

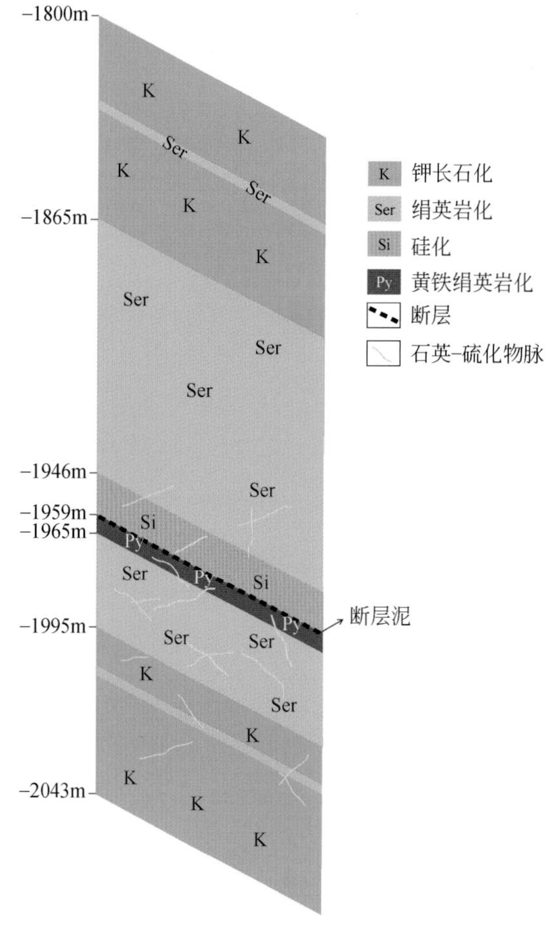

图6-5　胶东三山岛矿区钻孔揭露的蚀变分带示意图（据李晓春，2012）

云母和浸染状黄铁矿及少量方解石组成，为强烈蚀变的产物，大多发生碎裂和角砾岩化。③黄铁绢英岩化花岗岩带：该带一般十分发育，可达50m宽，主要为发生了硅化、绢云母化及黄铁矿化的花岗岩，黄铁矿化呈浸染状，也有细脉及网脉状。④钾化花岗岩带：该带可以看作外蚀变带，有时可达数百米宽，以钾长石化为特征，花岗岩发生碎裂、裂隙化，裂隙中一般有黄铁矿、石英细脉，当细脉密集时可构成工业矿体（李晓春，2012）。矿石类型为浸染状黄铁绢英岩、细脉浸染状黄铁绢英岩化花岗质碎裂岩和细脉浸染状黄铁绢英岩化花岗岩，矿石结构主要有晶粒状结构、碎裂结构、填隙结构等，矿石构造以浸染状、细脉浸染状和斑点状为主（范宏瑞等，2005）。

胶东地区石英脉型金矿主要分布在玲珑、金青顶、刘格庄、邓格庄、台上等矿床中（图6-2和表6-4）。含金石英脉主要产于脆-韧性剪切带的次级断裂中，矿体呈似透镜状、豆荚状成群产出（图6-6；卢焕章等，1999）；规模大小不等，多呈雁行排列，沿走向、倾向均有膨胀收缩、分支的复合现象；形态简单，多数呈单脉状沿主断裂产出，倾角一般较陡。矿体延深大于延长，向深部矿化好，侧伏现象比较明显（胡芳芳，2006）。单条矿脉在走向和倾向上多具舒缓波状、尖灭再现、分枝复合等特征，脉体两侧发育强度和宽度不等的硅化、绢云母化、黄铁矿化和钾化等蚀变（朱日祥等，2015）。该类型矿床的金属矿物主要为黄铁矿，局部有少量的黄铜矿、磁黄铁矿、方铅矿和闪锌矿。有的石英脉中黄铁矿呈块状，厚度可达1m。矿石结构为晶粒状结构、骸晶结构、填隙结构，矿石构造主要为致密块状，次为条带状构造、浸染状构造（范宏瑞等，2005）。

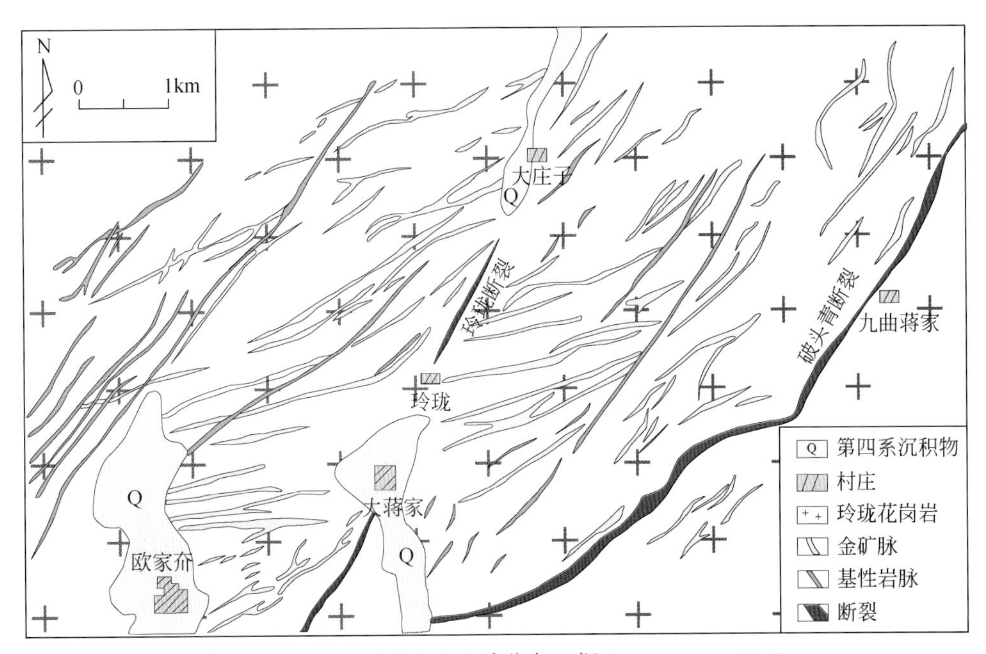

图6-6　胶东玲珑矿区金矿脉分布（据Yang et al.，2014）

胶东地区蚀变砾岩型金矿也称层间滑动角砾岩型金矿，产于胶莱盆地及其边缘地带矿床，主要赋存于基底与盖层接触带附近的低角度层间滑动断层中，典型矿床包括乳山蓬家夼、牟平发云夼等。杨立强等（2014）总结出该类矿床具有不同于其他类型矿床的特征：

①金矿床产于新元古界荆山群变质岩系与下白垩统莱阳组及中生代花岗岩接触带附近，赋存于特定的围岩中。②矿床产于区域性拉分盆地的形成过程中，矿体的产出严格受盆地边缘滑动断裂带这一特定构造环境的控制。③控矿断裂具有先拉、后张、再剪切的独特演化过程，矿体的形成和定位受控于区域性拉张–挤压–走滑应力场，在平面上和剖面上呈轴向协调、大小不一的各种透镜体。④蚀变砾岩型金矿体胶结物蚀变强烈，具有一定的空间分带性，但总体蚀变规模及强度均逊于胶北隆起主断裂下盘蚀变带，角砾硅化蚀变强烈，但矿化较弱。⑤矿体规模大、品位低、埋藏浅、易采选。⑥矿化样式以发育于前寒武纪变质基底及中生代花岗岩与中生界盖层接触带附近蚀变砾岩型矿体为主，存在部分发育于滑动破碎带上盘的石英脉型矿体，两种矿化样式均受控于层间滑动破碎带。⑦矿石类型为黄铁矿化绢云母化碎裂状砾岩，矿石结构以自形晶粒结构、压碎结构和角砾状、浸染状、团块状、网脉状和块状构造为主，其中以广泛发育的角砾状构造区别于胶东其他地区金矿床，显示张性成矿构造环境。

表 6-4 胶东地区蚀变岩型和石英脉型金矿床地质特征对比（据范宏瑞等，2005）

类型	代表性矿床	地质特征	矿石结构、构造	矿石矿物和脉石矿物
石英脉型	玲珑、台上、界河、乳山、邓格庄、三甲金矿等	矿体产在壳源花岗岩内部的主断裂或次级断裂内，以石英–硫化物脉为主，单脉长 40 ~ 350m、厚 1 ~ 10m、延伸 40 ~70m 直至千余米，矿体多呈透镜状、脉状，沿垂向、纵向断续分布，常见尖灭再现的现象	矿石多呈块状、脉状，其次为细脉状、浸染状及角砾–团块状、网脉状；自形–半自形晶粒和充填结构为主，可见熔蚀、交生结构等	矿石矿物：黄铁矿–磁黄铁矿、闪锌矿、方铅矿、黄铜矿、毒砂及银金矿物等，有时还有碲硫化物和磁铁矿、赤铁矿等 脉石矿物：石英、钠长石、钾长石、绿泥石、白云母–绢云母、方解石，有时有重晶石、菱铁矿等
蚀变岩型	三山岛、焦家、新城、大尹格庄、大柳行金矿等	矿体产在壳源花岗岩与前寒武纪变质岩之间的滑脱断裂带内或次级断裂内，厚度较大，以细脉状–透镜状石英硫化物矿体为主，平均厚度在 3.8 ~8m 之间，在走向和倾向上均有分枝复合和膨胀收缩现象，存在尖灭再现的现象	以细脉浸染状矿体为主，矿石具有浸染状、条纹、条带、细脉–网脉状构造、块状构造、浸染状构造等；交代结构发育	矿石矿物：黄铁矿、黄铜矿、方铅矿、闪锌矿、银金矿、自然银、黝铜矿和银、碲、铋的硫盐矿物等，此外，有时见毒砂、磁铁矿、赤铁矿等 脉石矿物：石英、钠长石、绿泥石、钾长石、绢云母、方解石等，有时见菱铁矿、白云石等

根据前人资料，胶东地区大量现有金矿床的年龄数据包括蚀变矿物的^{40}Ar-^{39}Ar、K-Ar 年龄和 Rb-Sr 年龄、石英的^{40}Ar-^{39}Ar 年龄、矿石矿物的 Rb-Sr 年龄，以及热液锆石的 U-Pb 年龄等，具体成矿时代统计见表 6-5 和图 6-7，可以看出胶东地区金矿床的成矿时代主要集中于 120±10Ma（参考文献见表 6-5）。

表 6-5　胶东地区金矿床成矿时代统计

金矿床	测定矿物或岩石	测定方法	年龄/Ma	数据来源
玲珑	黄铁矿	Rb-Sr	122.7±3.3～123.0±4.2	Yang and Zhou, 2001
乳山	绢云母	Rb-Sr	120±3.0	胡芳芳, 2006
	绢云母	Ar-Ar	129	胡芳芳等, 2006
	锆石	U-Pb	117±3	胡芳芳等, 2004
邓格庄	锆石	U-Pb	120±3.6	胡芳芳, 2006
胡八庄	绢云母	Rb-Sr	126.5±5.6	蔡亚春等, 2011
焦家	绢云母、白云母	Ar-Ar	120.5±0.6～119.2±0.2	Zhang et al., 2003
新城	绢云母、白云母	Ar-Ar	120.7±0.2～120.2±0.3	Zhang et al., 2003
	黄铁绢英岩	Rb-Sr	116.6±5.3	杨进辉等, 2000
蓬家夼	矿石	Ar-Ar	117.3～118.4	张连昌等, 2002
大庄子			117.4	
发云夼	黄铁矿	Rb-Sr	128.5±7.2	
东季	钾长石	Ar-Ar	116.3±0.8	李厚民等, 2003
	石英		114.4±0.2	
三山岛	绢云母	Rb-Sr	113.6±3.0	李晓春, 2012
尹格庄	钾长石	Ar-Ar	118.5±1	卢晶, 2012

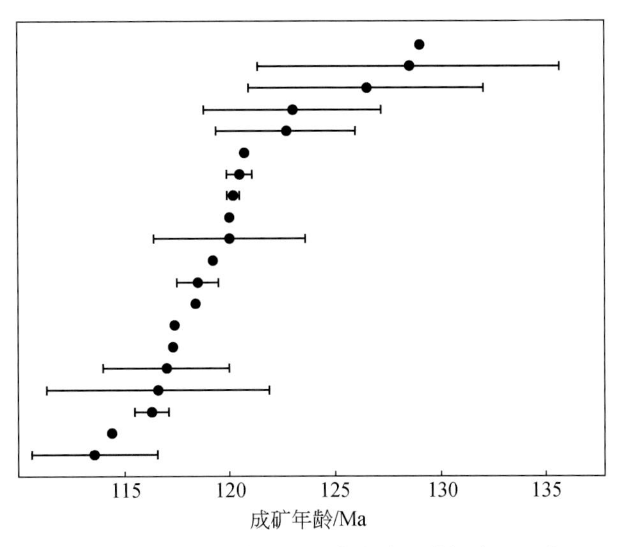

图 6-7　胶东地区金矿床成矿时代统计（数据来源见表 6-5）

第三节　胶东地区中生代花岗岩体的地球化学特征

玲珑花岗岩属富硅、高钾钙碱性、准铝质至弱过铝质系列花岗岩，富集 K、Ba、Rb、

Sr 等大离子亲石元素和 Th、U 等活泼的不相容元素，相对亏损 Zr、Ti、Nb 等高场强元素。岩石的高 Sr 含量、低 Y 含量以及没有明显的负铕异常，与埃达克岩类似（林博磊和李碧乐，2013）。众多学者对其进行过高精度年代学测试分析，最终确认玲珑花岗岩的成岩时代为晚侏罗世 160～150Ma（参考文献见表 6-3）。燕山早期太平洋板块俯冲引起大陆弧伸展和岩石圈减薄，幔源岩浆底侵提供了热动力，古老的下地壳镁铁质岩石部分熔融形成玲珑花岗岩（林博磊和李碧乐，2013）。

胡芳芳（2006）认为郭家岭花岗闪长岩为富含碱质、铁镁质较多的岩石，A/CNK 在 0.82～1.1 之间，属于准铝质或过铝质 I 型花岗岩。杨进辉等（2003）认为郭家岭花岗闪长岩可能来源于早期幔源岩浆底侵作用造成的下地壳铁镁质岩石的部分熔融，同时在岩浆演化过程中经历了少量地壳混染作用。古太平洋板块向华北板块的俯冲及其伴生的软流圈物质上涌是胶西北高 Ba-Sr 郭家岭岩体形成的最可能的动力学机制（王中亮等，2014）。

郭敬辉等（2005）在昆嵛山岩体中识别出 5 期侵入相，认为早期的两个侵入相分布在西北部和东南部，主要是轻微面理化的含石榴子石淡色花岗岩，含少量黑云母和 Fe-Ti 氧化物，其他侵入相主要是含黑云母的二长花岗岩和正长花岗岩。胡芳芳（2006）认为昆嵛山地区中生代晚侏罗世（160～140Ma）侵位的岩浆岩属于壳源花岗质岩石，早白垩世（115～111Ma）侵位的岩浆岩为中-基性岩石、I 型（含高分异 I 型）花岗岩及 A 型花岗岩组合。

伟德山花岗岩的岩石化学成分显示了 I 型花岗岩特点和钙碱性岩演化特征，由早期侵入体向晚期侵入体岩石化学成分表现为由富 Fe、Mg 向富碱质，由富 Ca 向富 Na、K 演化的趋势，该岩体为岩浆混合成因，是由壳源酸性岩浆与幔源基性岩浆混合形成（李洪奎等，2011）。

第四节　胶东地区岩石成因及其与成矿的关系

胶东地区晚侏罗世–早白垩世的花岗岩主要为高钾钙碱性系列，前人研究指出玲珑花岗岩具有较高的 Sr/Y 值，属于埃达克岩；其 Sr-Nd 同位素组成与新太古代角闪岩相近，意味着玲珑花岗岩可能起源于加厚下地壳的新太古代角闪岩的部分熔融（Hou et al., 2007；Yang et al., 2012）。其 O 同位素组成，以及高 A/CNK 值和高 Sr 同位素特征表明上地壳物质可能被卷入玲珑花岗岩及昆嵛山花岗岩的源区（Zhang et al., 2010）。而郭家岭花岗岩 Na_2O/CaO 值相对较低，Hou 等（2007）将其归于埃达克岩，认为是由俯冲增厚的大陆地壳部分熔融形成，或者与拆沉作用有关。杨进辉等（2003）认为是郭家岭花岗岩总体特征类似于年轻年龄的 TTG 和 Na 质花岗岩，由镁铁质下地壳部分熔融形成。玲珑花岗岩和郭家岭花岗质岩石共同构成了胶东金矿的成矿地质体，层状玲珑花岗岩为胶东金矿提供了主要的物质来源，郭家岭花岗岩为成矿提供了足够的热源和流体来源（田杰鹏等，2016），但其与金矿具体的关系仍然众说纷纭。

胶东地区的早白垩世中基性岩脉，前人认为主要是来源于富集岩石圈地幔，是多次交代作用形成的，Yang 等（2004）认为是与晚太古代和中元古代与俯冲有关的过程，Liu 等（2009）认为是由于下地壳拆沉形成。晚白垩世的脉岩具有富集组分的加入，认为俯冲的太平洋板块对胶东晚白垩世岩浆活动也有贡献（张瑾和张宏福，2007）。脉岩与金矿的关系一直是研究的热点，前人研究普遍认为脉岩与金矿是来自于同一个源区（张群喜和王生龙，2007；Tan et al.，2012）。杨进辉等（2000）按照与金成矿的关系，将脉岩分为成矿前、成矿期和成矿后三类，但是罗镇宽和苗来成（2002）认为脉岩的发育与金矿床的规模没有直接关系。本研究侧重于金矿化汇聚过程，对此不作过多阐述。

对比岩体形成时代与矿床成矿时代，可以看出胶东地区金矿成矿作用与早白垩世大规模岩浆活动密切相关，其中金矿的成矿时间明显晚于玲珑岩体和昆嵛山岩体形成时代，位于郭家岭岩体、崂山岩体和伟德山岩体以及基性脉岩的年龄值高峰段范围内（图6-2、图6-4和表6-3）。根据年龄分布特征，并结合金矿的成矿深度与花岗岩的就位深度，宋明春等（2010，2014）认为尽管众多矿床产于其中，成矿流体活动与玲珑花岗岩和昆嵛山花岗岩没有必然联系；而稳定同位素研究表明，矿石、蚀变矿物和黄铁矿的Sr和S同位素值与玲珑花岗岩、昆嵛山花岗岩和郭家岭花岗岩以及成矿期基性脉岩有较大范围重叠，表明金矿床与赋矿围岩具有继承关系，同时成矿物质来源具有多源性（范宏瑞等，2005；胡芳芳，2006；杨立强等，2014）。以上特征表明，金矿床成矿物质可能直接来源于赋矿围岩玲珑花岗岩和昆嵛山花岗岩，而与金矿床同期的花岗岩和基性脉岩能够产生强烈的流体活动，为成矿提供丰富的流体与成矿物质。

参考文献

蔡亚春，范宏瑞，胡芳芳，等. 2011. 胶东胡八庄金矿成矿流体、稳定同位素及成矿时代研究. 岩石学报，27（5）：1341-1351.

陈衍景，Pirajno F，赖勇，等. 2004. 胶东矿集区大规模成矿时间和构造环境. 岩石学报，20（4）：907-922.

邓军，陈玉民，刘钦，等. 2010. 胶东三山岛断裂带金成矿系统与资源勘查. 北京：地质出版社.

范宏瑞，胡芳芳，杨进辉，等. 2005. 胶东中生代构造体制转折过程中流体演化和金的大规模成矿. 岩石学报，21（5）：1317-1328.

关康，罗镇宽，苗来成，等. 1998. 胶东招掖郭家岭型花岗岩锆石SHRIMP年代学研究. 地质科学，33（3）：318-328.

郭春影. 2009. 胶东三山岛–仓上金矿带构造–岩浆–流体金成矿系统. 北京：中国地质大学（北京）博士学位论文.

郭敬辉，陈福坤，张晓曼，等. 2005. 苏鲁超高压带北部中生代岩浆侵入活动与同碰撞–碰撞后构造过程：锆石U-Pb年代学. 岩石学报，21（4）：1281-1301.

胡芳芳. 2006. 胶东昆嵛山地区中生代构造体制转折期岩浆活动、成矿流体演化与金矿床成因. 北京：中国科学院地质与地球物理研究所博士学位论文.

胡芳芳，范宏瑞，杨进辉，等. 2004. 胶东乳山含金石英脉型金矿的成矿年龄：热液锆石SHRIMP法U-Pb测定. 科学通报，49（12）：1191-1198.

胡芳芳，范宏瑞，杨进辉，等. 2006. 胶东乳山金矿蚀变岩中绢云母$^{40}Ar/^{39}Ar$年龄及其对金成矿事件的制约. 矿物岩石地球化学通报，25（2）：109-114.

胡芳芳，范宏瑞，杨进辉，等. 2007. 鲁东昆嵛山地区宫家辉长闪长岩成因：岩石地球化学、锆石U-Pb年代学与Hf同位素制约. 岩石学报，23（2）：369-380.

李洪奎，李逸凡，耿科，等. 2011. 山东鲁东碰撞造山型金矿成矿作用探讨. 大地构造与成矿学，35

(4): 533-542.
李洪奎, 李大鹏, 耿科, 等. 2017. 胶东地区燕山期岩浆活动及其构造环境——来自单颗锆石SHRIMP年代学的记录. 地质学报, 91 (1): 163-179.
李厚民, 沈远超, 毛景文, 等. 2003. 胶西北东季金矿床钾长石和石英的Ar-Ar年龄及其意义. 矿床地质, 22 (1): 72-77.
李晓春. 2012. 胶东三山岛金矿围岩蚀变地球化学及成矿意义. 北京: 中国科学院地质与地球物理研究所硕士学位论文.
李兆龙, 杨敏之. 1993. 胶东金矿床地质地球化学. 天津: 天津科学技术出版社.
林博磊, 李碧乐. 2013. 胶东玲珑花岗岩的地球化学、U-Pb年代学、Lu-Hf同位素及地质意义. 成都理工大学学报 (自然科学版), 40 (2): 147-160.
卢焕章, Guha J, 方根保. 1999. 山东玲珑金矿的成矿流体特征. 地球化学, 28 (5): 421-437.
卢晶. 2012. 胶东大尹格庄金矿成矿流体特征及成矿年代学研究. 北京: 中国地质大学 (北京) 硕士学位论文.
罗镇宽, 苗来成. 2002. 胶东招莱地区花岗岩和金矿床. 北京: 冶金工业出版社.
吕古贤, 李洪奎, 丁正江, 等. 2016. 胶东地区"岩浆核杂岩"隆起-拆离带岩浆期后热液蚀变成矿. 现代地质, 30 (2): 247-262.
毛景文, 谢桂青, 张作衡, 等. 2005. 中国北方中生代大规模成矿作用的期次及其地球动力学背景. 岩石学报, 21 (1): 169-188.
宋明春. 2008. 山东省大地构造格局和地质构造演化. 北京: 中国地质科学院博士学位论文.
宋明春, 崔书学, 周明岭, 等. 2010. 山东省焦家矿区深部超大型金矿床及其对"焦家式"金矿的启示. 地质学报, 84 (9): 1349-1358.
宋明春, 李三忠, 伊丕厚, 等. 2014. 中国胶东焦家式金矿类型及其成矿理论. 吉林大学学报: 地球科学版, 44 (1): 87-104.
田杰鹏, 田京祥, 郭瑞朋, 等. 2016. 胶东型金矿: 与壳源重熔层状花岗岩和壳幔混合花岗闪长岩有关的金矿. 地质学报, 90 (5): 987-996.
万多. 2014. 山东胶东地区招平断裂带北段金矿成矿规律与成矿预测. 长春: 吉林大学博士学位论文.
王世进, 万渝生, 王伟, 等. 2010. 山东崂山花岗岩形成时代——锆石SHRIMP U-Pb定年. 山东国土资源, 26 (10): 1-5.
王义天, 毛景文, 李晓峰, 等. 2004. 与剪切带相关的金成矿作用. 地学前缘, 11 (2): 393-400.
王中亮, 赵荣新, 张庆, 等. 2014. 胶西北高Ba-Sr郭家岭型花岗岩岩浆混合成因: 岩石地球化学与Sr-Nd同位素约束. 岩石学报, 30 (9): 2595-2608.
杨进辉, 周新华, 陈立辉. 2000. 胶东地区破碎带蚀变岩型金矿时代的测定及其地质意义. 岩石学报, 16 (3): 454-458.
杨进辉, 朱美妃, 刘伟, 等. 2003. 胶东地区郭家岭花岗闪长岩的地球化学特征及成因. 岩石学报, 19 (4): 692-700.
杨立强, 邓军, 王中亮, 等. 2014. 胶东中生代金成矿系统. 岩石学报, 30 (9): 2447-2467.
杨忠芳, 徐景奎, 赵伦山. 1998. 胶东区域地壳演化与金成矿作用地球化学. 北京: 地质出版社.
于学峰, 李洪奎, 单伟. 2012. 山东胶东矿集区燕山期构造热事件与金矿成矿耦合探讨. 地质学报, 86 (12): 1946-1956.
张瑾, 张宏福. 2007. 青岛地区晚白垩世基性脉岩中麻粒岩捕虏体的成分特征及其温压条件. 岩石学报, 23 (5): 1133-1140.
张连昌, 沈远超, 刘铁兵, 等. 2002. 山东胶莱盆地北缘金矿Ar-Ar法和Rb-Sr等时线年龄与成矿时代.

中国科学：地球科学，32（9）：727-734.

张群喜，王生龙．2007. 山东谢家沟金矿脉岩特征及其与金矿成矿关系．安徽地质，17（1）：24-27.

朱日祥，范宏瑞，李建威，等．2015. 克拉通破坏型金矿床．中国科学：地球科学，45（8）：1153-1168.

Goss S C，Wilde S A，Wu F，et al. 2010. The age，isotopic signature and significance of the youngest Mesozoic granitoids in the Jiaodong Terrane，Shandong Province，North China Craton. Lithos，120（3）：309-326.

Groves D I，Santosh M. 2016. The giant Jiaodong gold province：the key to a unified model for orogenic gold deposits?. Geoscience Frontiers，7（3）：409-417.

Hou M L，Jiang Y H，Jiang S Y，et al. 2007. Contrasting origins of late Mesozoic adakitic granitoids from the northwestern Jiaodong Peninsula，East China：implications for crustal thickening to delamination. Geological Magazine，144（4）：619-631.

Liu S，Hu R，Gao S，et al. 2009. Petrogenesis of Late Mesozoic mafic dykes in the Jiaodong Peninsula，eastern North China Craton and implications for the foundering of lower crust. Lithos，113（3-4）：621-639.

Ma L，Jiang S Y，Hofmann A W，et al. 2014. Lithospheric and asthenospheric sources of lamprophyres in the Jiaodong Peninsula：A consequence of rapid lithospheric thinning beneath the North China Craton?. Geochimica Et Cosmochimica Acta，124（1）：250-271.

Tan J，Wei J H，Guo L L，et al. 2008. LA-ICP-MS zircon U-Pb dating and phenocryst EPMA of dikes，Guocheng，Jiaodong Peninsula：Implications for North China Craton lithosphere evolution. Science in China Series D：Earth Sciences，51（10）：1483-1500.

Tan J，Wei J，Andreas Audétat，et al. 2012. Source of metals in the Guocheng gold deposit，Jiaodong Peninsula，North China Craton：link to early Cretaceous mafic magmatism originating from Paleoproterozoic metasomatized lithospheric mantle. Ore Geology Reviews，48（5）：70-87.

Yang J H，Zhou X H. 2001. Rb-Sr，Sm-Nd，and Pb isotope systematics of pyrite：implications for the age and genesis of lode golddeposits. Geology，29（8）：711-714.

Yang J H，Chung S L，Zhai M G，et al. 2004. Geochemical and Sr-Nd-Pb isotopic compositions of mafic dikes from the Jiaodong Peninsula，China：evidence for vein-plus-peridotite melting in the lithospheric mantle. Lithos，73（3）：145-160.

Yang K F，Fan H R，Santosh M，et al. 2012. Reactivation of the Archean lower crust：implications for zircon geochronology，elemental and Sr-Nd-Hf isotopic geochemistry of late Mesozoic granitoids from northwestern Jiaodong Terrane，the North China Craton. Lithos，146：112-127.

Yang Q Y，Santosh M，Shen J F，et al. 2014. Juvenile vs. recycled crust in NE China：zircon U-Pb geochronology，Hf isotope and an integrated model for Mesozoic gold mineralization in the Jiaodong Peninsula. Gondwana Research，25（4）：1445-1468.

Zhang J，Zhao Z F，Zheng Y F，et al. 2010. Postcollisional magmatism：geochemical constraints on the petrogenesis of Mesozoic granitoids in the Sulu orogen，China. Lithos，119（3-4）：512-536.

Zhang X O，Cawood P A，Wilde S A，et al. 2003. Geology and timing of mineralization at the Cangshang gold deposit，north-western Jiaodong Peninsula，China. Mineralium Deposita，38（2）：141-153.

Zhu G，Niu M L，Xie C L，et al. 2010. Sinistral to normal faulting along the Tan-Lu Fault Zone：evidence for geodynamic switching of the East China continental margin. Journal of Geology，118（3）：277-293.

第七章　胶东地区中生代构造特征及其成矿制约

胶东地区是我国著名的大型金矿床集中区，金矿床的分布及发育与构造运动息息相关，主要受NE-NNE向剪切带的控制，Goldfarb等（2001）认为这些剪切带属于郯庐断裂带的次级断裂。已有研究表明，这些剪切带成矿前为左行走滑挤压剪切，成矿期转换为右行走滑拉伸，与区域分布的岩浆岩一起组成变质核杂岩构造体系（杨立强等，2014）。

第一节　胶东地区构造变形特征

一、三山岛剪切带

1. 剪切带空间展布特征

三山岛剪切带位于胶东半岛西端，仅局部出露于地表，大部分被第四系覆盖。北东起自三山岛镇，南西至潘家屋子，两端延入渤海，其南西端入海后在芙蓉岛有出露。剪切带长度大于12km，宽50～300m。总体走向35°，局部达70°～80°，倾向SE，倾角变化较大，地表浅部可达80°，向深部逐渐变缓（倾角35°～40°），并且呈现出陡缓相间的变化特征（李晓春，2012；宋明春等，2015）。剪切带发育在玲珑岩体与胶东群的接触带中，破碎蚀变强烈，发育硅化、黄铁绢英岩化等（图7-1），沿主剪切带发育连续稳定的断层泥。剪切带控制了三山岛金矿及仓上金矿两个大型金矿（邓军等，2010）。

2. 剪切带的岩石及构造特征

三山岛剪切带主要由碎裂岩和糜棱岩组成，主剪切面连续。以主剪切面为界，上盘依次为花岗质碎裂岩、碎裂状花岗岩；下盘为糜棱岩、碎裂岩、花岗质碎裂岩、碎裂状花岗岩。其中碎裂岩带和碎裂状花岗岩带呈连续带状分布，其他碎裂岩带呈不连续展布（郭春影，2009）。在剪切带附近的蚀变花岗岩中（图7-2a），长石未发生明显的韧性变形，仅部分出现脆性破裂，其中斜长石基本全部发生绢云母化。石英发生波状消光及膨突重结晶（图7-2b），总体代表了一种低温变形环境（300～400℃）。

三山岛剪切带中也发育脆性变形，主要表现为沿剪切带两侧广泛分布的蚀变带中含有角砾，部分砾石是由蚀变岩发生破碎然后胶结形成的（图7-2c），说明该剪切活动和热液活动是多期次的。在剪切带活动过程中，碎裂和研磨作用形成了极细的断层泥，厚1～30cm，呈灰色-灰黑色。邓军等（2010）对三山岛剪切带中断层泥的研究发现，主要矿物成分为石英、伊利石、伊/蒙混层矿物、高岭石和菱铁矿、白云石、方解石、黄铁矿等。有学者认为沿主剪切带稳定分布的断层泥对深部上升的成矿热液起到阻隔富集的作用，使成矿物质在断层泥下部聚集，因而金矿体主要位于主剪切面以下（宋明春等，2012）。黄铁矿也受到强烈的脆性变形影响，发育碎裂结构（图7-2d）。

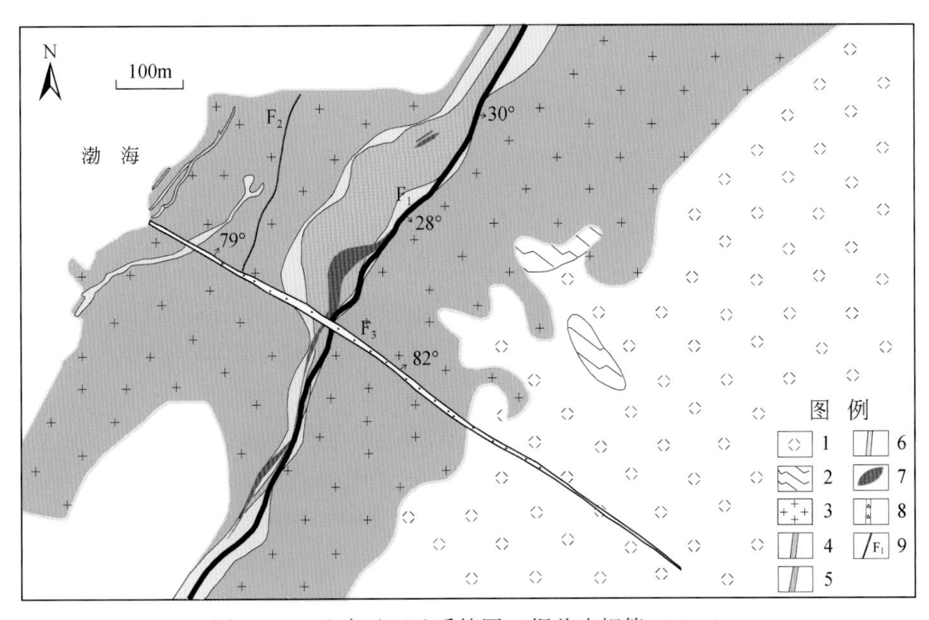

图 7-1　三山岛矿区地质简图（据姜晓辉等，2011）

1. 新太古界胶东群英云闪长岩；2. 新太古界胶东群斜长片麻岩；3. 中生代玲珑二长花岗岩；4. 煌斑岩；5. 绢英岩及破碎绢英岩；6. 钾化及硅化蚀变带；7. 矿体；8. 断层角砾岩；9. 断层及编号

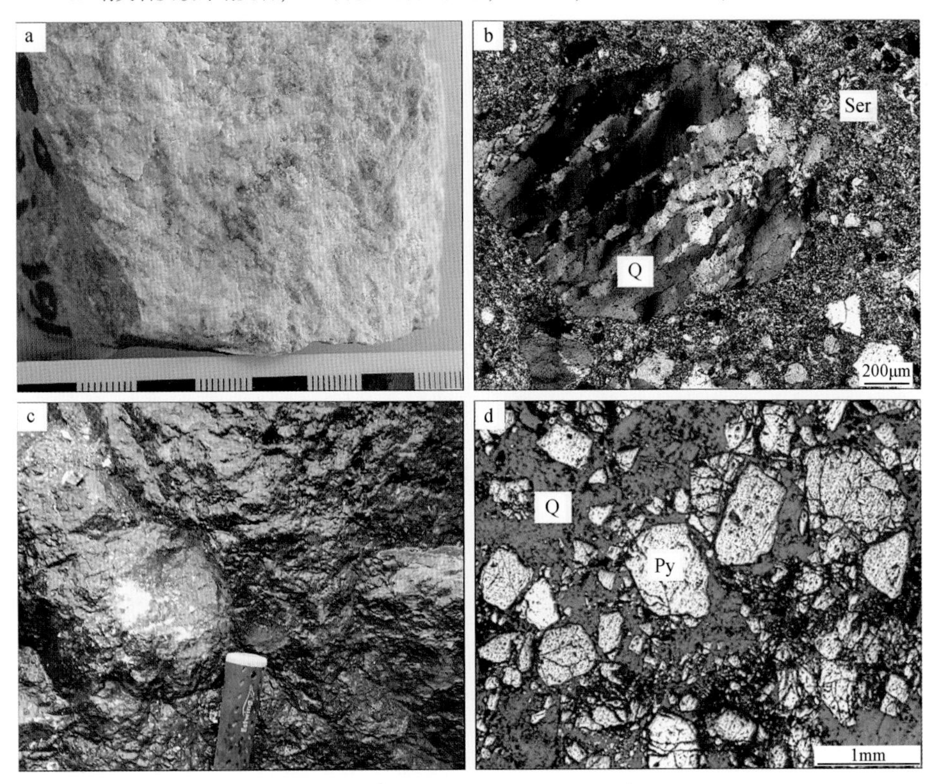

图 7-2　三山岛剪切带构造变形观察图

a. 蚀变花岗岩手标本照片；b. 蚀变花岗岩中石英发生波状消光及膨突重结晶；c. 蚀变带中再次胶结的砾石；d. 蚀变花岗岩中黄铁矿呈碎裂结构

Q. 石英；Ser. 绢云母；Py. 黄铁矿

3. 剪切带的运动学特征

三山岛剪切带在成矿期发育大量剪切破裂及含矿节理，其与剪切带产状关系可指示剪切带的运动学方向。井下观察到剪切带两侧发育剪切破裂，总体指示了上盘向 SE 方向的剪切作用（图 7-3）。在新立矿区，主要发育的含矿节理走向 65°～70°，倾向 SE，倾角 40°～50°，主剪切带走向 62°，倾向 SE，倾角 46°；在仓上矿区，主要发育的节理走向 70°～85°，倾向 SE，倾角 40°～60°，主剪切带走向 80°～85°，倾向 SE，倾角 50°（邓军等，2010）。以上产状特征总体指示三山岛剪切带在成矿期发生了右行剪切活动。此外，综合阶步、擦痕及构造透镜体产状特征，郭春影（2009）、邓军等（2010）认为三山岛剪切带总体表现为成矿前左行压扭性活动-成矿期右行压扭活动-成矿后左行压扭活动的特征。

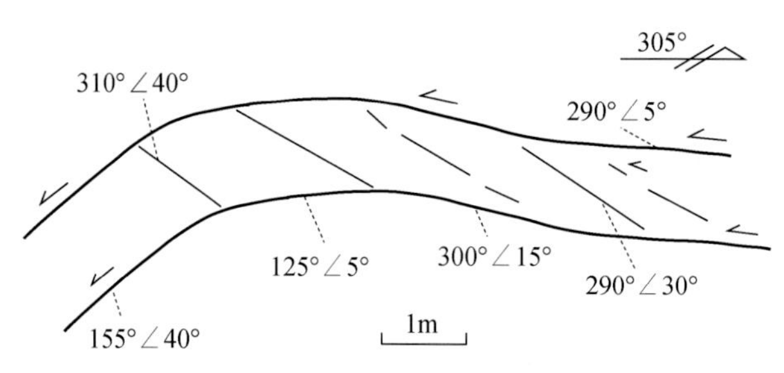

图 7-3　三山岛矿区井下素描图

二、焦家剪切带

1. 剪切带空间展布特征

焦家剪切带南起莱州市城北，向北由 NE 走向转为 NNE 走向，至黄山馆又呈近 EW 走向，并延至龙口市石良集南，构成开阔的“S”形（图 7-4）。该剪切带长度大于 30km，宽 100～300m，总体走向 35°，呈弧形弯曲延伸，倾向 NW，倾角一般 35°～40°，接近地表倾角变陡（将近 80°），呈现出“上陡下缓”的铲式特征（邓军等，2010）。该剪切带产状及围岩在不同地段有所不同：在寺庄金矿区，剪切带主要发育在玲珑黑云母花岗岩内，长 4km，宽 80～500m，北段走向约为 15°，南段渐弯曲，走向约 11°，倾向 NW 或 SE，倾角为 29°～47°；在马塘-新城地段，该剪切带在东季以南发育在胶东群与玲珑黑云母花岗岩的接触部位，在新城附近则切割玲珑岩体或沿玲珑岩体与郭家岭岩体的接触带展布，剪切带总体走向约 40°，平面呈“S”展布，变化范围在 5°～40°之间，倾向 NW，倾角约 25°，东季局部地段可达 80°（张潮，2015）。主剪切带内发育厚达 60cm 的断层泥，在上下盘均分布有规模不等的矿化蚀变破碎带，其中矿体主要赋存于主剪切面下盘的蚀变岩中。该剪切带控制了焦家、新城、河东、寺庄等大型金矿的产出（杨立强等，2014）。

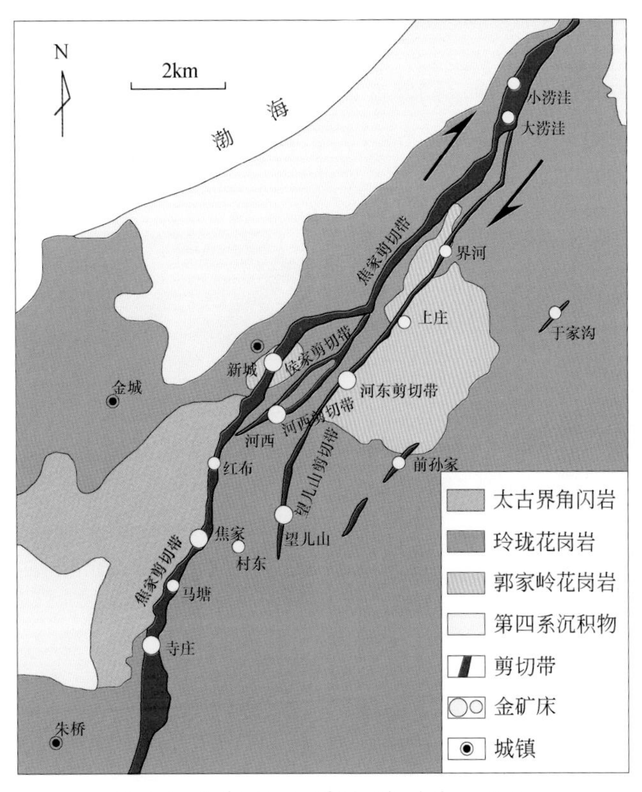

图 7-4　焦家矿区地质图（据张潮，2015）

2. 剪切带的岩石及构造特征

焦家剪切带中发育的构造岩为糜棱岩和碎裂岩两个系列，其中糜棱岩系列位于主剪切带附近，整体分布不连续，保存不完整，岩性包括糜棱岩、初糜棱岩和黄铁绢英岩化糜棱岩；碎裂岩系列主要发育在主剪切带的下盘（图 7-5），上盘亦有发育，呈带状分布（张潮，2015）。

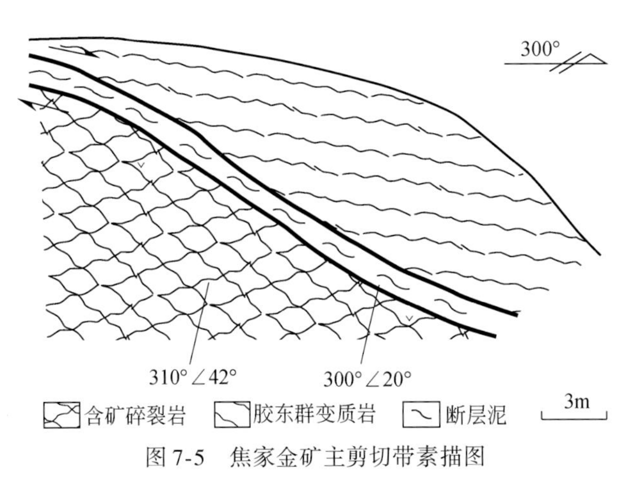

图 7-5　焦家金矿主剪切带素描图

糜棱岩系列构造岩根据其距离主剪切面的远近可分为糜棱岩化花岗岩、初糜棱岩、糜棱岩等（张潮，2015）。糜棱岩类岩石的主要矿物组成有石英、绢云母、斜长石、钾长石、绿泥石等，其中石英和长石表现出韧性变形特征，如石英表现为波状消光、动态重结晶等特征，并叠加有后期脆性变形（图7-6a～d），长石则表现为双晶纹弯折（图7-6e），暗色矿物发生韧性变形较为少见。

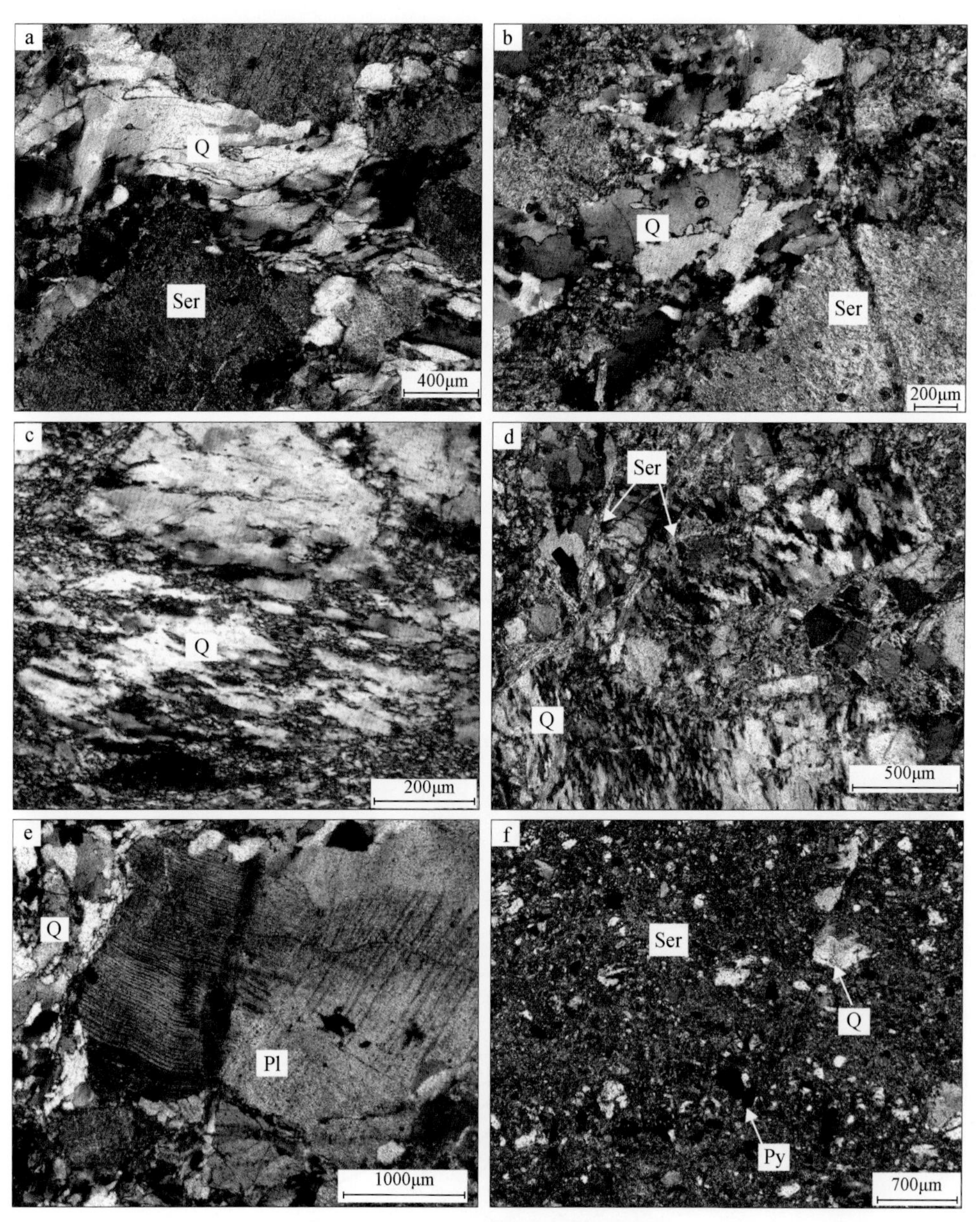

图7-6　焦家剪切带显微构造观察图

a. 石英波状消光及应力条纹（左侧中部）；b. 石英膨突重结晶；c. 石英亚颗粒旋转重结晶；d. 塑性变形石英发生碎裂作用；e. 斜长石机械双晶发生弯折；f. 碎裂岩的碎斑结构

Q. 石英；Ser. 绢云母；Py. 黄铁矿

碎裂岩系列主要发育在焦家剪切带下盘（图7-5），呈带状分布，主要由断层泥、碎裂岩和碎裂状花岗岩等组成，形成100～200m宽的剪切破碎蚀变带。断层泥主要发育在主剪切带内，厚15～60cm，具有分带性，中间为灰黑色，两侧为黄白色，灰黑色者含有浸染状黄铁矿或绢英岩、黄铁绢英岩角砾，白色断层泥含钾化花岗岩角砾，二者界线明显，可见白色断层泥贯入到黑色断层泥中，表明白色断层泥的形成时间晚于黑色断层泥（张潮，2015）。碎裂岩具有较为显著的脆性变形特征，具明显的碎裂结构（图7-6f），主要矿物有长石、石英及由长石蚀变而来的绢云母等，其中石英破碎成角砾状，具有一定的磨圆(图7-6)。

焦家剪切带下盘的蚀变花岗岩中常发育破碎带及各种节理，破碎带呈透镜状产出，靠近破碎带则节理发育密集，岩石破碎程度高（图7-7）。

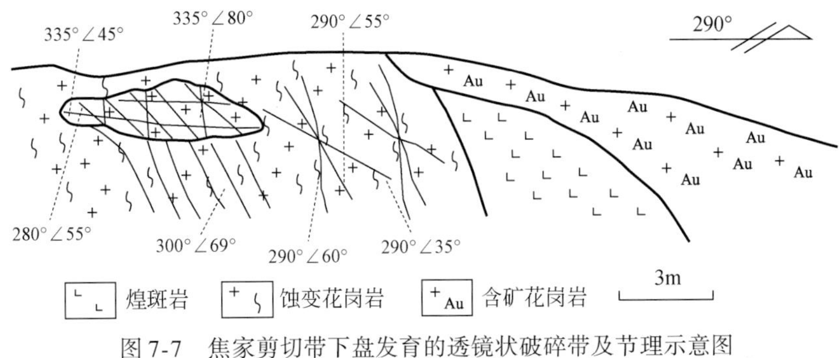

图7-7　焦家剪切带下盘发育的透镜状破碎带及节理示意图

李瑞红等（2014）对新城矿区的构造岩进行了EBSD组构分析，发现石英c轴组构图表现为简单的点极密（图7-8a，e）和环带极密（图7-8b～d）。平行Z轴的简单点极密（图7-8a）为底面<a>滑移，指示了成矿晚期为300℃的低温变形环境；平行于Y轴的简单

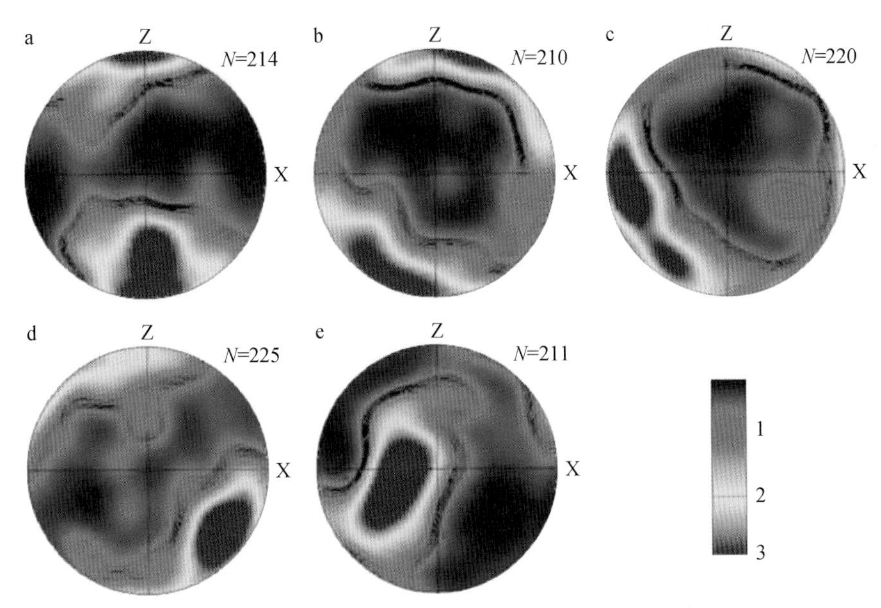

图7-8　新城金矿构造岩石英EBSD组构图（据李瑞红等，2014）

点极密（图7-8e）为柱面<a>滑移，代表了成矿早期相对较高的变形环境（450～600℃）；平行于X轴的环带极密（图7-8b～d）为柱面<c>滑移，代表成矿前为600～700℃的高温变形环境。

3. 剪切带的运动学特征

焦家剪切带内发育擦痕、阶步和S-C组构等，指示了剪切带为上盘向NW运动的正断层性质。剪切带在龙口市姚家一带的产状为280°～313°∠30°～70°，擦痕产状315°～345°∠20°～60°，断层擦痕与阶步及派生节理均指示剪切带为正断层性质（林少泽等，2013）；在黄山馆一带主剪切面产状325°∠40°，擦痕产状310°∠34°，根据擦痕与阶步判断剪切带为具有左行剪切性质的正断层（图7-9a，林少泽等，2013）；在马驿一带，主剪切面产状292°∠31°，擦痕产状305°∠24°，派生节理指示该剪切带为右行剪切的正断层（林少泽等，2013）。在焦家剪切带北段下盘的玲珑岩体内，野外可见明显的韧性变形组构：在龙口市姚家一带，这类变形带内可见石英颗粒被塑性拉长，各类矿物定向排列，所形成的面理产状为300°∠26°，矿物拉伸线理产状为322°∠31°，石英拖尾指示上盘向NW运动（图7-9b，林少泽等，2013）；在焦家金矿附近，焦家脆性正断层下盘的玲珑岩体内同样发育了韧性变形带，呈面理化花岗岩，发育了眼球状构造、S-C组构、石英变形条带等。其面理产状为310°∠18°，石英拉伸线理产状为302°∠16°，S-C组构及残斑拖尾等运动学判别标志均指示上盘向NW运动（图7-9c，林少泽等，2013）。对于焦家剪切带的剪切性质，杨立强等（2014）、张潮（2015）认为该剪切带具有多期活动特点，总体为成矿前受郯庐断裂影响，表现为左行压剪性变形特征，成矿期构造活动具有继承性和新生性，矿脉形态及容矿裂隙表现为右行张剪性质，成矿后表现为压剪变形特征。

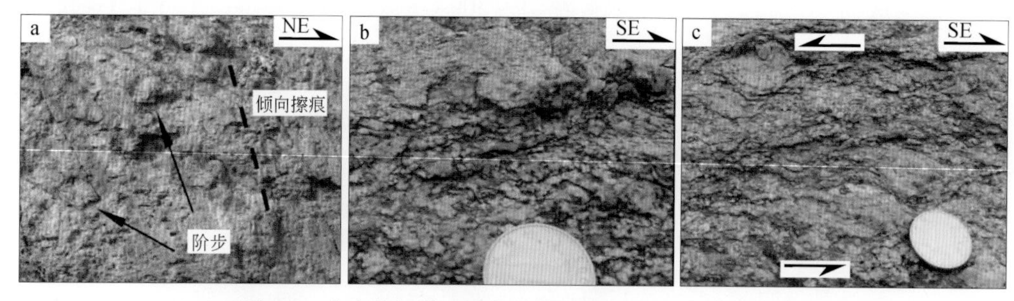

图7-9　焦家剪切带运动学特征（据林少泽等，2013）

a. 焦家剪切带内的倾向擦痕和阶步指示上盘向NW运动；b. 焦家剪切带下盘的玲珑岩体发生韧性变形，石英被拉长，矿物拉伸线理方向为NW-SE向；c. 焦家剪切带下盘韧性变形带内长石残斑拖尾与S-C组构指示上盘向NW运动

4. 剪切带活动时间

宋明春等（2010）在焦家剪切带马塘矿区分别采集白色和灰黑色两种断层泥进行了K-Ar同位素年龄测试，获得灰黑色断层泥年龄为131.05～123.53Ma，白色断层泥年龄为48.57～41.18Ma，指示焦家剪切带早期活动时间为早白垩世，晚期活动时间为古近纪。对比胶东地区主要成矿时代，可以看出，焦家剪切带的早期活动年龄与胶东地区金矿成矿年龄接近，剪切带的主要活动期与金矿的主成矿期是同步的。

三、招平剪切带

1. 剪切带空间展布特征

招平剪切带是胶东地区最主要的控岩、控矿构造之一，由南向北延伸100余千米，南起平度，向北经招远、台上、九曲蒋家延伸至龙口，到蓬莱以东入海。自北向南沿断裂带产有阜山、玲珑、台上、大尹格庄、夏甸等金矿床（图7-10，万多，2014）。该剪切带与郯庐断裂总体平行，全长120km，宽度150～200m，展布方向为30°～40°，局部向E或向W偏转，倾向E或SE，倾角30°～50°。招平剪切带北段主要由破头青剪切带、九曲-蒋家剪切带、栾家河剪切带等次级剪切带组成，长20多千米，沿着玲珑岩体与栾家河岩体的接触带延伸，北部切入郭家岭岩体（林少泽等，2013）；剪切带中-南段自招远一直延伸至平度东，沿着粉子山群及胶东群与郭家店岩体、旧店岩体、崔召岩体的接触带分布，该段长约60km，宽50～500m，总体走向为20°～30°，倾向SE，倾角30°～55°（林少泽等，2013）。区域上该剪切带以西为中生代花岗岩，包括玲珑花岗岩、郭家岭花岗岩和滦家河花岗岩，以东为胶东群和荆山群变质岩类（杨立强等，2014）。

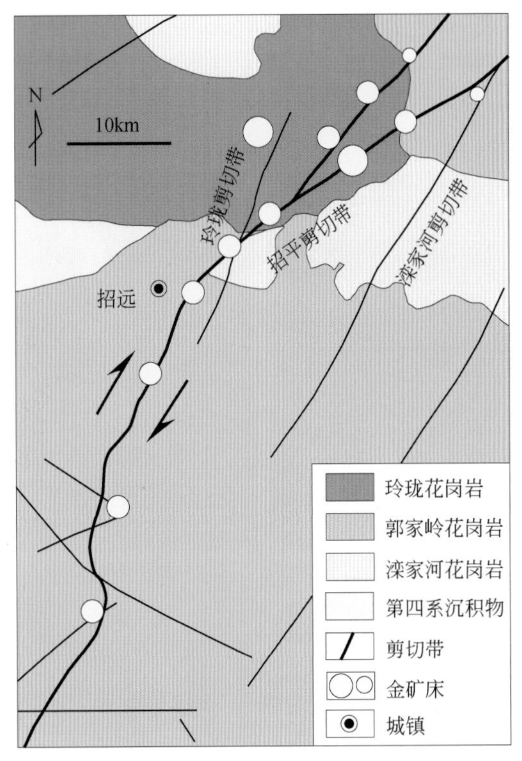

图7-10　招平剪切带展布及金矿分布图（据万多，2014）

2. 剪切带的岩石及构造特征

招平剪切带发育一套较完整的构造岩相序列，依次为断层泥、糜棱岩带、构造角砾岩带和碎裂岩带，两侧为花岗质碎裂岩带，边部为碎裂状花岗岩带，构造岩均经受了不同程度的热液蚀变或矿化（林少泽等，2013）。其中该剪切带北段的破头青剪切带发育了200～300m宽的碎裂岩与断层角砾岩，局部可见晚期断层泥，中-南段脆性变形较北段强烈，剪切破碎带多宽达400～500m，发育了各类碎裂岩及断层角砾岩（林少泽等，2013）。

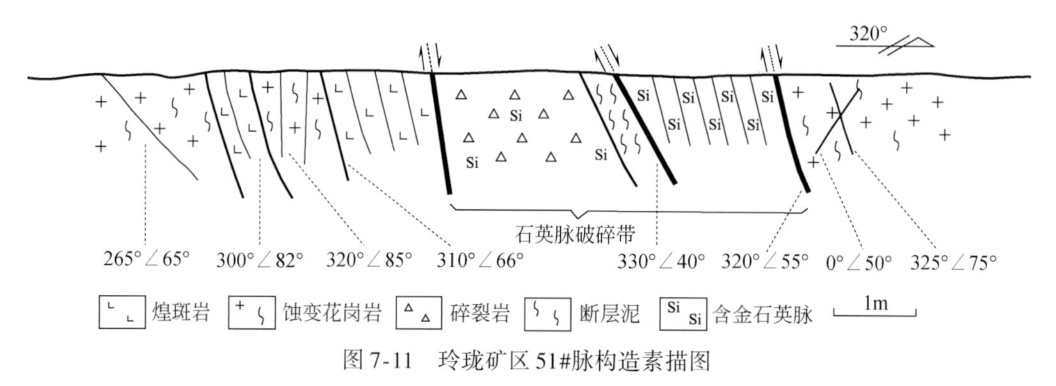

图7-11　玲珑矿区51#脉构造素描图

在招平剪切带下盘发育一系列的次级构造，如玲珑矿区的破头青剪切带控制了矿田内一系列次级破裂的发育，这些破裂构成帚状构造控制了许多石英脉型金矿（邓军等，2010）。石英脉型矿体内部也发生过剪切破碎作用（图7-11），中间还出露有断层泥（图7-12a），两侧为含矿的碎裂岩（图7-12b，c），碎裂岩中斜长石边部发育机械双晶（图7-12d），部分双晶纹出现弯折并叠加有后期脆性破裂（图7-12e），石英普遍出现亚颗粒旋转重结晶（图7-12f），代表中温变形环境（400～500℃）。

图 7-12　玲珑矿区 51#脉构造变形观察图

a. 主剪切面处的断层泥；b. 剪切带下盘的碎裂岩；c. 剪切带下盘的碎裂岩手标本照片；d. 碎裂岩中斜长石边部发育机械双晶；e. 碎裂岩中斜长石双晶纹弯折并叠加后期脆性破裂；f. 碎裂岩中石英发生动态重结晶

Q. 石英；Pl. 斜长石；Ser. 绢云母

3. 剪切带的运动学特征

在招平剪切带中观察到擦痕和阶步、S-C 组构及旋转残斑等现象，指示了剪切带为右行剪切的正断层（林少泽等，2013；吕古贤等，2016）。如剪切带北段的破头青剪切带，在招远市境内主剪切带产状为（130°～150°）∠（32°～45°），擦痕产状（143°～160°）∠（27°～38°），多为倾向擦痕，断层擦痕与阶步及伴生构造指示其为具有右行剪切特征的正断层（图 7-13a，林少泽等，2013）；在龙口市境内，破头青剪切带产状为（115°～120°）∠（56°～75°），擦痕产状（132°～140°）∠（45°～60°），同样为右行剪切的正断层（林少泽等，2013）。招平剪切带中-南段产状（110°～130°）∠（30°～55°），擦痕产状（105°～155°）∠（25°～46°），断层擦痕与阶步、派生节理以及牵引构造等断层运动标志均指示为正断层（林少泽等，2013）。招平剪切带下盘的玲珑岩体发生韧性变形，石英塑性拉长（图 7-13b），长石旋转残斑与 S-C 组构指示上盘向 SE 运动（图 7-13c；林少泽等，2013）。吕古贤等（2016）通过对面理和线理产状的实地测量和统计分析（表 7-1，图 7-14），发现总体趋势是一致的，在此基础上，结合研究区糜棱岩中发育较多的 S-C 组构、伸展劈理和伸展条带等构造现象，认为剪切带的上盘运动方向和伸展方向在运动学上具有一致性，伸展方向约为 SE130°。

图 7-13　招平剪切带运动学观察图（据林少泽等，2013）

a. 招平剪切带内的倾向擦痕和阶步指示上盘向 SE 运动；b. 招平剪切带下盘玲珑岩体发生韧性变形，石英被拉长，矿物拉伸线理方向为 NW-SE 方向；c. 招平剪切带内长石旋转斑晶与 S-C 组构指示上盘向 SE 运动

表 7-1　招平剪切带各部分线理及面理统计（引自吕古贤等，2016）

测量产状位置	线理产状	面理产状
破头青剖面糜棱岩	128°∠54°，102°∠60°，97°∠58°，110°∠65°，105°∠48°	128°∠25°，190°∠30°，140°∠50°，125°∠52°，143°∠37°
郭家埠剖面糜棱岩	105°∠38°，140°∠61°，132°∠51°，147°∠42°，80°∠15°，126°∠39°	122°∠20°，260°∠52°，155°∠33°，172°∠55°，152°∠47°，158°∠35°
夏甸村剖面糜棱岩	120°∠25°，170°∠15°，165°∠46°，134°∠37°，130°∠15°，142°∠29°	110°∠20°，120°∠30°，112°∠18°，135°∠27°，115°∠17°，121°∠24°
招平剪切带	115°∠43°，148°∠32°，132°∠21°，150°∠55°，134°∠38°	134°∠80°，160°∠45°，150°∠43°，132°∠38°，124°∠42°

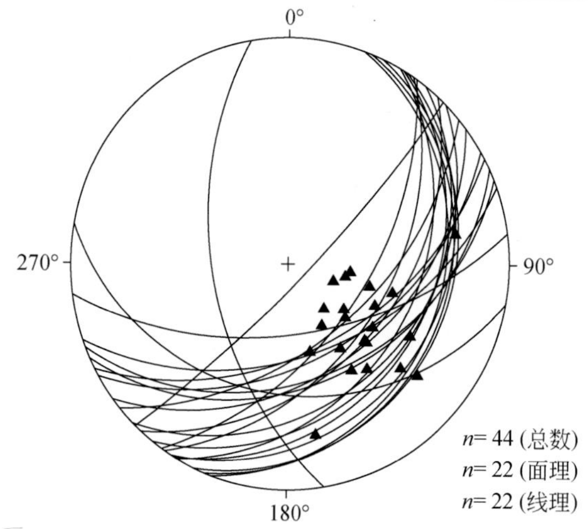

图 7-14　招平剪切带面理线理产状赤平投影（据吕古贤等，2016）

杨立强等（2014）、万多（2014）认为招平剪切带经历了复杂的演化历史，早期以左行韧性剪切为主，晚期以脆性变形为主，经历了左行张剪-右行剪切-左行压剪等多次活动。

4. 剪切带活动时间

Charles 等（2013）测出招平剪切带中白云母 ^{40}Ar-^{39}Ar 坪年龄为 127. 7±1. 34Ma 和 128. 2±1. 36Ma，据此认为该剪切带属于早白垩世中晚期活动，与胶东地区主要成矿时代（表 6-5）相对应。

四、牟平-即墨剪切带

牟平-即墨剪切带位于胶莱盆地东部，与五莲剪切带一起构成了苏鲁造山带的北界，并将胶东半岛划为东西差异较大的两个地块：西侧基底构造线走向近 EW 或 NW；东侧则出露大面积的燕山期花岗岩体和超高压变质岩石（李晓春，2012）。剪切带中分布有蓬家夼和发云夼等金矿床。该剪切带总体走向 40°～50°，宽达 40km，长达 335km，纵贯胶东半岛中部，由一系列大致平行、间距近于相等的压扭性剪切带组成，由西向东主要包括桃村-东陡山、郭城-即墨、朱吴-店集、海阳-青岛等剪切带（图 7-15），每条剪切带以脆性变形为特征，破碎带发育，断层面陡立（张岳桥等，2007）。

桃村-东陡山剪切带在主剪切带北部发育，其断面东倾，为正平移断层；郭城-即墨剪切带延伸较长，其北段（郭城段）断面西倾，为正平移断层，中段断面东倾，为逆平移断层，南段（即墨段）性质不明；朱吴-店集剪切带向北进入黄海，其北段（胶北隆起区）和南段（店集附近）为东倾正平移断层，而中段为西倾正平移断层；海阳-青岛剪切带在中段王村地区发生弯曲，北段和中段为东倾正平移断层（杨立强等，2014）。剪切带具有长期活动的特点，尤其是在晚中生代经历了多期演化阶段，张岳桥等（2007）根据野外断层滑动矢量和古构造应力场反演、侵入岩和火山岩同位素测年等手段，将这段时期的构造演化历史划分为三个阶段：①晚侏罗世（150～135Ma）挤压左行平移阶段；②早白垩世（135～107Ma）引张伸展断陷阶段；③晚白垩世—古新世右行走滑阶段。

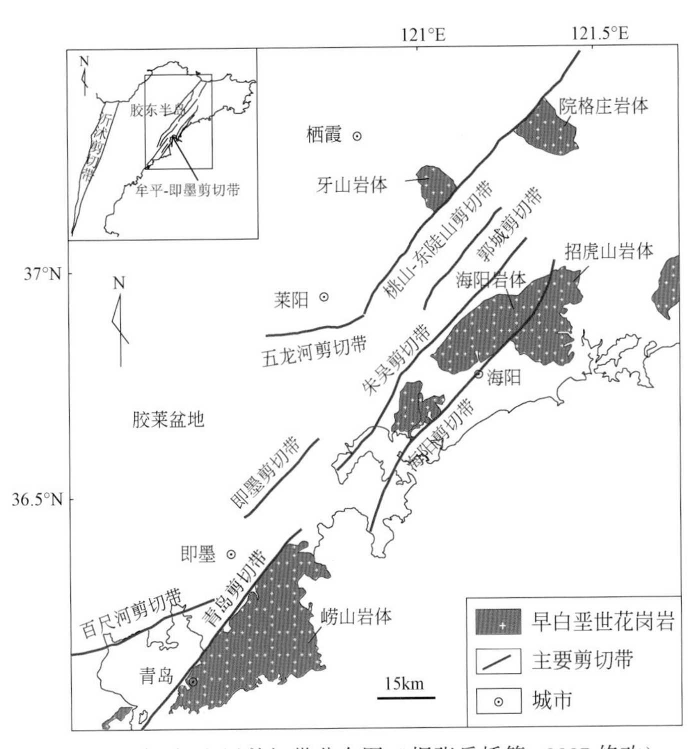

图7-15　牟平-即墨剪切带分布图（据张岳桥等，2007修改）

五、牟平-乳山剪切带

牟平-乳山剪切带主要发育在胶东半岛东部的昆嵛山岩体中，由西向东由五条NNE向相互平行的压剪性剪切带组成，即青虎山-唐家沟、石沟-巫山、岔河-三甲、将军石-曲河庄和葛口剪切带（图7-16，李旭芬等，2010）。这些剪切带总体走向15°，倾向SE或NW，倾角60°～85°，分布有金青顶和邓格庄等金矿床（李旭芬等，2010）。根据剪切带总体展布、次级断裂和含矿石英脉产出特征，牟平-乳山剪切带在成矿期总体表现为右行压剪性特征（胡芳芳，2006；杨立强等，2014）。

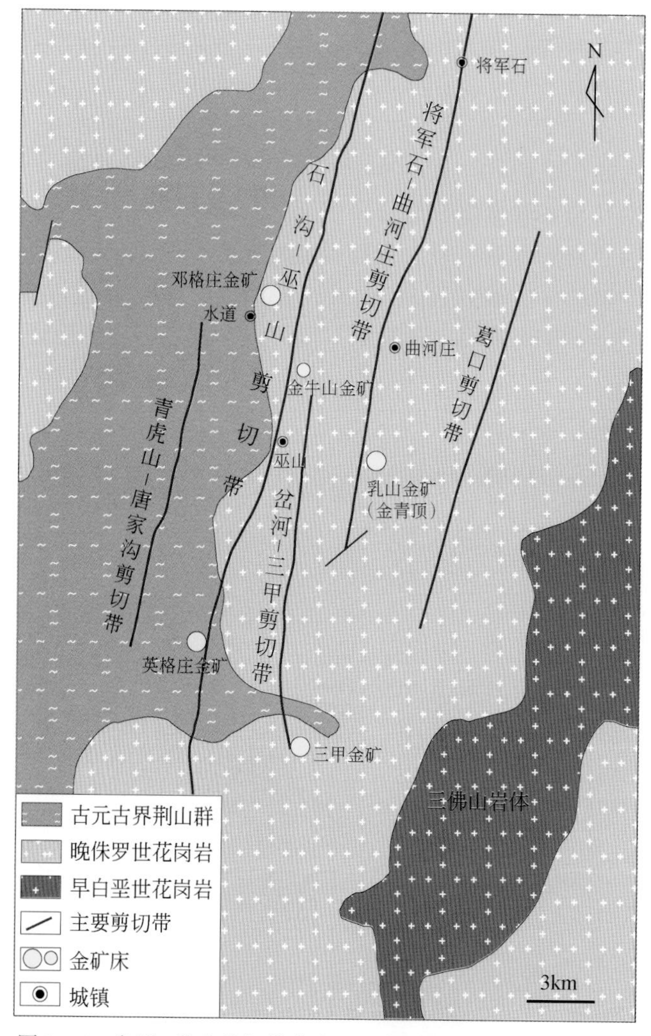

图 7-16　牟平–乳山剪切带分布图（据李旭芬等，2010 修改）

六、小结

根据以上对剪切带的构造变形及运动学特征研究的阐述，并结合胶东地区在成矿期（120±10Ma）所处的区域伸展背景，本研究认为胶东地区各剪切带成矿前表现为左行走滑活动，成矿期则转变为右行走滑活动且具有正断层性质，对应于中国东部岩石圈大规模减薄及华北克拉通破坏的高峰。各剪切带背离玲珑、鹊山和昆嵛山岩体呈铲式展布，显示拆离构造特征，具有韧性变形叠加脆性变形的特点。

第二节　胶东地区金矿体产出特征及剪切带对成矿的制约

一、矿体空间赋存特征

从胶东地区地质图（图5-1）中可以看出，金矿床的分布明显受剪切带控制，胶东几乎所有的金矿床都与NE向的剪切带有关，金矿床聚于玲珑、鹊山、昆嵛山岩体周边，主要沿前寒武纪变质岩与中生代花岗岩接触带形成的区域性NE-NNE走向拆离断层带分布（杨立强等，2014）。

从剪切带平面展布来看，剪切带沿走向常有变化，呈舒缓波状展布，矿体主要赋存在剪切带拐弯部位以及断裂交叉部位等（图7-17a，b）；从剖面来看，剪切带常表现出上陡下缓的“铲式”特点，沿倾向出现陡缓相间的变化规律，矿体主要赋存在倾角变化的平缓部位以及陡-缓转折部位（图7-17c，Song et al.，2012；宋明春等，2014，2015；刘殿浩等，2015）。

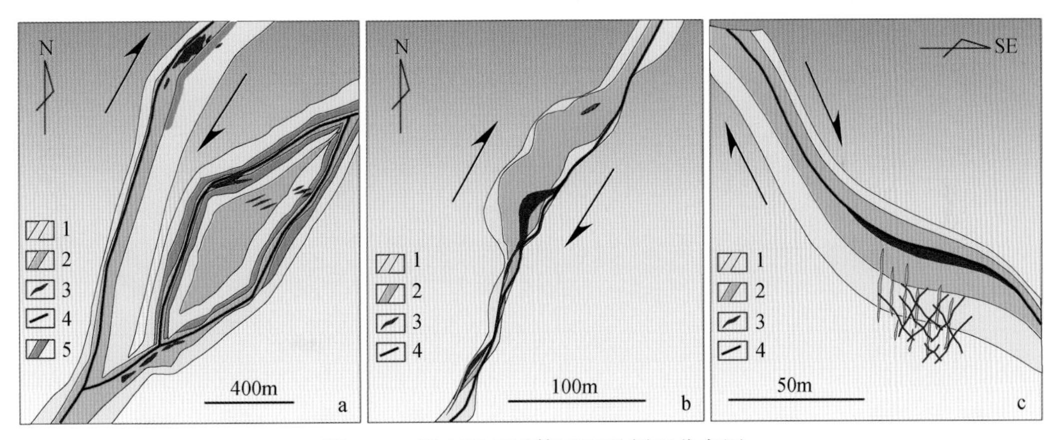

图7-17　胶东地区矿体平面及剖面分布图

a. 胶东新城金矿平面地质图（底图据张潮，2015）；b. 胶东三山岛金矿平面地质图（底图据姜晓辉等，2011）；c. 胶东三山岛金矿矿体剖面分布图（底图据姜晓辉等，2011；宋明春等，2015）
1. 钾化蚀变带；2. 绢英岩化蚀变带；3. 矿体；4. 主剪切带；5. 硅化蚀变带

二、矿脉产出特征

胶东地区大部分金矿床中均发育由各类破裂经热液充填形成的含金脉体，通过分析其与主剪切带的产出关系，可以判断脉体所属破裂的性质以及剪切带的运动方向，本研究选择具有代表性的焦家金矿、玲珑金矿、新城金矿和仓上金矿来进行阐述。

焦家金矿中主剪切带总体走向35°，倾向NW，倾角30°~40°。蚀变岩型矿体主要赋存在焦家剪切带内的黄铁绢英岩化花岗质碎裂岩、黄铁绢英岩化花岗岩中；脉型矿体则赋存在剪切带下部的破碎蚀变带边部及蚀变花岗岩中，常成群出现，单个矿体规模较小，走向与主矿体一致或小角度相交（图 7-18）；矿脉倾角变化大，按照其产状可分为三组，一组倾向 SE，占脉体的大多数，倾角较陡（倾角为 55°～90°），部分脉体发生旋转变形；另外两组倾向 NW，靠近主剪切带的一组倾角较缓（倾角为 26°～30°）；另一组倾角较陡，近直立（图 7-18a）。对大部分没有发生明显旋转变形的脉体，统计其与主剪切带的夹角可以判断脉体形成时的性质，而对于部分发生旋转的脉体，统计时主要选取脉体两端未发生旋转部分的产状（图 7-18b 中圈出部分）。程南南等（2018）的统计结果显示三组脉体分别属于 R、T 和 R′破裂（与主剪切面夹角分别为 10°、50°和 63°，图 7-18c），主剪切带性质为上盘向下向 NW 运动的正断层。

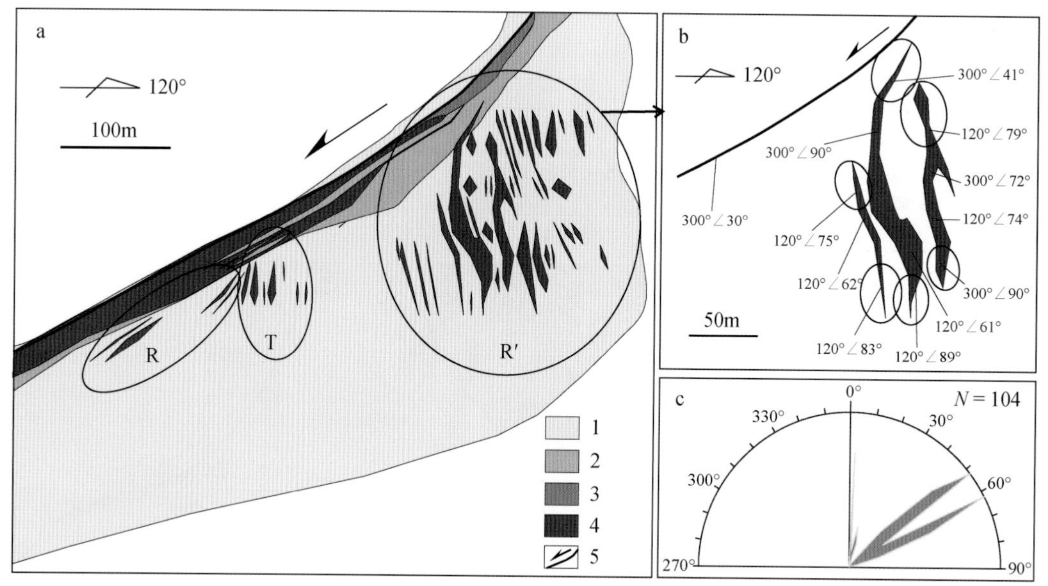

图 7-18　胶东焦家金矿区矿体分布剖面图（a）、脉体局部放大图（b）及脉体与主剪切带夹角玫瑰花图（c）（据程南南等，2018）

1. 黄铁绢英岩化花岗岩；2. 黄铁绢英岩化花岗质碎裂岩；3. 黄铁绢英岩；4. 金矿体；5. 主剪切带

玲珑金矿属于典型的石英脉型矿床，主剪切带位于玲珑矿区的东南缘，走向约 60°，倾向 SE，倾角 30°～50°。矿区内共有 200 多条矿脉，均呈脉群出现，脉群走向一般是 35°～70°（图 7-19a），以 NW 倾向为主（图 7-19b），但是主剪切带附近的脉群浅部呈现 SE 倾向，而深部转为 NW 倾向。对脉体和主剪切带产状的分析（图 7-19c），发现脉体属于 R、T 和 R′破裂（与主剪切面夹角分别为 10°、40°和 63°～73°），主剪切带发生上盘向下向 SE 方向的剪切运动。

新城金矿内主剪切带走向 40°、倾向 NW、倾角 25°～35°，在其下盘密集发育走向、倾向与主剪切带相同而倾角不同的次级断裂、破裂及石英硫化物脉等（李瑞红等，2014）。通过对焦家剪切带北段新城矿区的次级断裂及破裂和石英硫化物脉的产状分析，李瑞红等（2014）发现次级断裂以走向 NE 倾向 NW 为主，倾角为 40°～60°，另有少量走向呈 NW、NNW 向（图 7-20a，b）；破裂以走向 NNE、倾向 NWW 为主，倾角变化较大（图 7-20c，

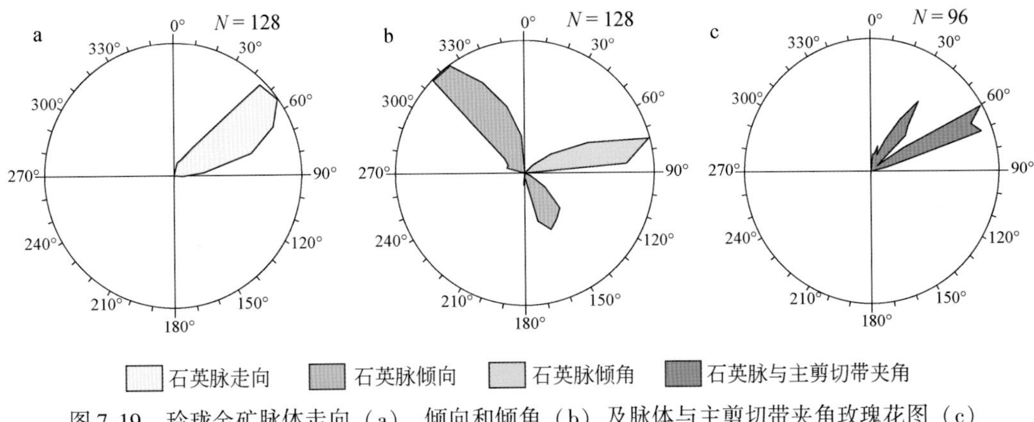

图 7-19　玲珑金矿脉体走向（a）、倾向和倾角（b）及脉体与主剪切带夹角玫瑰花图（c）

d)，成矿期常有硫化物充填，石英硫化物脉倾向 NNW，倾角稳定在 30°左右（图 7-20e，f）。产状分析表明，次级断裂、破裂及石英硫化物脉与主剪切带的夹角分布在 5°~25°之间，属于 R 破裂，并指示了剪切带发生了上盘向下向 NW 方向的运动，石英硫化物脉与主剪切带走向夹角约 15°，指示主剪切带发生了右行剪切活动。

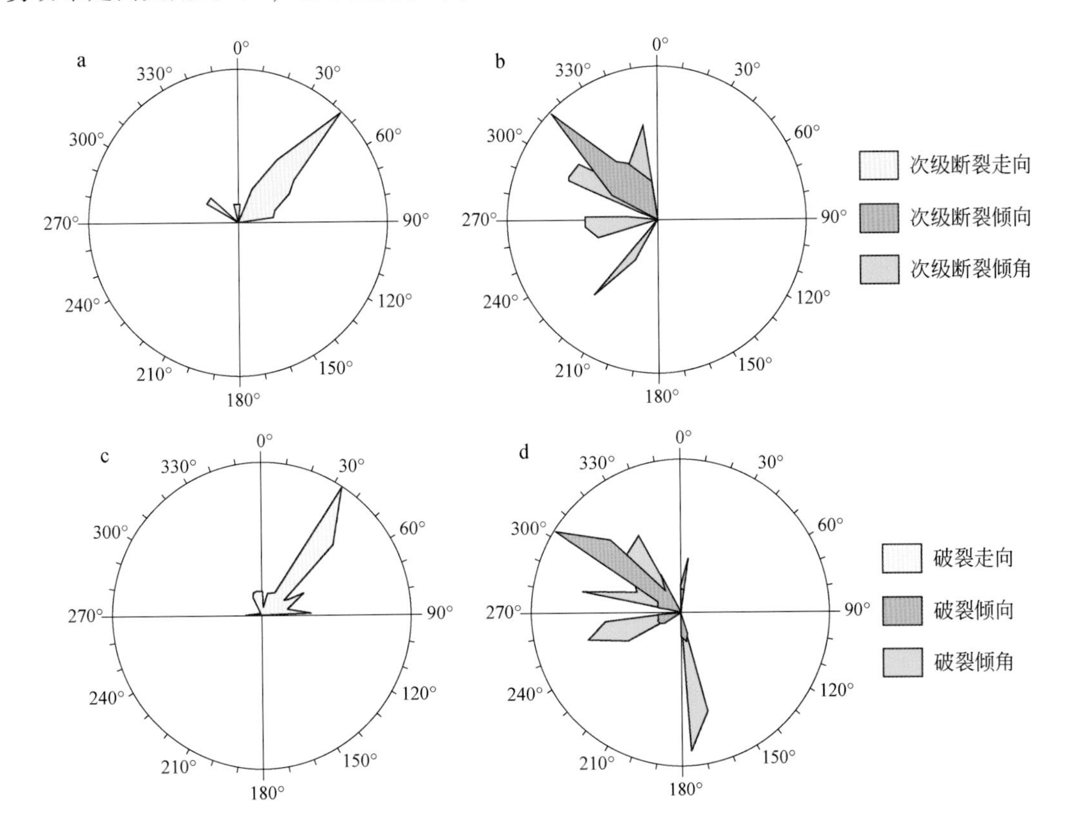

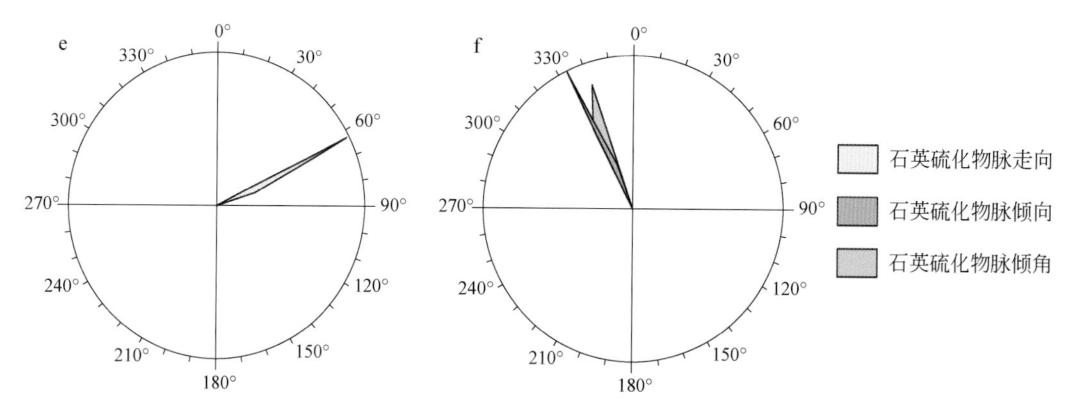

图 7-20 新城金矿次级断裂、破裂、石英硫化物脉产状玫瑰花图（据李瑞红等，2014）

a. 次级断裂走向；b. 次级断裂倾向和倾角；c. 破裂走向；d. 破裂倾向和倾角；e. 石英硫化物走向；f. 石英硫化物倾向和倾角

位于三山岛西段的仓上金矿是典型的蚀变岩型金矿，在主矿体上下盘均分布有数个与之近于平行的小矿体，呈脉状或透镜状产出（邓军等，2010）。对矿体产状的统计分析发现（图 7-21），矿脉具有较为一致的产出状态，其中走向为 75°～82°，倾向 SE，倾角近于 51°。而三山岛剪切带在仓上矿段总体走向 80°，倾向 SE，倾角约 40°。根据矿脉与主剪切带的产状关系，可以看出，矿脉与主剪切带在走向上近于平行，而在剖面上脉体与剪切带的夹角约 11°，说明脉体是由 R 破裂发育而来，并指示了上盘向 SE 方向的剪切活动。

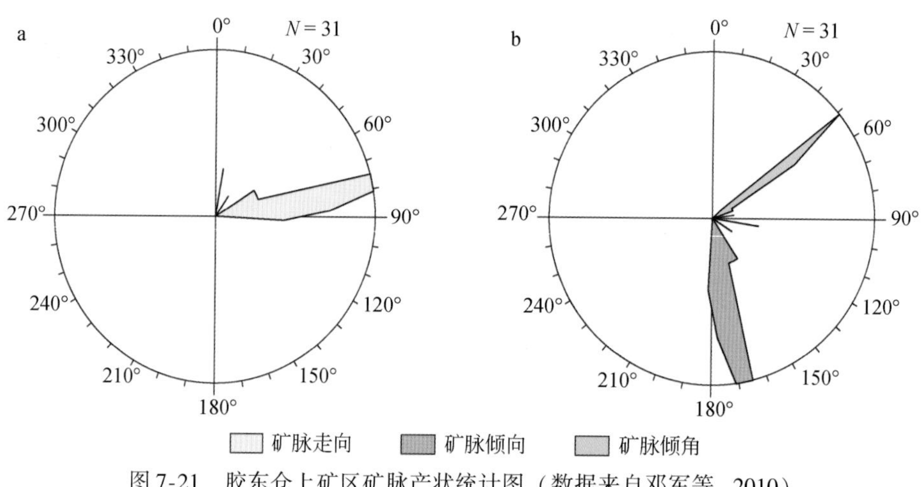

图 7-21 胶东仓上矿区矿脉产状统计图（数据来自邓军等，2010）

a. 矿脉走向；b. 矿脉倾向和倾角

三、矿体显微赋存特征

胶东金矿中主要的矿石矿物为黄铁矿、黄铜矿、方铅矿、闪锌矿、毒砂及银金矿物等（图 7-22），非金属矿物以石英、绢云母、钾长石、斜长石和方解石为主，其中黄铁矿是主要的载金矿物，次为石英和其他硫化物（范宏瑞等，2005）。矿体中含金的黄铁矿主要以自形、半自形或碎裂状沿裂隙分布（图 7-23）。

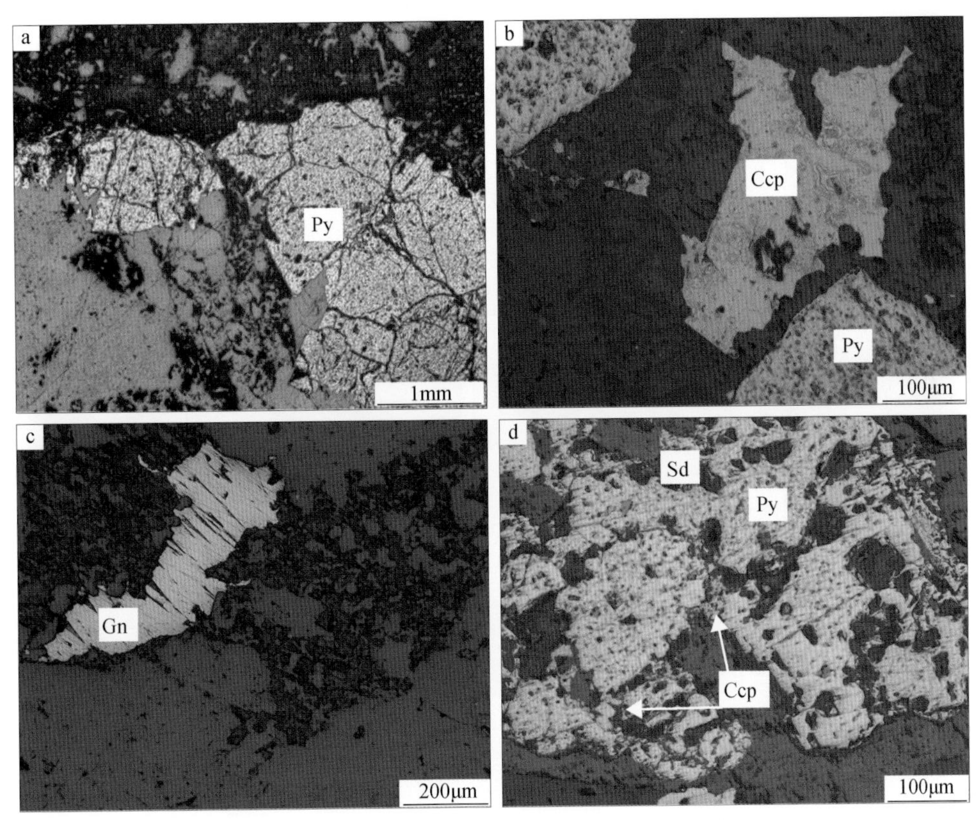

图 7-22　胶东三山岛矿区主要金属矿物反射光照片

a. 黄铁矿；b. 黄铁矿和黄铜矿；c. 方铅矿；d. 黄铁矿、黄铜矿和菱铁矿

Py. 黄铁矿；Ccp. 黄铜矿；Gn. 方铅矿；Sd. 菱铁矿

矿石中金主要以自然金、银金矿和金银矿等形式存在。其中，三山岛和焦家金矿带金矿物主要为银金矿，其次为少量自然金和金银矿；招平金矿带金矿物以银金矿和自然金为主，含有少量金银矿；蓬莱–栖霞金矿带金矿物主要为银金矿和自然金（范宏瑞等，2005；杨立强等，2014；梁亚运等，2015）。金矿物呈自形–半自形、他形粒状、细脉状和不规则粒状，以裂隙金、晶隙金和包体金的形式赋存于黄铁矿和石英裂隙中（范宏瑞等，2005）。如三山岛金矿中金矿物主要以单颗粒形式赋存于黄铁矿或石英颗粒内部或晶间，赋存状态有晶隙金、裂隙金和包裹金（图 7-24），最小直径为 5～10μm，最大可达 350μm。

四、剪切带对成矿的制约

剪切带作为区域构造活动的集中区域以及流体运移的主要通道，其活动与成矿作用具

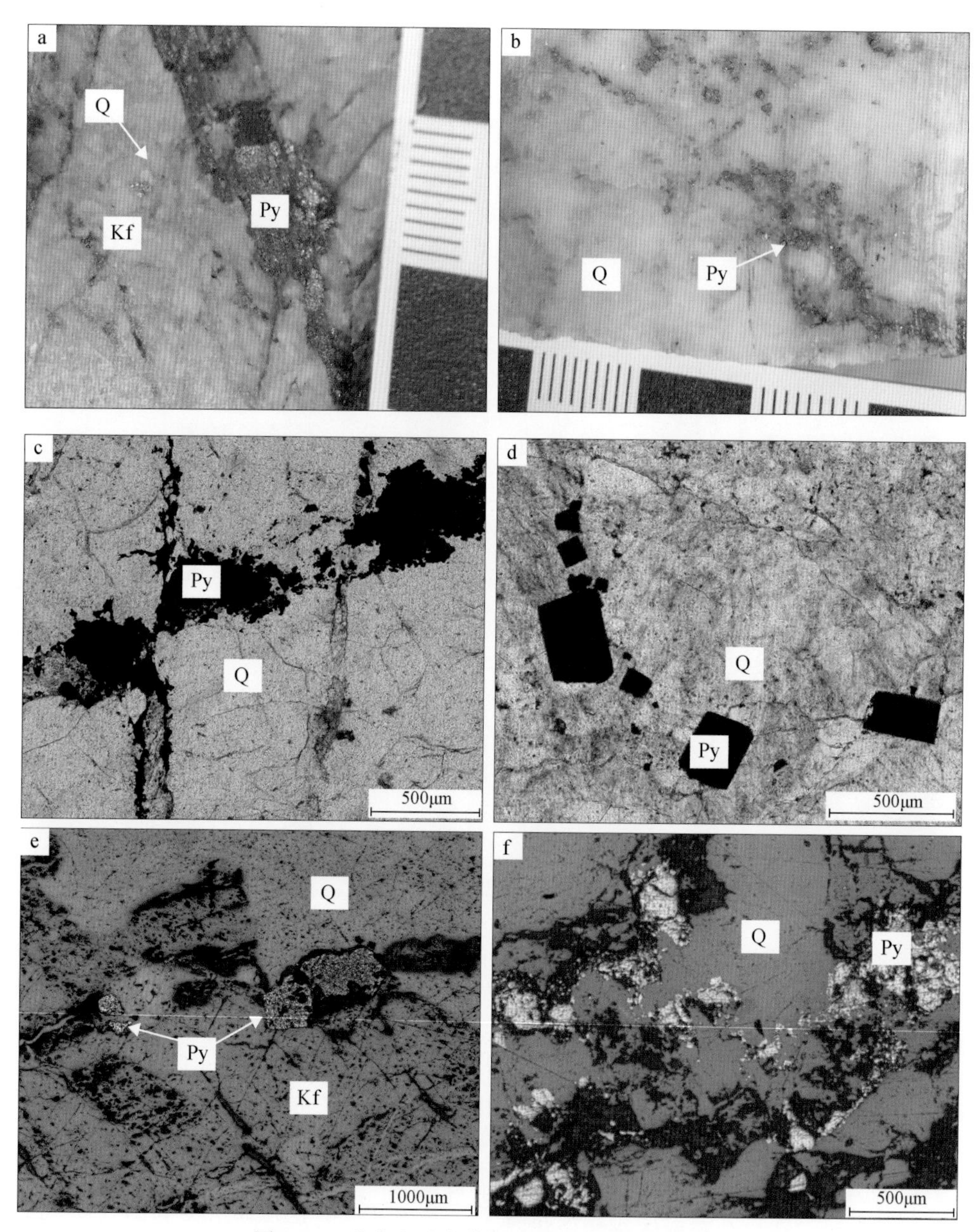

图 7-23　胶东金矿中黄铁矿手标本及镜下照片

a、b. 黄铁矿手标本照片；c、d. 单偏光下黄铁矿照片；e、f. 反射光下黄铁矿照片

Q. 石英；Py. 黄铁矿；Kf. 钾长石

有紧密的时空联系。对于胶东地区而言，大规模成矿时间发生于区域挤压向伸展转换的构造体制转折过程中，对应于中国东部岩石圈大规模减薄、华北克拉通破坏的高峰时期，成矿作用与构造活动同时发生（范宏瑞等，2005；朱日祥等，2015）。空间上，矿体的分布明显受到剪切带的控制，金矿体主要分布在剪切带中倾角变缓部位以及走向上的拐弯部位，并且剪切作用所派生的次级张性及张剪性破裂（如 T、R 和 R′破裂）是矿体赋存的有利部

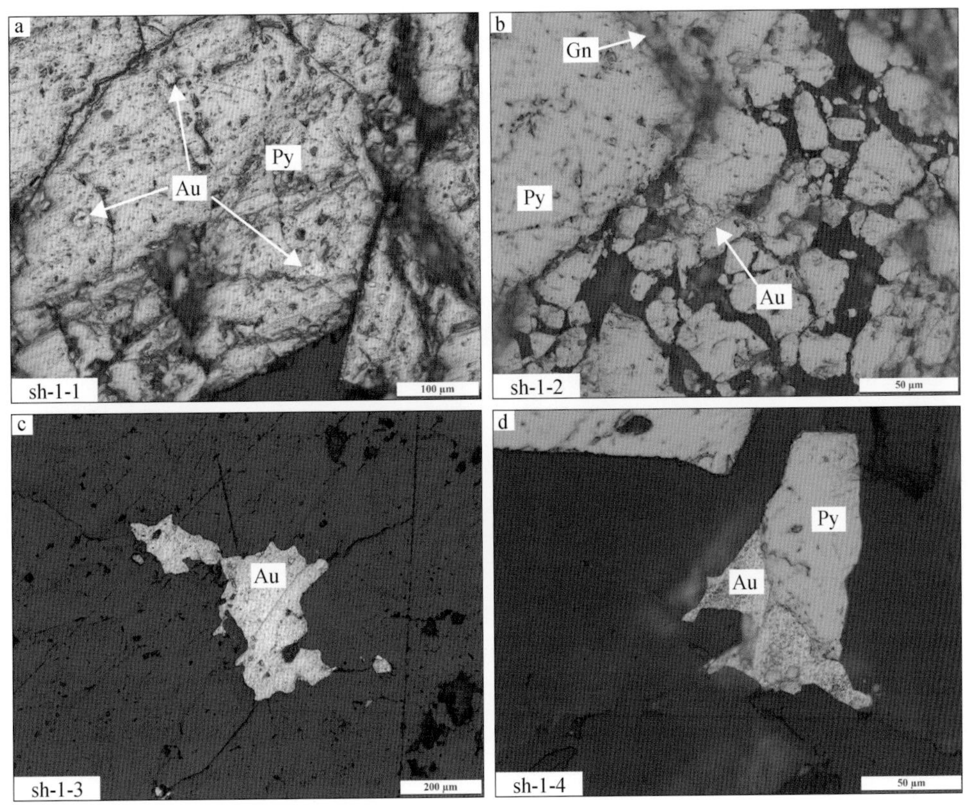

图 7-24　三山岛金矿样品 sh-1 中金矿物反射光照片

a. 包裹金；b. 晶隙金；c. 裂隙金；d. 晶隙金

Au. 金；Py. 黄铁矿；Gn. 方铅矿

位（程南南等，2018）。同时脉型和蚀变岩型金矿具有一致的形成过程和机理，都是在剪切带形成过程中发生脆性破裂，形成 R、R′、T 等破裂（剪切）所致。从矿体显微赋存特征也可以看出，含金的黄铁矿在裂隙发育的位置明显增加，并且金矿物主要以裂隙金、晶隙金和包体金的形式赋存于黄铁矿和石英的裂隙中（图 7-23 和图 7-24）。

由此可见，剪切带中脆性破裂的发育是成矿的直接控制因素，而脆性破裂的产生与流体压力的波动密切相关。近年来有关金沉淀机制的研究表明，破裂时流体压力会瞬间降低，致使流体发生沸腾或闪蒸作用，导致成矿元素溶解度降低从而沉淀析出（Chen et al., 2006. Phillips and Powell, 2010；Weatherley and Henley, 2013；Pokrovski et al., 2014）。而脆性破裂是在剪切带活动过程中不断发育的，因此脆性破裂的扩展和成矿过程是一个“剪切作用-破裂产生-压力骤降-流体沸腾或闪蒸-元素析出”的循环过程，在此过程中金不断沉淀析出形成矿床。

此外岩体侵位以及流体活动也能对成矿起到促进作用。多期的岩体侵位能为成矿提供热源及大量的岩浆热液，有利于流体活动，如胶东金矿的成矿物质可能直接来源于赋矿围岩玲珑花岗岩、郭家岭花岗岩及昆嵛山花岗岩，并且岩体显示多期侵位的特征（胡芳芳，2006；杨立强等，2014）。同时岩体侵位也会促进剪切带的发育，如宋明春等（2014）认为岩体侵位造成上覆围岩中产生伸展拆离构造，即剪切带的发育，为成矿提供了有利空间；湖南锡田地区的邓阜仙岩体在燕山期侵位过程中引起了老山坳剪切带的伸展拆离作用，岩体侵位与构造作用之间相互配合、相互促进，有利于成矿作用的进行（宋超等，2016）。此外胶东地区的金矿中普遍发育大规模的热液蚀变带，常见有钾化、绢云母化、黄铁矿化、硅化等，其与矿化一起构成了金矿床的主要组成部分（范宏瑞等，2005；杨立强等，2014），可见流体活动对成矿作用也是至关重要。再者，流体活动不仅能够促使成矿物质活化迁移，还影响着岩石的变形机制以及矿质沉淀过程，其与构造作用结合在断层阀行为下周期性控制裂隙和脉体的张开闭合，造成流体沸腾或闪蒸，从而使金发生沉淀（程南南等，2018）。综上所述，剪切带型金矿的形成是岩体–流体–构造三者耦合共同作用所造成的，对于成矿作用三者缺一不可。

参考文献

程南南，刘庆，侯泉林，等 . 2018. 剪切带型金矿中金沉淀的力化学过程与成矿机理探讨 . 岩石学报，34（7）：2165-2180.

邓军，陈玉民，刘钦，等 . 2010. 胶东三山岛断裂带金成矿系统与资源勘查 . 北京：地质出版社 .

郭春影 . 2009. 胶东三山岛–仓上金矿带构造–岩浆–流体金成矿系统 . 北京：中国地质大学（北京）博士学位论文 .

胡芳芳 . 2006. 胶东昆嵛山地区中生代构造体制转折期岩浆活动、成矿流体演化与金矿床成因 . 北京：中国科学院地质与地球物理研究所博士学位论文 .

姜晓辉，范宏瑞，胡芳芳，等 . 2011. 胶东三山岛金矿中深部成矿流体对比及矿床成因 . 岩石学报，27（5）：1327-1340.

李瑞红，刘育，李海林，等 . 2014. 胶东新城金矿床控矿构造变形环境：显微构造和 EBSD 组构约束 . 岩石学报，30（9）：2546-2558.

李晓春 . 2012. 胶东三山岛金矿围岩蚀变地球化学及成矿意义 . 北京：中国科学院地质与地球物理研究所硕士学位论文 .

李旭芬，刘建朝，于虎，等 . 2010. 胶东英格庄金矿地质特征及找矿标志 . 黄金科学技术，18（5）：99-112.

梁亚运，刘学飞，刘龙龙，等 . 2015. 胶东蚀变岩型金矿金矿物微区地球化学特征 . 岩石学报，31（11）：3441-3454.

林少泽，朱光，严乐佳，等 . 2013. 胶东地区玲珑岩基隆升机制探讨 . 地质论评，59（5）：832-844.

刘殿浩，吕古贤，张丕建，等 . 2015. 胶东三山岛断裂构造蚀变岩三维控矿规律研究与海域超大型金矿的发现 . 地学前缘，22（4）：162-172.

吕古贤，李洪奎，丁正江，等 . 2016. 胶东地区“岩浆核杂岩”隆起-拆离带岩浆期后热液蚀变成矿 . 现代地质，30（2）：247-262.

宋超，卫巍，侯泉林，等 . 2016. 湘东茶陵地区老山坳剪切带特征及其与湘东钨矿的关系 . 岩石学报，32（5）：1571-1580.

宋明春，崔书学，周明岭，等 . 2010. 山东省焦家矿区深部超大型金矿床及其对“焦家式”金矿的启示 . 地质学报，84（9）：1349-1358.

宋明春，伊丕厚，徐军祥，等 . 2012. 胶西北金矿阶梯式成矿模式 . 中国科学：地球科学，42（7）：992-1000.

宋明春，李三忠，伊丕厚，等 . 2014. 中国胶东焦家式金矿类型及其成矿理论 . 吉林大学学报：地球科学版，44（1）：87-104.
宋明春，张军进，张丕建，等.2015. 胶东三山岛北部海域超大型金矿床的发现及其构造-岩浆背景. 地质学报，89（2）：365-383.
万多.2014. 山东胶东地区招平断裂带北段金矿成矿规律与成矿预测. 长春：吉林大学博士学位论文.
杨立强，邓军，王中亮，等.2014. 胶东中生代金成矿系统. 岩石学报，30（9）：2447-2467.
张潮.2015. 焦家金矿田断裂带构造控矿模式. 北京：中国地质大学（北京）博士学位论文.
张岳桥，李金良，张田，等.2007. 胶东半岛牟平-即墨断裂带晚中生代运动学转换历史. 地质论评，53（3）：289-300.
Charles N，Augier R，Gumiaux C，et al. 2013. Timing，duration and role of magmatism in wide rift systems：insights from the Jiaodong Peninsula（China，East Asia）. Gondwana Research，24（1）：412-428.
Chen Y J，Pirajno F，Qi J P，et al. 2006. Ore geology，fluid geochemistry and genesis of the Shanggong gold deposit，eastern Qinling Orogen，China. Resource Geology，56（2）：99-116.
Goldfarb R J，Groves D I，Gardoll S. 2001. Orogenic gold and geologic time：a global synthesis. Ore Geology Reviews，18（1-2）：1-75.
Phillips G N，Powell R. 2010. Formation of gold deposits：a metamorphic devolatilization model. Journal of Metamorphic Geology，28（6）：689-718.
Pokrovski G S，Akinfiev N N，Borisova A Y，et al. 2014. Gold speciation and transport in geological fluids：insights from experiments and physical-chemical modelling. Geological Society，London，Special Publications，402（1）：9-70.
Song M C，Wan G P，Cao C G，et al. 2012. Geophysical-geological interpretation and deep-seated gold deposit prospecting in Sanshandong-Jiaojia area，eastern Shandong Province，China. Acta Geologica Sinica，86（3）：640-652.
Weatherley D K，Henley R W. 2013. Flash vaporization during earthquakes evidenced by gold deposits. Nature Geoscience，6（4）：294-298.

第八章　剪切带型矿床成矿的力化学过程与机理

剪切带型矿床是一种重要的矿床类型，这种矿床的成矿机制与控矿因素都与剪切带有关，前面所述湘东地区的钨锡矿床以及胶东地区的金矿床都属于这一类型。详细研究剪切带型矿床中剪切带活动与成矿作用的成因关系，对于明确这一类矿床的成矿机理以及进一步的矿床勘探都具有一定的指导意义。

第一节　剪切带的应力集中与成矿

作为流体迁移通道和矿质沉淀空间，剪切带的发育对成矿起着重要的控制作用（Robert and Kelly，1987；邓军等，1998；张连昌等，1999；刘忠明，2001；路彦明等，2008；刘晶晶等，2013；刘俊来，2017）。但是，即使在矿集区，也不是每一条剪切带中都有金矿体产出；即使是同一条剪切带，也并不是处处都发育良好的矿化带。例如，胶东地区发育多条区域性剪切带，但金矿体主要集中于其中几条剪切带中，如三山岛剪切带、焦家剪切带、招平剪切带、牟平–乳山剪切带等（图5-1）；在同一条剪切带中，矿体主要位于平面上走向拐弯部位以及剖面上倾角变缓部位（图8-1）。国内外不少研究表明，尽管剪切带中的矿体总体受区域性展布的一级剪切带控制，但往往产于一级剪切带所派生出的次级或三级裂隙构造中（如R、R′、T等破裂，Groves，1993；Groves et al.，1998；Olivo and Williams-Jones，2002；Olivo et al.，2006；Dirks et al.，2013；杨立强等，2014；Rezeau et al.，2017；Sanislav et al.，2017）。由此可见剪切带中不同构造部位与矿化密切相关，通过对剪切带型矿床研究实例的综合分析，我们可以深入探讨剪切带与金属元素沉淀之间的内在成因联系。

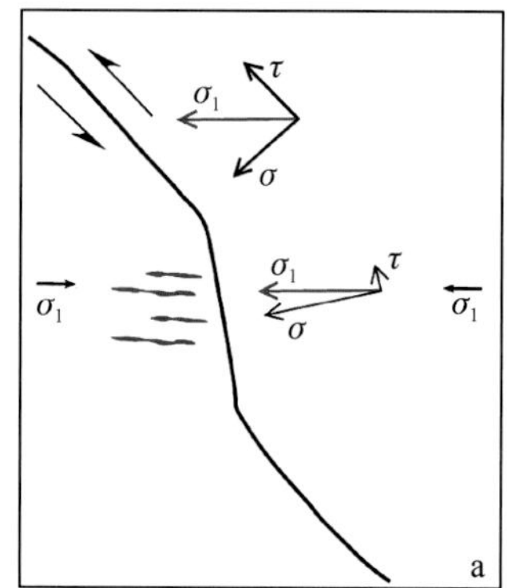

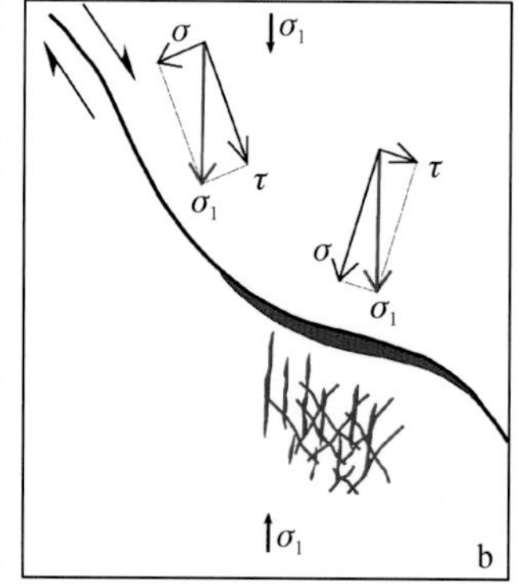

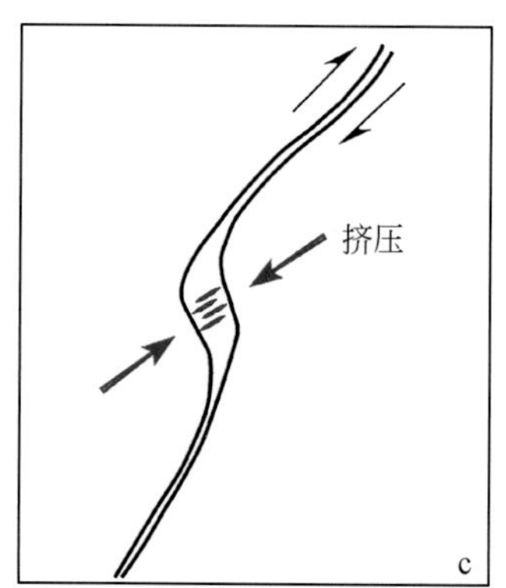

图8-1　剪切带中不同构造环境应力分析（据程南南等，2018）

a、b. 剖面图；c. 平面图. δ：正应力；δ_1：最大正应力；τ：剪应力

以金矿床为例，逆断层中倾角变陡部位、正断层中倾角变缓部位以及走滑断层中拐弯部位均是有利的成矿部位（详见程南南等，2018）。对这些部位进行应力分析发现（图8-1），该部位受到的正应力作用相较其他部位更加强烈，沿剪切面的剪应力难以克服摩擦阻力从而使剪切带难以滑动，因而易发生应力集中并阻止剪切带的进一步错动，同时对深部涌入的流体产生封堵作用，致使流体压力不断升高（Sibson et al.，1988）。而Phillips（1972）指出流体压力的升高会产生如下结果：①降低有效正应力，导致差应力增加（图8-2a）；②降低主应力值，使应力莫尔圆向左漂移（图8-2b）；③降低岩石破裂所需的差应力，从而使岩石发生破裂。所以，当流体压力达到一定值时（如 $P_f \geqslant \sigma_3+T$，莫尔圆与莫尔包络线相切，其中 σ_3 为最小主应力，T 为岩石的抗张强度），岩石发生水压致裂导致脆性破裂的产生。断层阀模式认为（Sibson et al.，1988），水压致裂还伴随剪应力的释放、剪切带的滑动、断层脉的形成以及地震的产生，此时裂隙中流体压力瞬间降低造成流体沸腾或闪蒸导致流体中的成矿物质发生沉淀，而矿物的沉淀充填则使裂隙快速愈合，附近流体也会在压力差驱动下进入裂隙之中，从而使流体压力和剪应力再次积聚，又再重复上述过程（Sibson et al.，1988）。

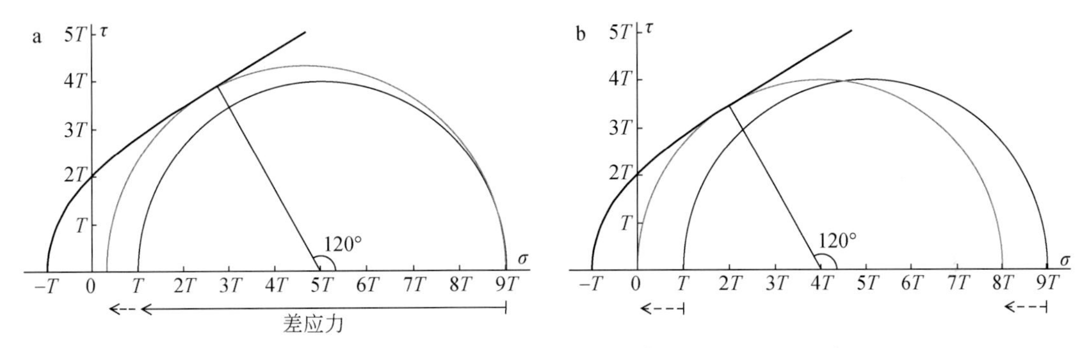

图8-2　流体压力升高导致差应力增加（a）以及应力莫尔圆左移（b）（据Phillips，1972）

黑色和红色半圆分别代表流体压力升高前后岩石应力莫尔圆的状态；δ：正应力；τ：剪应力；T. 抗张强度

因此，剪切带中不同构造部位的成矿作用都与应力集中直接相关，应力集中造成的脆性破裂对成矿流体的物理化学性质会造成巨大影响，其具体过程将在下一节中详细介绍。

第二节　剪切带中影响金属沉淀的主要因素

一、温度

无论是钨锡矿床还是金矿床，温度无疑是影响金属元素溶解度的主要因素，当金属元素随流体在剪切带中迁移时，温度会降低造成元素发生沉淀。以金矿为例，有学者认为区域性展布的一级剪切带是流体运移的通道，属于高温带，有利于金的溶解；而一级剪切带所派生的次级断裂构造温度较低，有利于金的沉淀（Eisenlohr et al.，1989）。众多实验研究也证明金在流体中的溶解度受温度的影响较大（Stefánsson and Seward，2003a，2003b，

2004)。但是对于剪切带型金矿来说，这种解释尚存如下问题：①以胶东地区为例，流体包裹体测温发现，在成矿主阶段温度并没有发生明显变化，流体包裹体均一化温度主要集中在 200～330℃之间（表 8-1，参考文献见表中），而且在此温度范围内金的溶解度并没有随着温度的升高而增加，反而有降低的趋势（图 8-3；Benning and Seward，1996）；③当流体进入次级裂隙之中，由于围岩的低比热容值及流体与岩石充分接触交换热量，温度不会发生快速下降（Weatherley and Henley，2013）。由此来看，温度变化并不是剪切带中金成矿的主导因素。

表 8-1　胶东地区流体包裹体均一化温度统计（引自程南南等，2018）

矿区	成矿阶段	均一化温度/℃	数据来源
东风矿区	成矿主阶段	248～310	Wen et al.，2015
玲珑矿区		251～287	
三山岛矿区	成矿主阶段	191～321	Hu et al.，2013
三甲金矿	成矿期	210～330	胡芳芳等，2008
胶北隆起区金矿	成矿期	230～320	杨立强等，2014
胶莱盆地北缘金矿		180～290	
苏鲁超高压变质带金矿		160～340	
胶东地区金矿	主成矿期	200～330	朱日祥等，2015

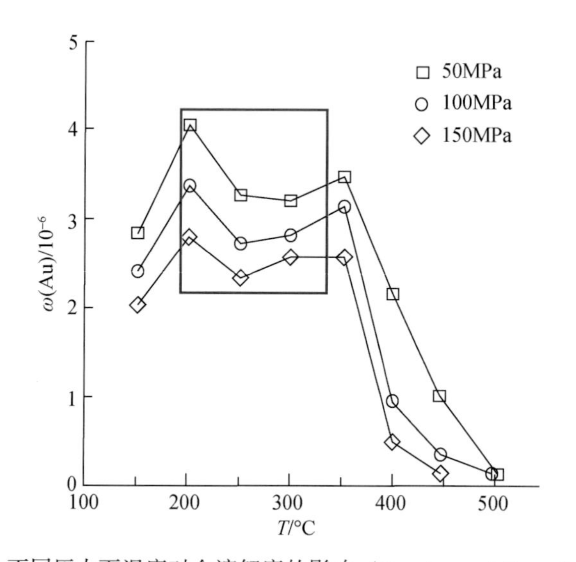

图 8-3　不同压力下温度对金溶解度的影响（Benning and Seward，1996）

二、压力

由前面内容可以看出，剪切带中不同构造层次、不同构造部位的矿体形成均与应力集中所造成的脆性破裂密切相关，而脆性破裂的形成则会造成流体压力发生突然降低，进而影响流体的物理化学性质导致金属元素沉淀析出。以金矿为例，近年来有相当部分学者赞同压力降低导致金发生沉淀的观点（朱永峰，2004；张祖青等，2007；李晓峰等，2007；卫清等，2015；Wen et al.，2015），他们认为剪切带发育过程中，在断层阀行为控制下裂隙会周期性张开闭合，其间流体压力突然降低从而造成金的沉淀。金矿床中详细的流体包裹体数据也证实了矿体形成期间压力确实发生过波动（表 8-2，参考文献见表中）。

表 8-2　金矿床流体包裹体研究中流体压力的波动程度总结（引自程南南等，2018）

矿区	成矿阶段	最小流体压力/MPa	最大流体压力/MPa	形成深度/km	数据来源
玲珑矿区	早阶段至中阶段早期	123～158	316～325	11.3～11.6	张祖青等，2007
	中阶段晚期	162	191	6.8	
三甲矿区	成矿主阶段	70	240	8.6	胡芳芳等，2008
三山岛矿区	成矿主阶段	50	150	5.4	Hu et al.，2013
胶北隆起区金矿	成矿主阶段	78	300	10.7	杨立强等，2014
苏鲁超高压变质带金矿	成矿主阶段	80	230	8.2	
东风矿区	成矿主阶段	226	338	12.1	Wen et al.，2015
玲珑矿区	成矿主阶段	228	326	11.6	
营城子金矿	成矿主阶段	98	245	8.8	Chai et al.，2016
煎茶岭金矿	早阶段	117	354	12.6	Yue et al.，2017
	中阶段	194	286	10.2	

有学者认为压力对金属元素溶解度的影响要远远小于温度（Pokrovski et al.，2014），甚至当压力缓慢降低时可能会增大金属元素在流体中的溶解度（图 8-3 和图 8-4）。但是有学者提出压力骤降条件下流体发生沸腾或闪蒸作用，会对金属元素的溶解度产生巨大影响（参考文献见表 8-2）。

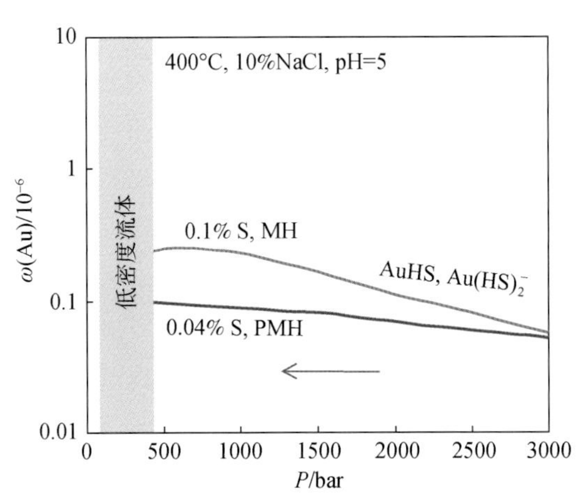

图 8-4　压力对金溶解度的影响（引自 Pokrovski et al.，2014）

1bar = 10^5 Pa

近年来的流体包裹体研究表明压力骤降时流体沸腾是导致成矿物质发生沉淀的重要机制（范宏瑞等，2003；陈衍景等，2004；Chen et al.，2006；卫青等，2015；Chai et al.，2016）。沸腾作用主要以大量还原性气体（如 H_2S、CO_2、CH_4、H_2）逃逸为特征，这些气体对维持金络合物随流体稳定迁移方面具有重要的作用，如 H_2S 主要与金形成金硫络合物，CO_2 则调节流体的 pH 使其保持在金硫络合物稳定存在的范围内（Naden and Shepherd，1989；Phillips and Evans，2004；胡芳芳等，2007）。压力骤降时流体发生沸腾作用，这些气体会优先进入气相中，对流体的化学性质产生巨大影响。

对金矿来说，H_2S 的逸出会降低流体的总硫含量，提高残留含矿热液的 SO_4^{2-}/H_2S 值，使含矿热液的氧逸度增加，流体也由弱酸性渐变为弱碱性，这些变化都会降低金在流体中的溶解度，有利于金的沉淀（图 8-5a）；同时 H_2S 的逸出打破了下列络合反应的化学平衡，使其沿逆反应方向进行，从而发生络合物的分解和金的沉淀（图 8-5b，Pokrovski et al.，2014）。

$$Au(s) + 2H_2S \rightleftharpoons Au(HS)_2^- + 0.5 \cdot H_2 + H^+ \tag{8-1}$$

$$Au(s) + H_2S \rightleftharpoons AuHS^0 + 0.5 \cdot H_2 \tag{8-2}$$

$$Au(s) + 2H_2S \rightleftharpoons Au(HS)H_2S^0 + 0.5 \cdot H_2 \tag{8-3}$$

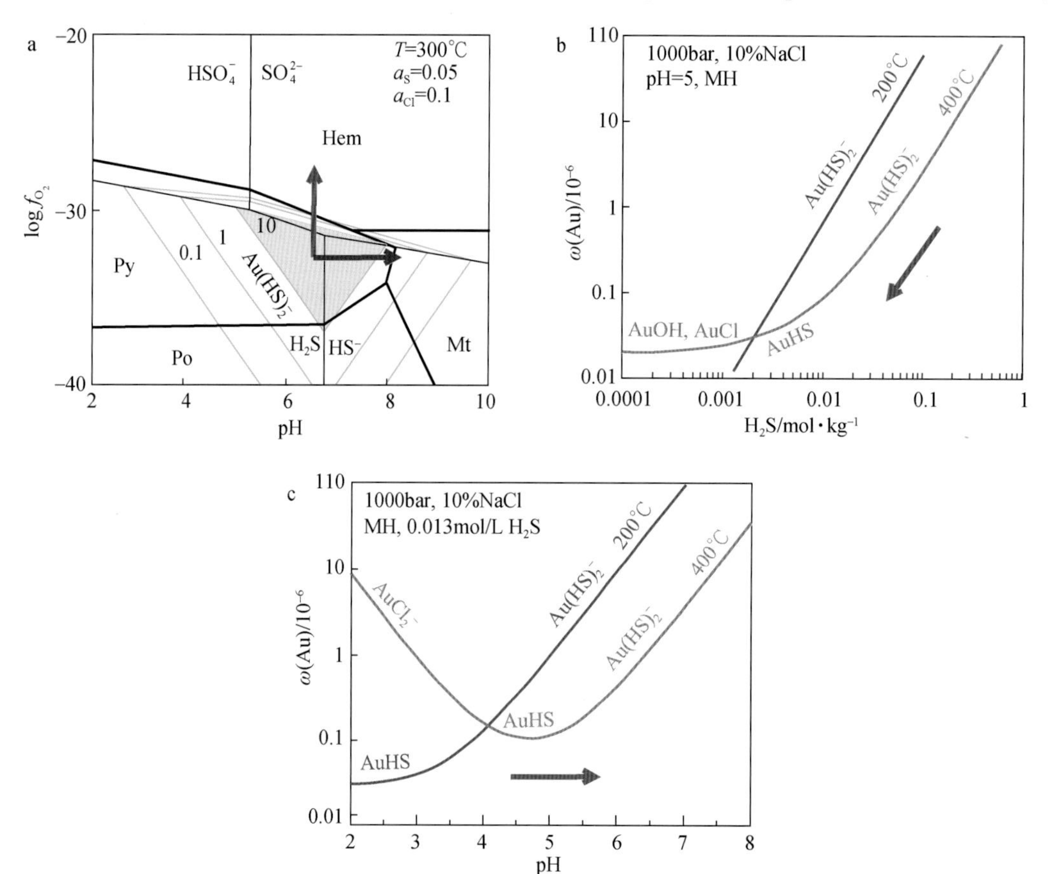

图 8-5　沸腾作用中气体逸出对金溶解度的影响图解

a. 氧逸度（红色箭头）、pH（紫色箭头）对金溶解度影响，图中灰色区域代表铁硫化物和铁氧化物共生区域（据 Phillips and Powell，2010）；b、c. H_2S 逸出、pH 对金溶解度影响（据 Pokrovski et al.，2014）

Py. 黄铁矿；Po. 磁黄铁矿；Hem. 赤铁矿；Mt. 磁铁矿

CO_2的逃逸会消耗流体中的H^+，使流体的pH升高，如果流体中还残留有H_2S，则会使金的溶解度有所增加（图8-5c），这可能是前面内容中提到的压力缓慢较低造成金在流体中的溶解度有所增加的原因；但随着H_2S的逸出，这一增加趋势会减弱，最终造成金在流体中的溶解度减小（图8-5b）从而使金发生沉淀。

一般认为深部流体上升到脆韧性转换带之上的有利于气体逃逸的开放环境中才会发生减压沸腾，如浅成热液矿床所在的地壳较浅部位。产生沸腾作用的深度取决于流体中气体的含量，并且开始于围岩静岩压力等于平衡饱和蒸气压的地方（张德会，1997；陈衍景，2013）。而在地壳较深层次与地震相关的断裂活动中，由于压力快速释放，流体更可能发生瞬时蒸发作用相变为气体，致使作为溶剂而溶解金的流体大量减少，从而造成溶质金的沉淀，这一过程即为闪蒸作用（Weatherley and Henley，2013）。例如，在4级地震中脆性破裂瞬间流体压力会立即从290MPa降到0.2MPa（图8-6a），此时流体就会发生闪蒸作用；闪蒸时伴随压力骤降，流体体积在6级地震中膨胀了近4个数量级，其对流体的物理化学性质造成巨大影响，如石英的溶解度会急速下降甚至达到极度过饱和状态（图8-6b）从而沉淀析出，金也会随之发生沉淀（Weatherley and Henley，2013）。对比上述沸腾作用过程，可以看出在压力骤降条件下，相较于沸腾作用中部分气体成分的逸出，闪蒸作用能够更为迅速地使流体全部气化从而造成金的沉淀，并且与流体的来源及气体的含量无关，因此我们更倾向于认为压力骤降条件下闪蒸作用是导致金发生沉淀的有效机制。

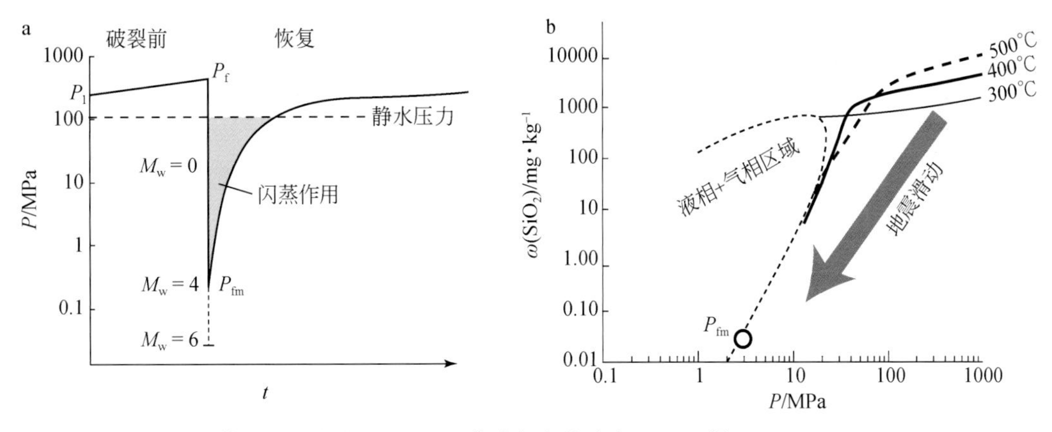

图8-6 闪蒸时流体压力的变化（a）及石英溶解度的改变（b）（据Weatherley and Henley，2013）
P_f. 流体压力；P_{fm}. 最小流体压力；P_l. 静岩压力

三、氧逸度

矿质沉淀的部分过程可能会导致氧逸度（f_{O_2}）变化或直接与f_{O_2}变化有关（Rowins，2000；Pirajno，2008）。高氧逸度的流体环境更有利于锡石、黑钨矿等矿石矿物沉淀，而氧逸度较低则有利于Cu、Pb、Zn等亲铜元素沉淀（赵博等，2014）。但部分学者认为氧逸度并非是导致钨沉淀的决定性因素，如Polya（1988）认为，水力致裂造成的流体压力骤降对于黑钨矿从热水溶液中的沉淀富集具有重要意义，f_{O_2}对于钨在不同流体中的溶解度的影响相对有限；陈骏（2000）指出，高氧逸度贫 F、B 条件下，即脉石矿物无萤石、黄玉和电气石等，Sn 在高温、碱性条件下会以 SnO_3^{2-} 或 $[Sn(OH)_6]^{2-}$ 的形式搬运，锡石在随碱性降低并向中性转化过程中发生沉淀，而 f_{O_2} 对沉淀的影响并不显著，但对于锡石-硫化物矿床，由于硫逸度相对较大，高氧逸度反而有利于锡石的形成。对金矿沉淀机制的研究表明（图 8-7，Pokrovski et al.，2014），随氧逸度增加，金的溶解度不断增加，但当氧逸度达到一定值后金的溶解度随氧逸度增加而减小，之后又再次随氧逸度增加而增加，因此单纯的氧逸度增加并不是造成金发生沉淀的主要因素。综上所述，氧逸度并非是造成剪切带中矿质沉淀的唯一因素，必须与其他因素配合才能体现出其对成矿的控制作用。

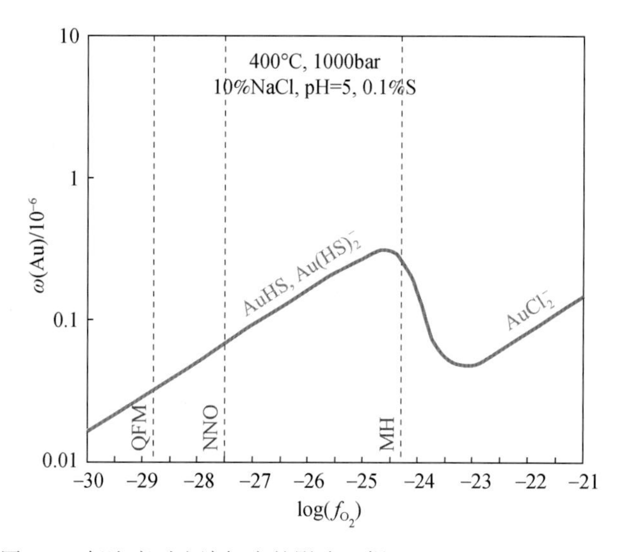

图 8-7　氧逸度对金溶解度的影响（据 Pokrovski et al.，2014）

第三节　剪切带型矿床成矿的力化学过程与构造层次

一、成矿的力化学过程

通过以上对剪切带中各构造部位的成矿环境、成矿物质发生沉淀的化学过程等方面的分析，我们认为剪切带中不同的构造部位，如逆冲断层中倾角较陡部位、正断层中倾角变缓部位以及走滑断层中转弯挤压部位等关键部位的成矿主要是由应力集中所引起的，它们具有一致的矿床形成过程，即成矿物质发生沉淀是应力集中-脆性破裂（碎裂）-压力骤降-流体闪蒸-元素析出的力化学过程，剪应力的持续作用造成该过程在剪切带中循环出现，最终形成高品位的矿床。此外，脉型和蚀变岩型矿床可能具有一致的形成过程和机理，都是在剪切带中发生脆性破裂，引发成矿物质沉淀的力化学过程所致。如果破裂过于密集，岩石发生碎裂作用，同时流体与围岩充分接触，则表现为蚀变岩型；如果各破裂发育稀疏，被石英或其他矿物质充填则形成脉型。与现有的剪切带成矿理论相比，力化学过程研究更注重成矿的系统性与整体性，它从宏观到微观将构造活动与成矿过程联系起来使其成为一个有机整体。

二、成矿的构造层次

剪切带中成矿作用发生的构造层次主要取决于应力集中能否导致脆性破裂的产生，从而出现压力骤降满足流体闪蒸的条件使金属元素发生沉淀。在第一章中也提到，剪切带型矿床在地壳浅部表现为脉型矿化，脆韧性转换域为蚀变岩型矿化，在韧性域则主要为糜棱岩型矿化。那么在深层次或较深层次的剪切带中是否能够产生脆性破裂，从而形成矿床值得深入探讨。

前人研究发现韧性域中也会出现脆性破裂（图 8-8）形成脉型矿床（Boullier and Robert, 1992；Groves, 1993；Kolb, 2008）。例如，加拿大 Abitibi 太古宙绿岩带的含金石英脉主要产于高角度逆冲韧性剪切带中，脉体的显微结构显示其形成于脆性破裂环境（Boullier and Robert, 1992）；Grove（1993）提出的地壳连续成矿模式认为从次绿片岩到麻粒岩相不同层次的地壳深度（温度 180 ~ 700℃，压力 100 ~ 500MPa），在地壳尺度的断层中都可以发生金的成矿作用形成脉型金矿；Kolb（2008）总结认为大型金矿通常产于韧性剪切带的石英脉中以及糜棱岩中的透镜状角砾岩带中，其剪切带变形温度可达 500 ~ 700℃。对于韧性剪切带中脆性破裂的形成机制，Kolb（2008）、宋超等（2016）均认为其与高压流体作用有关。Kolb（2008）强调韧性域中晶内塑性变形和动态重结晶作用会破坏空隙结构并使剪切带发生愈合，因而局部流体压力逐渐累积并达到静岩至超静岩状态（即高压流体）。宋超等（2016）认为局部高压流体的存在一方面会降低岩石强度，另一方面使局部应变速率加快，从而产生脆性微破裂，并按照破裂准则继续发育。

图 8-8　膝折带中同期雁列石英脉共存（据 Sintubin et al., 2012）

由此看来，不仅在脆性剪切带和脆韧性转换带的应力集中部位易出现脆性破裂，韧性剪切带中可能由于高压流体的存在，同样能够发育脆性破裂（如前面所述逆冲断层中的R、T破裂）导致脉型或蚀变岩型矿床的形成。Zheng等（2015）指出，下地壳“韧性域”和上地壳“脆性域”的说法严格来说是不准确的。对于长英质岩石而言，在地震应变速率下，无论是上地壳还是下地壳，都表现为弹（脆）性变形，而在地质应变速率下则表现为塑（韧）性变形。因而脆性域中可能会出现韧性变形（Hou et al., 1995；Liu et al., 2002），而韧性域中也会出现脆性变形（Sintubin et al., 2012；宋超等，2016），脆、韧性变形的转换主要与应变速率的交替有关。

第四节　剪切带型矿床的成矿机理

对于剪切带型矿床而言，从剪切带的发育、成矿流体的形成，到成矿物质的活化、迁移、沉淀与富集，岩体-流体-剪切带三者之间的耦合作用对成矿至关重要，其内在的匹配关系决定了剪切带是否成矿以及剪切带矿体产出的有利部位（图8-9，程南南等，2018）。

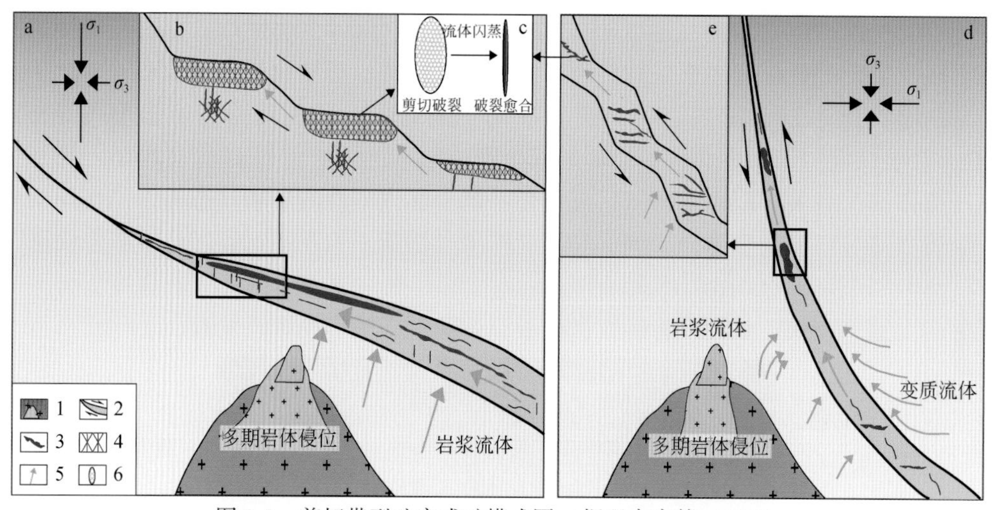

图8-9　剪切带型矿床成矿模式图（据程南南等，2018）

a～c. 正断层中流体运移和剪切破裂成矿模式；d、e. 逆冲断层中流体运移和剪切破裂成矿模式

1. 多期岩体侵位；2. 主剪切带；3. 矿体或矿脉；4. 脆性破裂；5. 流体运移方向；6. 剪切破裂时流体闪蒸变为气体

充足的成矿物质来源是形成大型剪切带型矿床的前提和保障，而区域强烈的流体活动则能够促使成矿物质活化迁移至有利部位沉淀富集，在矿化过程中起着至关重要的作用（Sibson et al., 1988, Weatherley and Henley, 2013, 杨立强等，2014）。强烈的岩浆活动及多期岩体侵位事件能够使成矿物质在剪切带中高度聚集，同时也为矿床的形成提供热源，有利于流体的循环活动（冯佐海等，2009；杨立强等，2014）。而岩石发生区域变质作用（绿片岩相至角闪岩相）也会形成变质流体促使成矿物质活化迁移。值得注意的是，剪切带型矿床对围岩没有选择性，不同时代、不同类型的岩浆岩、沉积岩、变质岩等都可以作为剪切带型矿床的赋矿岩石，如胶东地区大部分金矿主要产于中生代花岗岩以及与前寒武纪老变质岩的接触带上，而加拿大Abitibi绿岩带中的金矿则产于变质火山岩中。此外，流体活

动影响岩石的变形机制，促进破裂的发育和扩展。例如，在剪切带的韧性变形域，局部高压流体的存在会造成脆性破裂的发育（Sibson et al.，1988），这可能是导致韧性剪切带中产出脉型矿床的关键因素之一。

剪切带的发育为流体运移提供了通道，如区域性韧性剪切带常具有延伸较远较深、多次长期活动的特点，成矿流体往往沿剪切带迁移，从而使来自深部的成矿物质能够沿剪切带向浅部运移。同时剪切带中不同的构造部位（如逆冲断层中倾角较陡部位、正断层中倾角变缓部位以及走滑断层中转弯挤压部位）、不同构造层次（脆性域、脆韧性转换域和韧性域）的应力集中会造成流体压力不断升高，最终因水压致裂引发岩石的脆性破裂（如R、T和R′破裂）。流体压力的突然降低，压力骤降的环境促使成矿流体在裂隙中发生闪蒸作用而导致金属元素发生沉淀。

随着构造应力的持续作用，应力集中–脆性破裂（碎裂）–压力骤降–流体闪蒸–元素析出的力化学过程循环发生，造成剪切带中金属元素的品位不断提高，逐渐形成大型矿床。总之，剪切带型矿床是在同一岩体–流体–构造系统下形成的，三者之间的耦合对成矿作用至关重要，其中构造应力与流体配合所发生的力化学过程是导致剪切带中金属发生沉淀的关键。

根据上述成矿模式，我们认为不同性质的剪切带的应力集中部位是探寻金属矿床的有利地带，可通过构造分析、应力模拟等手段为有利的成矿远景区的预测提供依据。

参考文献

陈骏.2000. 锡的地球化学. 南京：南京大学出版社.

陈衍景.2013. 大陆碰撞成矿理论的创建及应用. 岩石学报，29（1）：1-17.

陈衍景，Pirajno F，赖勇，等.2004. 胶东矿集区大规模成矿时间和构造环境. 岩石学报，20（4）：907-922.

程南南，刘庆，侯泉林，等.2018. 剪切带型金矿中金沉淀的力化学过程与成矿机理探讨. 岩石学报，34（7）：2165-2180.

邓军，翟裕生，杨立强，等.1998. 论剪切带构造成矿系统. 现代地质，（4）：493-500.

范宏瑞，谢奕汉，翟明国，等.2003. 豫陕小秦岭脉状金矿床三期流体运移成矿作用. 岩石学报，19（2）：260-266.

冯佐海，王春增，王葆华.2009. 花岗岩侵位机制与成矿作用. 桂林理工大学学报，29（2）：183-194.

胡芳芳，范宏瑞，杨奎锋，等.2007. 胶东牟平邓格庄金矿床流体包裹体研究. 岩石学报，23（9）：2155-2164.

胡芳芳，范宏瑞，于虎，等.2008. 胶东三甲金矿床流体包裹体特征. 岩石学报，24（9）：2037-2044.

李晓峰，王春增，易先奎，等.2007. 德兴金山金矿田不同尺度构造特征及其与成矿作用的关系. 地质论评，53（6）：774-782.

刘晶晶，张雪亮，刘庚寅.2013. 剪切带型金矿. 国土资源导刊，（2）：93-94.

刘俊来.2017. 大陆中部地壳应变局部化与应变弱化. 岩石学报，33（6）：1653-1666.

刘忠明.2001. 剪切带流体与蚀变和金矿成矿作用. 地学前缘，8（4）：271-275.

路彦明，张玉杰，张栋，等.2008. 切带与金矿成矿研究进展. 黄金科学技术，16（5）：1-6.

宋超，卫巍，侯泉林，等.2016. 湘东茶陵地区老山坳剪切带特征及其与湘东钨矿的关系. 岩石学报，32（5）：1571-1580.

卫清，范宏瑞，蓝廷广，等.2015. 胶东寺庄金矿床成因：流体包裹体与石英溶解度证据. 岩石学报，31（4）：

1049-1062.

杨立强，邓军，王中亮，等. 2014. 胶东中生代金成矿系统. 岩石学报，30（9）：2447-2467.

张德会. 1997. 流体的沸腾和混合在热液成矿中的意义. 地球科学进展，12（6）：49-55.

张连昌，姬金生，曾章仁，等. 1999. 韧性剪切带及其控矿作用——以新疆康古尔金矿为例. 贵金属地质，8（1）：1-6.

张祖青，赖勇，陈衍景. 2007. 山东玲珑金矿流体包裹体地球化学特征. 岩石学报，23（9）：2207-2216.

赵博，张德会，石成龙，等. 2014. 对与氧逸度有关的花岗岩类成矿专属性-含矿性问题的再思考. 岩石矿物学杂志，33（5）：955-964.

朱日祥，范宏瑞，李建威，等. 2015. 克拉通破坏型金矿床. 中国科学：地球科学，45（8）：1153-1168.

朱永峰. 2004. 克拉通和古生代造山带中的韧性剪切带型金矿：金矿成矿条件与成矿环境分析. 矿床地质，23（4）：509-519.

Benning L G，Seward T M. 1996. Hydrosulphide complexing of Au（I）in hydrothermal solutions from 150-400°C and 500-1500bar. Geochimica et Cosmochimica Acta，60（11）：1849-1871.

Boullier A M，Robert F. 1992. Palaeoseismic events recorded in Archaean gold-quartz vein networks，Val d'Or，Abitibi，Quebec，Canada. Journal of Structural Geology，14（2）：161-179.

Chai P，Sun J G，Xing S W，et al. 2016. Ore geology，fluid inclusion and $^{40}Ar/^{39}Ar$ geochronology constraints on the genesis of the Yingchengzi gold deposit，southern Heilongjiang Province，NE China. Ore Geology Reviews，72：1022-1036.

Chen Y J，Pirajno F，Qi J P，et al. 2006. Ore Geology，Fluid geochemistry and genesis of the Shanggong gold deposit，eastern Qinling Orogen，China. Resource Geology，56（2）：99-116.

Dirks P H G M，Charlesworth E G，Munyai M R，et al. 2013. Stress analysis，post-orogenic extension and 3.01Ga gold mineralisation in the Barberton Greenstone Belt，South Africa. Precambrian Research，226：157-184.

Eisenlohr B N，Groves D，Partington G A. 1989. Crustal-scale shear zones and their significance to Archaean gold mineralization in western Australia. Mineralium Deposita，24（1）：1-8.

Groves D I. 1993. The crustal continuum model for Late Archaean Lode-gold deposits of the Yilgarn Block，western Australia. Mineralium Deposita，28（6）：366-374.

Groves D I，Goldfarb R J，Gebre-Mariam M，et al. 1998. Orogenic gold deposits：a proposed classification in the context of their crustal distribution and relationship to other gold deposit types. Ore Geology Reviews，13（1-5）：7-27.

Hou Q L，Li J L，Sun S，et al. 1995. Discovery and mechanism discussion of supergene micro-ductile shear zone. Chinese Science Bulletin，40（10）：824-827.

Hu F F，Fan H R，Jiang X H，et al. 2013. Fluid inclusions at different depths in the Sanshandao gold deposit，Jiaodong Peninsula，China. Geofluids，13（4）：528-541.

Kolb J. 2008. The role of fluids in partitioning brittle deformation and ductile creep in auriferous shear zones between 500 and 700℃. Tectonophysics，446（1）：1-15.

Liu J L，Walter J M，Weber K. 2002. Fluid-enhanced low-temperature plasticity of calcite marble：microstructures and mechanisms. Geology，30（9）：787.

Naden J，Shepherd T J. 1989. Role of methane and carbon dioxide in gold deposition. Nature，342（6251）：793-795.

Olivo G R，Williams-Jones A E. 2002. Genesis of the auriferous C quartz-tourmaline vein of the Siscoe mine，Val d'Or district，Abitibi subprovince，Canada：structural，mineralogical and fluid inclusion constraints. Economic

Geology, 97 (5): 929-947.

Olivo G R, Chang F, Kyser T K. 2006. Formation of the auriferous and barren North Dipper Veins in the Sigma Mine, Val d'Or, Canada: constraints from structural, mineralogical, fluid Inclusion, and isotopic data. Economic Geology, 101 (3): 607-631.

Phillips G N, Evans K A. 2004. Role of CO_2 in the formation of gold deposits. Nature, 429 (6994): 860-863.

Phillips G N, Powell R. 2010. Formation of gold deposits: a metamorphic devolatilization model. Journal of Metamorphic Geology, 28 (6): 689-718.

Phillips W J. 1972. Hydraulic fracturing and mineralization. Journal of the Geological Society, 128 (4): 337-359.

Pirajno F. 2008. Hydrothermal Processes and Mineral Systems. New York: Springer.

Pokrovski G S, Akinfiev N N, Borisova A Y, et al. 2014. Gold speciation and transport in geological fluids: insights from experiments and physical-chemical modelling. Geological Society, London, Special Publications, 402 (1): 9-70.

Polya D A. 1988. Efficiency of hydrothermal ore formation and the Panasqueira W-Cu (Ag)-Sn vein deposit. Nature, 333 (6176): 838-841.

Rezeau H, Moritz R, Beaudoin G. 2017. Formation of Archean batholith-hosted gold veins at the Lac Herbin deposit, Val-d'Or district, Canada: mineralogical and fluid inclusion constraints. Mineralium Deposita, 52 (3): 421-442.

Robert F, Kelly W C. 1987. Ore-forming fluids in Archean gold-bearing quartz veins at the Sigma Mine, Abitibi greenstone belt, Quebec, Canada. Economic Geology, 82 (6): 1464-1482.

Rowins S M. 2000. Reduced porphyry copper-gold deposits: a new variation on an old theme. Geology, 28 (6): 491-494.

Sanislav I V, Brayshaw M, Kolling S L, et al. 2017. The structural history and mineralization controls of the world-class Geita Hill gold deposit, Geita Greenstone Belt, Tanzania. Mineralium Deposita: 1-23.

Sibson R H, Robert F, Poulsen K H. 1988. High-angle reverse faults, fluid-pressure cycling, and mesothermal gold-quartz deposits. Geology, 16 (6): 551-555.

Sintubin M, Debacker T N, Van Baelen H. 2012. Kink band and associated en-echelon extensional vein array. Journal of Structural Geology, 35: 1.

Stefánsson A, Seward T M. 2003a. Stability of chloridogold (Ⅰ) complexes in aqueous solutions from 300 to 600℃ and from 500 to 1800bar. Geochimica et Cosmochimica Acta, 67 (23): 4559-4576.

Stefánsson A, Seward T M. 2003b. The hydrolysis of gold (Ⅰ) in aqueous solutions to 600℃ and 1500bar. Geochimica et Cosmochimica Acta, 67 (9): 1677-1688.

Stefánsson A, Seward T M. 2004. Gold (Ⅰ) complexing in aqueous sulphide solutions to 500℃ at 500bar. Geochimica et Cosmochimica Acta, 68 (20): 4121-4143.

Weatherley D K, Henley R W. 2013. Flash vaporization during earthquakes evidenced by gold deposits. Nature Geoscience, 6 (4): 294-298.

Wen B J, Fan H R, Santosh M, et al. 2015. Genesis of two different types of gold mineralization in the Linglong gold field, China: constrains from geology, fluid inclusions and stable isotope. Ore Geology Reviews, 65: 643-658.

Yue S W, Deng X H, Bagas L, et al. 2017. Fluid inclusion geochemistry and $^{40}Ar/^{39}Ar$ geochronology constraints on the genesis of the Jianchaling Au deposit, China. Ore Geology Reviews, 80: 676-690.

Zheng Y D, Zhang Q, Hou Q L. 2015. Deformation localization-a review on the maximum-effective-moment (MEM) criterion. Acta Geologica Sinica, 89 (4): 1133-1152.